全国高等农林院校“十三五”规划教材

国家级实验教学示范中心教材

国家级卓越农林人才教育培养计划改革试点项目教材

兽医产科学

Shouyi Chankexue

学习精要

Xuexi Jingyao

黄志坚　主编

中国农业出版社

北　京

编写人员名单

主编 黄志坚（福建农林大学）

参编 殷光文（福建农林大学）

王　磊（福建农林大学）

前言

FOREWORD

为了适应我国动物医学高等教育的改革和现代动物医学教育发展的需要，加强课程建设，提高教学质量和教学效果，并引导学生建立正确的学习方法，帮助学生掌握重点内容，增强其综合思考和自主学习的能力，特编写了《兽医产科学学习精要》。本教材系统介绍在学习兽医产科学过程中应该掌握的基本内容，同时，在每章附有导学、思考题、执业兽医资格考试试题列举，目的是让学生在学习过程中巩固和加深对本学科知识的理解，使所学的知识得到系统而全面的掌握。

本教材第十章由王磊博士编写，第十一章由殷光文副教授编写，其他内容由黄志坚教授编写，书稿完成后由黄志坚教授统稿。此教材对在校学习的本科生、自学深造的同志以及动物科学、动物医学专业的工作人员有参考价值，对参加国家执业兽医资格考试的相关人员有一定的帮助。

本教材在编写与出版过程中，得到了福建农林大学动物科学学院临床兽医学教学团队全体教师、国家级实验教学示范中心、国家级卓越农林复合应用型人才教育培养计划、省级专业人才培养模式创新实验区、动物医学省级专业综合改革试点、省级动物生态养殖专业群、动物医学省级创新创业项目试点专业等人员和项目的大力支持和帮助，得到了福建农林大学教务处的大力支持以及福建农林大学教材出版基金的资助，王磊博士以及研究生陈志、徐焘杰、陈欢、林雨茜、龚丽贞、李元凯、黄潇航、张龙、陈榕、黄春芳、陈欢、魏坤亚、宋肇程、陈育琪、王海伦、黄晓宇、余春辰、林强锋、李丽娜、彭佳佳等帮助进行文字的勘对，在此一并致以由衷感谢。在编写过程中参阅和引用的文献资料和科研报告，在此谨向原作者表示衷心的感谢。

由于编者水平有限，书中不妥之处在所难免，恳请广大读者批评指正。

编　者

2020年5月于福建农林大学

前言

目录
CONTENTS

绪　论

一、概述

兽医产科学是研究动物繁殖生理、繁殖技术和繁殖疾病的临床学科，是兽医学科的骨干学科，与兽医内科学、兽医外科学、兽医传染病学和兽医寄生虫学共同构成兽医学五大临床学科。

学习兽医产科学是为了掌握现代兽医产科工作中所需要的基础知识、基本技能和基本技术，能够有效地防治兽医产科疾病，从而保证动物的正常繁殖、提高繁殖效率和保障母畜、仔畜的健康。

二、兽医产科学的内容

兽医产科学的基本内容包括产科基础理论、产科临床技术和繁殖技术。产科基础理论部分包括生殖内分泌和生殖生理（雌性动物生殖生理、雄性动物生殖生理、泌乳生理和新生幼龄动物生理等）等方面的基础知识（图绪-1）。

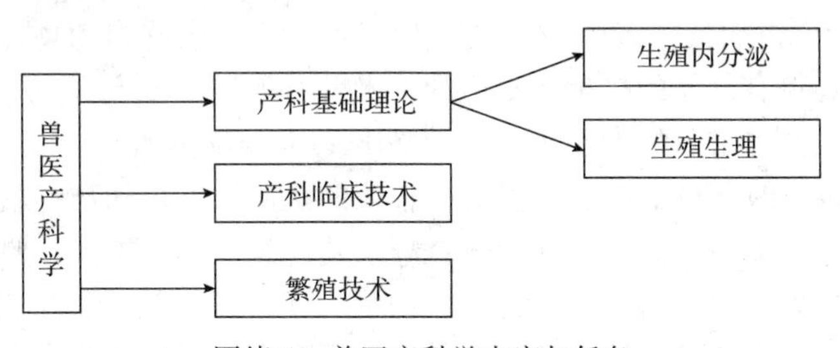

图绪-1　兽医产科学内容与任务

1. 生殖内分泌　研究动物生殖活动的内分泌调控。掌握内分泌活动规律，利用这些规律调控动物繁殖活动、诊断和治疗生殖疾病。

2. 生殖生理　研究、阐明繁殖活动的生理现象、活动规律和机理，能动地控制繁殖活动，以提高繁殖力和有效地防治产科疾病，为开发防治繁殖障碍、提高动物繁殖效率的新技术提供理论基础。

3. 产科临床技术　包括妊娠期、分娩期和产后期疾病的治疗技术；雌性动物科学、新生幼龄动物科学、乳房疾病和雄性动物科学等技术。

4. 繁殖技术　包括繁殖控制技术和繁殖监测技术。

繁殖控制技术是指为了提高动物繁殖效率或生产性能所采取的一些控制动物繁殖过程的手段和方法。目前包括围绕性成熟、发情、配种、妊娠、分娩、泌乳等生殖环节的一系列技术，如发情控制、分娩控制、人工授精、胚胎移植、体外受精、显微授精、克隆技术、转基因技术、性别控制技术、胚胎干细胞技术、嵌合体技术等。应用这些技术，可以使动物的繁殖在相当程度上摆脱自然因素的直接影响，改变某些繁殖过程、缩短繁殖周期、开发繁殖潜力、大大提高繁殖效能、加速品种改良，使动物生产性能提高到一个新水平。

繁殖监测技术包括激素检测、发情鉴定、妊娠诊断等技术，是提高繁殖效率的重要手段。

三、我国兽医产科学的发展现状和趋势

（一）我国兽医产科学的发展现状

随着人类开始饲养动物，兽医产科知识的积累也就随之开始，从殷墟出土的考古资料、历代农事和古籍文献中都可见到相关记载。例如，公元前11世纪的《周礼》、公元6世纪的《齐民要术》和《安骥药方》、明代的《马书》和《元亨疗马集》、清朝的《活兽慈舟》《猪经大全》《抱犊集》和《驹疗集》等书籍中都记载着许多动物产科疾病和幼龄动物疾病的防治方法，这些方法在预防流产、安全产仔、提高动物繁殖率等方面起到了积极的作用。这些都是我国人民数千年来积累，并经过长期的流传和实践检验的宝贵经验总结，至今仍有不少方法在生产中应用，是兽医科学知识宝库的重要组成部分。

我国现代兽医产科学的建立可追溯到20世纪30年代，当时由陆军兽医学校（1904年北洋马医学堂，1907年改为陆军马医学堂，1912年改为陆军兽医学校）最早开设了动物产科学课程。但这门科学的发展是在中华人民共和国成立以后，特别是改革开放以来，随着畜牧业的发展，兽医产科学得到了快速发展。

在中华人民共和国成立初期，因受畜牧业生产水平和教学条件的限制，多数学校的动物产科学并不是一门独立的课程，而是包含在动物外科学中，名称为动物外产科学或动物外科学附产科学，其内容仅有动物的接生及难产的手术助产等。20世纪60年代以后，产科学部分从动物外科学中独立出来，称为动物产科学（theriogenology），其内容也扩大到动物生殖生理和生殖疾病防治。改革开放以来，随着畜牧业的快速发展，动物的繁殖效率在生产中越来越重要，产科及雌性动物等方面的问题也就越来越受到人们的重视，要研究的动物种类也越来越多，不仅包括牛、马、猪、羊等传统的动物，还涉及经济动物、观赏动物和宠物等。另外，随着生命科学各学科的发展，动物产科学的研究领域不断延伸，内容不断丰富。传统的动物产科学已不能适应现代畜牧业的生产、科研和人才培养的需求。因此，从1988年起，我国将动物产科学改名为兽医产科学。

兽医产科学是发展了的动物产科学，具体表现在：①在研究对象上，它已从传统的动物扩大到所有的家养动物；②在研究领域和内容上，它既包括了动物生殖生理学的主要内容，又涵盖了产科疾病、雌性动物疾病、雄性动物疾病、新生幼龄动物疾病等所有与动物生殖有关的疾病，并延伸到动物繁殖控制技术等内容。正是由于研究领域的扩大和延伸，使得这门学科发展非常迅速，在动物生殖调控机理、生殖疾病防治和繁殖控制技术等方面取得了诸多成果和研究进展，成为一门内容丰富、体系完整、与畜牧生产结合紧密且对现代生物技术发展有重要作用的兽医临床学科。

（二）我国兽医产科学的发展趋势

当今，我国兽医产科学的发展虽然已取得很大的成就，但同时也面临着新的挑战和要求。例如，畜牧业生产方式的改变，集约化和规模化程度不断提高，以及环境污染、气候变化对动物生殖活动的影响越来越大，给生殖调控和生殖疾病防治提出了新的挑战；畜牧业产

业结构的变化，役用动物减少，乳用动物、肉用动物、经济动物和宠物等的增多，对这门学科提出了新的要求；畜牧业的发展，对种质和繁殖效率越来越重视，对繁殖技术的要求也越来越高；当今生命科学各学科的迅速发展和相互渗透，对生命活动本质的认识不断深化，新技术、新方法的不断出现，给学科注入新的内容。因此，兽医产科学必须适应科技发展和生产需求，深化研究内容，延伸研究领域，加快发展步伐。今后，兽医产科学的发展将呈现如下趋势。

（1）动物生殖调控机理研究不断深化，进入分子时代和组学时代。分子生物学技术、基因组学技术、蛋白质组学技术和代谢组学技术等将在生殖生理研究中得到更广泛的应用，从而在分子水平阐明生殖内分泌、性腺发育、初情期启动、配子的发生、卵泡发育与招募、卵母细胞体外成熟、精子受精、妊娠识别、胚胎附植、子宫容受性建立与胚胎移植、胚胎发育、胚胎维持与分娩、生殖生物钟等调控机制，为发展分子生殖内分泌学、分子生殖生物学奠定基础。

与此同时，在配子发生、发育、成熟与衰老的调控机理，精子的基因表达及X精子、Y精子差异表达机理，动物发情周期的激素调控及生理、行为变化规律，精卵识别及胚胎发育与着床的调控机理，体细胞重编程及干细胞增殖分化机理，配子与胚胎低温生物学保存机理等领域的研究将不断深入。

（2）生殖疾病的防治研究仍是学科最重要的任务。各种动物的生殖疾病，特别是群发、多发的疾病，如乳畜乳腺炎、围产期疾病、不育以及一些严重影响繁殖性能的传染性疾病等的研究需要进一步加强；经济动物、观赏动物、宠物和野生动物等疾病，集成营养、环境、繁殖与疫病等因素的繁殖障碍综合防控技术等将更加受到重视。学科中的这些内容将不断充实，以突出学科的应用特色，适应畜牧业的发展和兽医人才培养的需求。

（3）学科间的交叉、渗透加快，研究领域不断延伸。生命科学的快速发展及学科间的相互交叉、渗透，为兽医产科学提供了更广阔的发展空间，使这门学科的研究领域不断延伸，技术不断发展。例如，与内分泌学、免疫学、营养学等学科的交叉，促进了生殖内分泌、生殖免疫、生殖营养等调控技术的发展；细胞工程、胚胎工程、基因工程等生物技术在动物繁殖领域的研究与应用，促进了动物繁殖控制技术的快速发展，使动物良种繁育技术发生革命性的变化。此外，产科病中西医结合治疗研究、超声影像诊断应用、生殖毒理、产科病的动物模型研究、群体繁殖管理研究、犬猫生殖生理研究以及生殖的基因调控研究等将更加受到重视。

（4）技术应用范围不断扩大。随着学科内容的不断丰富和技术的不断发展，兽医产科学的技术已不仅仅用于防治动物生殖疾病和提高动物繁殖效率，其中许多技术，如配子和胚胎冷冻、胚胎移植、动物克隆、转基因、多能干细胞等在动物遗传资源保护、动物育种、生物医药研发等方面将发挥越来越重要的作用。高效发情调控与鉴定技术，配子、胚胎高效生产、利用与保存技术，人工输精及性别控制技术，高效妊娠调控与诊断技术，高效安全的体细胞重编程技术，高效基因编辑、抗病转基因动物育种及生物反应器研发技术，X精子与Y精子分离及低剂量输精技术，乳牛活体取卵技术、体外受精及胚胎移植技术，同期排卵、定时输精技术，羊、马属动物的人工授精和胚胎移植技术，濒危动物繁殖与保种技术，特种经济动物、实验动物繁殖技术等研究领域将得到进一步加强和提升。

总之，兽医产科学紧紧围绕本学科核心内容，在兽医产科基础研究上，针对动物重要产科疾病开展致病机理、防治新理论、新技术和新方法的研发与应用。重点解决在兽医临床上，尤其是制约集约化畜牧场生产效益和母畜繁殖效率的三大产科疾病（即子宫疾病、卵巢疾病和乳牛（乳山羊）乳房炎）的预防和治疗问题；并协助预防兽医学学科，做好传染性动物繁殖障碍疾病的预防与辅助治疗工作。

四、学习兽医产科学的要求

兽医产科学是一门既注重理论性又强调实践性的临床学科。在学习时一要认真学习动物繁殖内分泌、生殖生理的基础知识，在认知动物的生殖过程与基本规律的基础上，理解生殖疾病的发生、发展规律，掌握其诊疗和预防方法，以及掌握常用的动物繁殖技术的原理和方法；二要广泛了解国内外兽医产科学及其他相关学科的最新研究进展，不断吸收新知识、提高创新能力；三要特别重视临床实践，提高实际诊疗操作的基本技能，在实践中要充分认识到动物繁殖机能与动物的全身状况、环境条件有着密切关系，必须对动物进行尽可能合理的饲养、管理和利用，并且贯彻预防为主的方针，才能解决所遇到的群体繁殖障碍问题，使动物的繁殖效率得到提高。

思考题

1. 兽医产科学的定义是什么？
2. 兽医产科学的内容是什么？
3. 近10年来兽医产科学的研究进展有哪些？
4. 兽医产科学今后的研究方向有哪些？

第一章 动物生殖激素

导 学

动物生殖激素贯穿动物生殖全过程，是现代繁殖技术的物质基础，是治疗许多生殖系统疾病的重要手段。本章要重点掌握生殖激素的特点、种类、主要生理作用以及临床应用。

第一节 激素概述

一、激素的基本概念

动物之所以能够正常地生长、发育和繁殖，主要原因是机体内存在神经和内分泌两大系统，正是由于这两大系统的协调作用，才使各种功能得以正常发挥和维持。

激素是一类调控动物生殖机能的关键物质，其中直接作用于生殖活动，并以调节和影响生殖过程为主要生理功能的激素称为生殖激素。它直接调节雌性动物的发情、排卵、生殖细胞在生殖道内运行、胚胎附植、妊娠、分娩、泌乳、母性以及雄性动物的精子生成、副性腺的分泌、性行为等生殖环节的各个方面。生殖激素是人为条件下控制动物繁殖和提高繁殖力的重要物质。

二、生殖激素的种类

生殖激素的种类主要有松果体激素（褪黑激素为主）、丘脑下部激素（促性腺激素释放激素为主）、垂体激素（促卵泡素、促黄体素、催乳素和催产素）、性激素、胎盘激素（马绒毛膜促性腺激素和人绒毛膜促性腺激素）和前列腺素。

1. 根据来源或产生部位分 生殖激素可分为松果体激素、丘脑下部激素、垂体前叶激素、胎盘激素、垂体后叶激素、性激素、局部激素、外激素等8种。

2. 根据化学特性分 生殖激素可分为含氮激素、类固醇激素和脂肪酸激素。

3. 根据作用分 生殖激素可分为神经内分泌激素、促性腺激素和性激素。

生殖激素的种类、性质和临床应用详见表1-1。

表1-1 生殖激素的种类、性质和临床应用

激素类别	激素名称	英文全称及缩写	来源	化学性质	靶器官	主要作用	临床应用
松果体激素	褪黑激素	melatonin(mLT)	松果体	胺类	垂体	将外界的光照刺激转变为内分泌信号	1. 诱导绵羊发情 2. 提高产蛋量
丘脑下部激素	丘脑下部释放激素	gonadotrophin releasing hormone (GnRH)	丘脑下部	肽类	垂体前叶	促进FSH和LH合成与释放	1. 诱导雌性动物产后发情 2. 提高发情期受胎率

（续）

激素类别	激素名称	英文全称及缩写	来源	化学性质	靶器官	主要作用	临床应用
丘脑下部激素							3. 提高超排效果 4. 治疗雄性动物不育 5. 就巢家禽的“催醒”
	催乳素释放因子	prolactin releasing factor(PRF)	丘脑下部	肽类	垂体前叶	促进PRL合成与释放	
	催乳素抑制因子	prolactin releasing inhibiting factor(PIF)	丘脑下部	肽类	垂体前叶	抑制PRL的释放	
垂体激素	促卵泡素	follicle stimulating hormone(FSH)	垂体前叶	糖蛋白	卵巢、睾丸	促进卵泡发育成熟，促进精子发生	1. 性成熟提早 2. 诱导雌性动物发情 3. 诱导排卵和超数排卵 4. 治疗不育 5. 预防流产
	促黄体素（间质细胞刺激素）	luteinizing hormone/interstitial cell stimulating hormone(LH/ICSH)	垂体前叶	糖蛋白	卵巢、睾丸	促进卵泡排卵，形成黄体；促进孕酮、雌激素和雄激素的分泌	1. 治疗卵巢机能病变如排卵障碍、卵巢囊肿 2. 治疗黄体发育不全流产和习惯性流产的保胎 3. 治疗雄性动物性欲不强、精液和精子量少
	催乳素（促黄体生成素）	prolactin/luteotropic hormone(PRL/LTH)	垂体前叶和胎盘（啮齿目）	糖蛋白	卵巢、乳腺	促进黄体分泌孕酮，刺激乳腺发育及泌乳，促进睾酮的分泌	来源缺乏，价格贵，不能直接在生产中应用
	催产素	oxytocin(OT)	神经垂体	九肽	子宫、乳腺	促进子宫收缩和排乳	1. 诱导同期分娩 2. 提高配种受胎率 3. 催产 4. 治疗产科病
性激素	雌激素	estrogen(E)(estradiol/estrone)	卵巢、胎盘	类固醇	雌性生殖道、乳腺、丘脑下部	促进发情行为，促进生殖道发育和乳腺腺管发育	1. 催情 2. 诱导泌乳 3. 治疗子宫疾病 4. 化学去势
	孕酮	progesterone(P_4)	黄体、胎盘	类固醇	雌性生殖道、乳腺、丘脑下部	与雌激素协同，促进发情行为，促进子宫腺体和乳腺腺泡发育	1. 同期发情 2. 超数排卵 3. 判断妊娠状态 4. 妊娠诊断 5. 预防孕酮不足性流产
	雄激素	testosterone(T)	睾丸（间质细胞）	类固醇	雄性动物生殖器官及副性腺	维持雄性第二性状和性行为	1. 提高性机能 2. 主动或被动免疫，提高繁殖率

（续）

激素类别	激素名称	英文全称及缩写	来源	化学性质	靶器官	主要作用	临床应用
性激素	松弛素	relaxin(RLX)	卵巢、胎盘	多肽	丘脑下部、垂体	促进子宫颈、耻骨联合、骨盆带松弛	1. 子宫镇痛 2. 预防流产和早产 3. 诱导分娩
	抑制素	inhibin	睾丸、卵泡	多肽	丘脑下部、垂体	抑制 FSH 分泌	1. 诱导动物发情 2. 超数排卵
胎盘激素	马绒毛膜促性腺激素	equine chorionic gonadotropin(eCG)	胎盘	糖蛋白	卵巢	类似 FSH 的作用	1. 催情 2. 同期发情 3. 超数排卵 4. 治疗卵巢疾病 5. 促进雄性动物性机能 6. 母猪妊娠诊断
	人绒毛膜促性腺激素	human chorionic gonadotropin(hCG)	胎盘绒毛膜(灵长类)	糖蛋白	卵巢、睾丸	类似 LH 的作用	1. 促进卵泡发育、成熟和排卵 2. 增加超排的同期排卵效果 3. 治疗繁殖疾病
局部激素	前列腺素	prostaglandins (PGs)	多种组织	不饱和羟基脂肪酸	各种器官和组织	具有广泛的生理作用，其中 $PGF_{2\alpha}$ 具有溶黄体作用	1. 诱发发情周期 2. 引产 3. 处理疾病 4. 提高雄性动物的性欲
外激素	信号外激素和诱导外激素	signaling pheromone & releasing pheromone	身体各处靠近体表的腺体；有些动物的尿液和粪便	多种化学性质各异的化合物	嗅觉和味觉器官		1. 促进性成熟和发情 2. 影响发情率、发情持续时间和排卵时间 3. 提升后代的生殖能力

三、生殖激素的作用特点

生殖激素主要调节生殖功能，保证体内环境相对稳定，调节动物机体与外界环境的相对平衡，其作用有以下特点。

1. 高效性 生殖激素本身是一种高效能的生物活性物质，极少量的生殖激素即能发挥很强的生理效应。例如，类固醇激素、前列腺素的血药浓度分别为 10^{-8} g/mL、10^{-9} g/mL 时即可发挥作用。内分泌腺分泌的激素稍微过量或不足，就会造成其生理功能的亢进或减退。因此，在临床应用时，剂量一定要掌握准确。

2. 特异性 各种生殖激素均有其特定的靶组织或靶器官，在这些器官和组织中具有其相应的受体，因而就其在分子水平来说，具有特异性。有的生殖激素作用广泛，但在不同组织其作用不同，例如，睾酮可刺激副性腺发育、维持第二性征、刺激各种组织的生物合成，但也是通过与细胞质内特异性受体结合而发挥作用的，所以在分子水平其作用仍具有明显的特异性。

3. 可饱和性 激素作用的发挥必须依赖于细胞的受体结合位点。由于受体结合位点有限，当激素与受体的结合达到最大值，作用效果就不再随激素浓度的增加而增强，动物机体表现出对增加激素的不反应性，甚至出现相反的作用。如临床上长期大剂量使用高活性GnRH类似物，不但不能刺激动物性腺发育，反而引起性腺退化。

4. 在机体内的活性丧失一般较快，但生理作用出现较慢 例如孕酮注射到动物体内半衰期只有 5 min，在 10～20 min 内约有 90%孕酮在血液中消失，但其生理作用要在若干小时或者数天才显现出来。在临床应用时，不要过于急躁，盲目加大剂量。

5. 激素作用的协同性或颉颃性 动物的内分泌腺所分泌的激素之间是相互联系、相互影响的，由此构成了一套精密的调节系统，并与神经系统共同调节机体内、外环境的稳定，表现形式为相互协同和相互颉颃。协同性如雌激素和催产素可促进子宫收缩，两者同时存在，子宫收缩效应就会加强；雌激素和促卵泡素可促进促黄体素的分泌；促卵泡素和促黄体素协同作用可促进排卵；孕酮和雌激素协同可促进子宫的发育。颉颃性如孕酮抑制子宫活动，雌二醇促进子宫活动，当二者同时存在时，二者作用相互抵消一部分，表现出相互颉颃。

6. 复杂性

（1）一种激素有多种作用。如睾酮在胚胎生成时引起雄性胚胎阴唇囊褶的融合、诱导乌尔夫管道向雄性发育，引起雄性尿生殖道的生长，诱导精子生成，促进肌肉生长，增加血红蛋白的合成等，这是由于不同发育阶段的细胞以不同的方式与激素-受体复合物发生反应。

（2）一种功能受多种激素调控。如参与泌乳调控的激素有催乳素、糖皮质激素、甲状腺素、雌激素、孕酮和催产素等。

7. 产生激素抗体 以激素本身为抗原产生的抗体，称为激素抗体。长期使用蛋白质或多肽类激素会出现反应减弱甚至消失的现象，这是因为体内产生了激素抗体，这种抗体并不抑制内源性激素的产生。

需要注意的是激素抗体不同于抗激素。凡能阻碍（颉颃或减弱）激素作用的化合物都称抗激素。如孕酮就是雌激素的抗激素。其颉颃或减弱的作用包括：①降低血液活性激素水平；②干扰激素的合成、分泌和释放；③改变激素在血液中结合与游离的比值；④干扰激素与受体的结合；⑤加速激素的代谢及降解速度。

如抗雄激素：一类是类固醇，包括：①孕酮及其类似物，能抑制孕酮还原成高活性的5α-二氢睾酮，从而对雄激素所诱导的作用产生颉颃；②雌激素；③醋酸-1，2-次甲基氯地孕酮，它是睾酮与靶细胞受体结合的竞争性抑制物，能抑制睾丸 5β-羟类固醇还原酶，从而影响睾酮的形成，如螺旋内酯、氨基苯乙哌啶酮、氰酮。另一类是非类固醇，如氟丁酰苯胺能竞争性抑制睾酮与受体的结合；庚酸睾酮是一种激素酯，它能抑制脑垂体激素释放，从而使睾丸间质细胞分泌的内源性睾酮下降，最终达到阻断精子发生的目的。

抗雌激素：一类是类固醇，包括：①孕酮；②环硫雄烷醇，为合成的药物，它能抑制FSH 以及影响雌激素的释放。另一类是非类固醇如氯地酚、萘福西定、达莫西芬。

抗孕激素：孕酮受体颉颃剂可以阻断孕酮作用，抑制内源性孕酮的合成，并不与孕酮受体结合，如米非司酮、丹那唑和 RMI 12936。

8. 生殖激素的生物学效应与动物所处生理时期（如种类、年龄等）**及激素的用量和使用方法有关**　同种激素在不同生理时期或不同用量和使用方法条件下所起的作用不同。如孕酮在发情排卵后一定时期连续使用，可诱导发情；在发情时应用，可抑制发情；在妊娠期使用低剂量，可维持妊娠；大剂量使用后突然停止使用，可导致流产。引起生殖激素产生相反生物学效应的主要原因是激素的分泌和释放具有反馈调节机制。

9. 生物学活性取决于分子结构　分子结构发生改变，生殖激素的生物活性也发生变化。分子结构与生殖激素类似的物质，都具有类似的生物学活性。这就是激素人工合成的物质基础。

10. 传递生物信息的功能　激素在体内起着将生物信息传递给靶细胞，从而调节靶细胞的功能和物质代谢的作用，但并不导致新的反应。所以，外源性激素均未调节体内各种激素的不平衡状态及反应速度，只是使功能加强（刺激）或减弱（抑制）。

四、生殖激素的合成、储存与释放、运转与灭活

（一）合成

生殖激素在体内的合成都是在基因调控下进行的。合成的途径有两类，第一类是由激素的结构基因通过转录与翻译而合成，如蛋白质激素和大分子肽类激素；第二类是通过胞内存在的酶催化合成，如类固醇激素、胺类激素和前列腺素及小分子肽类激素。蛋白质和大分子肽类激素的生物合成与其他蛋白质基本一致，所不同的是激素的合成往往先合成分子质量较大的激素原或激素前体，然后酶解，形成分子质量较小而有生物活性的激素。

（二）储存与释放

1. 储存

（1）含氮激素：在腺体内产生后常储存于该腺体内，当机体需要时，分泌到邻近的毛细血管中。

（2）类固醇激素：产生后立即释放，并不储存。在外周血中有运载类固醇激素的载体蛋白，它可限制激素扩散到组织中去，并延长激素的作用时间。

（3）脂肪酸激素：机体需要时分泌，随分泌随应用，并不储存。

2. 释放　生殖激素由分泌细胞合成后，必须通过不同方式进行释放，才能产生生物学效应。分泌方式主要包括表分泌（通过相邻细胞的缝隙连接进入细胞外液的转运模式）、神经内分泌（如同神经递质那样由神经元胞体合成后储存于轴突，以扩散形式通过神经元间的突触间隙而进入血液循环）、旁分泌（局部激素释放后，通过细胞外液间隙弥散至邻近的靶细胞以传递局部信息的转运模式）和外分泌[由外分泌腺体产生的激素（如外激素）由管道排泄至体外，主要经空气和水传播或异体接触进行转运]，前 3 种为生殖内分泌激素所释

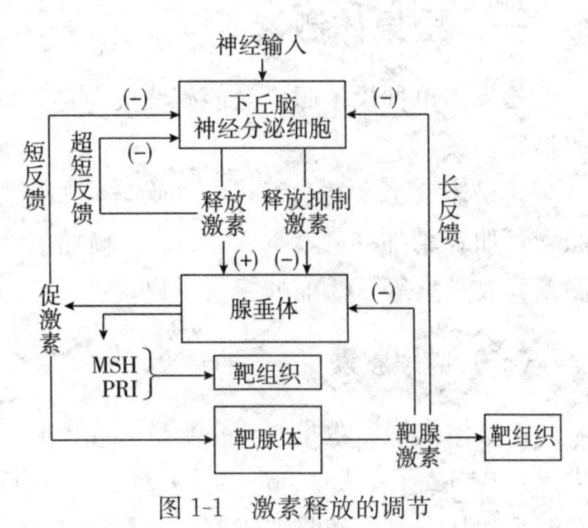

图 1-1　激素释放的调节

放，后 1 种为外激素所特有。

激素的释放是信息传递的重要环节，主要通过反馈（feedback）途径进行调节，形成闭合的调节环路（图 1-1）。能使激素释放量增加的调节途径，称为正反馈（positive feedback，PF），反之，则为负反馈（negative feedback，NF）。外周血中的生殖激素（如雌激素和孕激素等）对下丘脑和垂体激素释放的调节，称为长反馈或长回路反馈调节（long-loop feedback，LLF）；垂体激素对下丘脑激素释放的调节，称为短反馈或短回路反馈调节（short-loop feedback，SLF）；下丘脑分泌的激素调节自身的释放，则称为超短反馈调节（ultra-short feedback，USF）。

（三）运转与灭活

内分泌细胞所产生的激素分子要在细胞外液中运行，才能到达靶组织。血流是激素信息迅速运转的通道，激素在血液中的浓度依其与分泌腺体距离远近而有差别。

灭活是指激素从血液中降解或清除。灭活过程可发生在靶器官，也可在其他器官进行，其中肝是激素灭活的重要器官，所形成的代谢产物通常排到尿液或胆汁中。

五、生殖激素的测定

激素在体内含量极微，类固醇生殖激素的含量一般都在 10^{-12}～10^{-6} g/mL 水平。但因它们具有高度的生物活性，对调节机体功能的作用很大，故人们对激素的测定越来越重视。

通过对生殖激素的测定，可以帮助我们了解其分泌部位的机能状态、激素在体内的消长规律、诊断某些繁殖疾病以及评估某些药物的疗效。激素测定方法被广泛应用于动物生殖生理基础研究、早期妊娠诊断、提高发情鉴定水平等方面，因此，相信随着测定方法的不断改进，会在动物繁殖中发挥巨大作用。测定方法包括：生物测定法、细胞培养生物测定法、免疫测定法［包括放射免疫测定（RIA）、酶免疫测定（Enzyme Immunoassay，EIA）］、化学发光法（CL）和受体测定法。

第二节　主要的动物生殖激素

一、松果体激素

松果体也称松果腺，是能感受光刺激、由类似视网膜的细胞组成的一个重要的神经内分泌器官。

松果体分泌 3 类激素：①吲哚类，如褪黑激素、5-HT 和 5-甲氧色胺等；②肽类，短肽激素，如 8-精加催产素（AVT）、8-赖加催产素（LVT）、促性腺激素释放激素及促甲状腺激素释放激素等；③前列腺素（PGs）。

（一）褪黑激素

松果体内褪黑激素（melatonin，mLT）的含量因动物种属不同而异。母牛 0.2 μg/g、大鼠 0.04 μg/g，人 0.05～0.4 μg/g。其含量明显地受昼夜变化和季节性变化的影响。黑暗能够刺激其合成，光照则能抑制其释放。mLT 的生物合成以色氨酸为原料。

mLT 的主要代谢途径是在肝微粒体羟化酶的催化下，羟化成 6-羟基褪黑激素，进而与硫酸盐或葡萄糖醛酸结合，由尿液中排出。因此，测定尿液中 6-羟基褪黑激素复合物含量可以反映血液中 mLT 的水平。

生理作用:①通过细胞因子发挥免疫调节作用,在一定程度上抗肿瘤;②对多种细胞具有抗氧化作用;③镇静、催眠、镇痛,影响下丘脑-神经-内分泌激素的释放,调节昼夜和季节性节律;④对生殖系统发挥抑制作用,调节初情期,引起性腺萎缩,抑制 GnRH 的释放,调控动物的繁殖季节(图 1-2)。

临床应用：刚起步，目前研发制剂不多。①诱导绵羊发情。皮下埋置使绵羊繁殖季节提前 6～7 周，并能缩短乏情期。②通过 mLT 主动免疫提高蛋鸡生殖内分泌水平，提高蛋鸡的产蛋量。

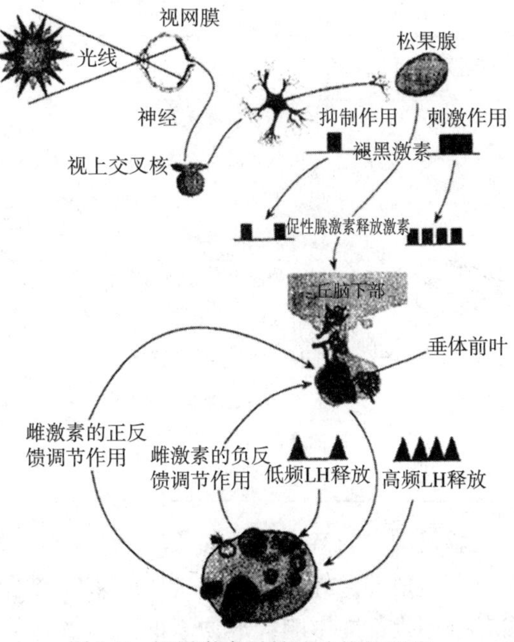

图 1-2　褪黑激素对繁殖功能的调节
（引自赵兴绪，2016）

（二）8-精加催产素

AVT 是由松果体室管膜胶质细胞合成，其结构与催产素及加压素相似，也具有催产、抗利尿及升压的作用。AVT 还有很强的抑制性腺的作用，具体表现在：①抑制外源性促性腺激素的生物效应，如抑制 eCG、hCG 或 hMG 诱发的排卵和子宫增重效应；②抑制丘脑下部 LHRH 的释放和垂体 LH 的合成与释放；③抑制雄性动物性腺及附属性器官的发育及增重。

二、丘脑下部激素

丘脑下部是间脑的一部分，由视交叉、灰结节、乳头体、正中隆起、漏斗及垂体神经部等 6 部分组成。

（一）丘脑下部激素

丘脑下部的神经内分泌细胞分为两大类，一类是大细胞神经内分泌细胞，存在于视上核及室旁核，分泌催产素和加压素等肽类激素，储存于垂体后叶；另一类是小细胞神经内分泌细胞，存在于结节垂体束，下行终止于正中隆起及漏斗处，至少分泌 10 种肽类激素，通过垂体门脉系统调节腺垂体功能。丘脑下部激素的合成部位与主要生理作用见表 1-2。

表 1-2　丘脑下部激素的合成部位与主要生理作用

分类	激素名称	英文缩写	化学本质	主要生理作用
释放激素因子	促性腺激素释放激素	GnRH	10 肽	促进 FSH 和 LH 的分泌与释放
	催乳素释放激素	PRH	83 肽	促进 PRL 的分泌与释放

（续）

分类	激素名称	英文缩写	化学本质	主要生理作用
释放激素（因子）	生长激素释放激素	GHRH	44 肽	促进 GH 的分泌与释放
	促甲状腺激素释放激素	TRH	3 肽	促进 TSH 和 PRL 的分泌与释放
	促肾上腺皮质激素释放激素	CRH	41 肽	促进 ACTH 的分泌与释放
	促黑素细胞激素释放激素	MRH	5 肽	促进 MSH 的分泌与释放
抑制激素（因子）	促性腺激素释放抑制激素	GnIH	12 肽	抑制垂体 FSH 和 LH 分泌和释放
	催乳素抑制激素	PRI	多肽	抑制 PRL 释放
	生长抑素	SS	14 肽	抑制 GH 和 PRL 的释放
	促黑素细胞激素抑制激素	MIH	3 肽	抑制 MSH 释放
其他	催产素	OXT	9 肽	促进子宫收缩、乳汁排出
	抗利尿激素	ADH	9 肽	减少尿量，升高血压

释放激素的产生及释放受靶腺体所产激素的反馈作用调节。此外，外界环境因素（如发情季节、地理条件等）、精神刺激（如雄性动物的存在、吮乳等）、逆境（如疼痛、禁闭等）及其他因素都能影响释放激素的产生及释放。在发情季节，对雌性动物而言，地理条件合适、有雄性动物在场、饲养管理条件及健康良好等，都有利于释放激素发挥作用；给幼畜哺乳及挤乳过多、催乳素的分泌增强、催乳素抑制因子的作用减弱等任何限制催乳素抑制因子分泌的因素，都能限制促黄体素释放激素的分泌，从而抑制促黄体素的产生，卵泡的最后成熟及发情排卵也不能发生，这就造成泌乳乏情。这种现象多见于牛、羊、骆驼。

（二）丘脑下部与垂体的联系

1. 丘脑下部与垂体前叶的联系 丘脑下部的多肽激素由丘脑下部不同类型的神经纤维分泌并释放，通过细小的神经末梢进入正中隆起的毛细血管，再由垂体门脉血管进入垂体前叶，刺激或抑制前叶各种激素的释放。

2. 丘脑下部与垂体后叶的联系 起于视上核及室旁核。室旁核中的神经分泌细胞能够合成催产素，由神经轴突传送至神经垂体储存起来；轴突在垂体蒂内构成垂体束，到达神经垂体。丘脑下部接受了刺激，神经垂体中的催产素即释放出来。通过垂体下动脉分支而成的毛细血管丛自神经垂体静脉传出，可使雌性动物的子宫及输卵管蠕动增强，并导致放乳。

（三）促性腺激素释放激素

促性腺激素释放激素（gonadotropicreleasing hormone，GnRH）是由 10 个氨基酸组成的多肽。在哺乳动物中，GnRH 的结构完全相同，而在禽类、两栖类和鱼类，其结构不完全相同。

合成的产品包括促排卵素 1 号、2 号和 3 号（LRH-A1、LRH-A2 和 LRH-A3）。

1. 生理作用 GnRH 具有高活性、分子质量小、易大量合成、无种间差异、不易在体内产生抗体使其效果递减等特点。其作用如下。

（1）刺激垂体合成 LH 和 FSH。

（2）刺激垂体释放 LH 和 FSH。GnRH 主要引起 LH 的分泌，对人和各种动物都可引起反应，一般在注射后 1 min 内能引起血浆中 LH 和 FSH 的升高，30 min 达到高峰。

（3）刺激各种动物排卵。

（4）促进雄性动物精液中的精子数增加，使精子的活动能力和形态有所改善。

（5）抑制生殖系统机能。当 GnRH 以及它的某些高活性类似物大剂量或长期应用时，具有抑制生殖机能甚至抗生育作用，如抑制排卵，延缓胚胎附植，阻断妊娠，引起睾丸、卵巢萎缩以及阻碍精子生成等后果。这种抑制性作用的出现，可能是由于大剂量的 LHRH 导致血浆促性腺激素水平出现异常升高，随之可能出现垂体对内源 LHRH 出现不反应的时期，垂体的不反应性又继发 GnRH 受体数量减少从而导致上述抑制性作用的出现。

（6）溶解黄体的作用，干扰卵巢类固醇的合成，但并不能抑制胎盘产生孕酮。

2. 在动物繁殖方面的应用

（1）诱发排卵和诱导排卵。

（2）治疗卵巢机能静止、排卵障碍、动物的产后不发情等。

（3）对就巢的鸡、鸭、鹅具有“催醒”作用，对提高鸡、鸭、鹅的产蛋率、受精率均有作用，并可增加公鸡、公鸭、公鹅的精液量。

（4）提高母牛发情期受胎率。

（5）制备激素疫苗，用于免疫去势和提高生长速度。

注意：①小剂量多次使用比大剂量应用效果好；②剂量与反应不平衡，当剂量过大时反而出现抑制作用，所以要严格使用剂量；③个别动物可出现过敏反应，但停药后症状消失；④有微弱抗原性。

三、垂体激素

垂体是一个很小的腺体，位于脑下蝶骨凹部，分垂体前叶和垂体后叶及位于前后两叶之间的中叶，由柄部和下丘脑相连。垂体前叶主要为腺体组织，包括远侧部和结节部；垂体后叶主要为神经部。垂体远侧部为构成前叶的主要部分，垂体激素即分泌于此。

（一）垂体前叶的形态结构

垂体前叶是由不同类型的细胞精密镶嵌而构成，前叶中各种激素的分泌都和特定的细胞类型有关。

根据有无染色颗粒（染色颗粒就是激素的前身），将垂体前叶细胞分为嫌色细胞和嗜色细胞两大类。嫌色细胞就是嗜色细胞的前身，没有分泌机能。根据嗜色细胞的性质，又可分为前嗜酸性嫌色细胞［转化为嗜酸性细胞（分泌催乳素）］和前嗜碱性嫌色细胞［转化为嗜碱性 A 细胞和嗜碱性 B 细胞（分泌 FSH、LH）］（图 1-3）。

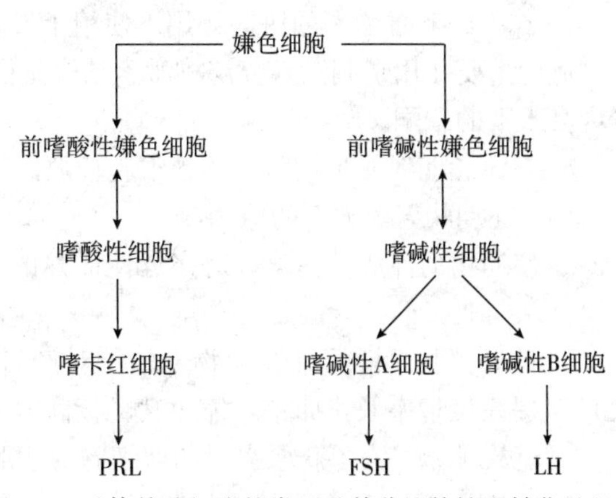

图 1-3　垂体前叶细胞的类型及其分泌特性和转化过程

（二）垂体前叶促性腺激素

1. 促卵泡素（follicle stimulating hormone，FSH） FSH 有 α 和 β 两个亚基，二者以共价键相连后才有活性；糖基以 N-糖苷键的方式分别连接在 α 和 β 两个亚基上。分子质量存在种间差异。半衰期为 2～4 h。

GnRH 通过丘脑下部-垂体性腺轴刺激垂体合成与释放 FSH，体内的雄激素可反馈性地抑制 FSH 的合成与释放。抑制素也可以抑制 FSH 继续升高。

（1）对雌性动物的作用。

a. 刺激卵泡的生长发育。卵泡生长至出现腔时（腔期），FSH 能够刺激其继续发育增大至接近成熟。在卵泡颗粒细胞膜上有 FSH 受体，FSH 与其受体结合后，产生两种作用：一是活化芳香化酶，二是诱导 LH 受体形成。芳香化酶将来自内膜细胞的雄激素转变成 17β-雌二醇（17β-$E_α$），后者协同 FSH 使颗粒细胞增生、内膜细胞分化、卵泡液形成、卵泡腔扩大，从而促使卵泡生长发育（图 1-4）。

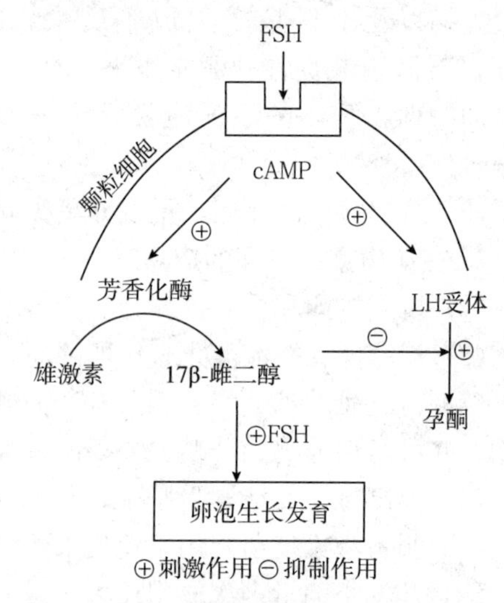

图 1-4 FSH 刺激颗粒细胞使卵泡生长发育

b. FSH 与 LH 配合使卵泡产生雌激素。内膜细胞在 LH 的作用下提供 19 碳底物雄烯二酮/睾酮，这些底物通过基底膜进入颗粒细胞，在 FSH 的作用下颗粒细胞的芳香化酶活化，将雄激素转变成雌激素。内膜细胞本身只能产生很少量的雌激素。

c. FSH 与 LH 在血液中达一定浓度且呈一定比例时引起排卵。

d. 刺激卵巢生长，增加卵巢质量。

（2）对雄性动物的作用。

a. 刺激曲细精管上皮和次级精母细胞的发育。单独给予 FSH，几天后曲细精管上皮生殖细胞的分裂活动增加，精子细胞增多，睾丸增大，但无成熟精子形成。

b. 在 LH 和雄激素的协同作用下使精子发育成熟。FSH 的靶细胞是间质细胞，它对间质细胞的主要作用是刺激其分泌雄激素结合蛋白（ABP）。ABP 与睾酮结合，可保持曲细精管内高水平的睾酮。

c. FSH 还能促使足细胞中的精细胞释放。

（3）在动物繁殖方面的应用。

a. 使动物的性成熟提早。对接近性成熟的雌性动物和孕激素配合应用，可使动物性成熟提早。

b. 诱导泌乳乏情的雌性动物发情。对产后 4 周的泌乳母猪及 60 d 以后的母牛，应用 FSH 可提高发情率及排卵率，缩短其产犊间隔。

c. 超数排卵。为了获取大量的卵细胞或胚胎，应用 FSH 可促使卵泡大量发育和成熟排卵，牛羊应用 FSH 和 LH，平均排卵数可达 10 枚左右。

d. 治疗卵巢疾病。对卵巢机能不全或静止、卵泡发育停滞或交替发育及多卵泡发育均有较好的疗效。能诱导卵巢及卵泡发育，促进大卵泡发育而使小卵泡闭锁，但对幼稚型卵巢无反应。可促使持久黄体萎缩，诱发卵泡生长发育。

e. 治疗雄性动物精液品质不良。当雄性动物精子密度不足或精子活率低时，应用 FSH 和 LH 可提高精液品质。

2. 促黄体素（luteinizing hormone，LH）　又称为促黄体生成素、促间质细胞素（IC-SH)。它是由 α 和 β 两个亚基组成的糖蛋白，含有 219 个氨基酸。分子质量存在种间差异。

（1）生理作用。

a. LH 协同 FSH 促进卵泡成熟、粒膜增生，使卵泡内鞘产生雌激素，在与 FSH 达到一定比例时，导致排卵，对排卵起着主要调节作用。

b. 排卵之后，LH 使粒膜形成黄体，合成孕酮。在牛、猪和人还可促使黄体释放孕酮。

c. 刺激睾丸间质细胞的发育，并使之产生睾酮。与 FSH 及雄激素协同，使精子生成充分完成。

垂体中 FSH 和 LH 的含量及比值因动物种类而异，且与动物的发情活动密切相关。例如，垂体中 FSH 的含量决定动物的发情持续期的长短，以马发情最长，其次是猪、羊，牛最短；两种促性腺激素的比值决定动物发情表现的强弱和安静排卵是否出现，牛、羊的 FSH 显著低于 LH，马的恰好相反，猪则趋于平衡。牛、羊的安静排卵显著多于猪、马（图 1-5）。

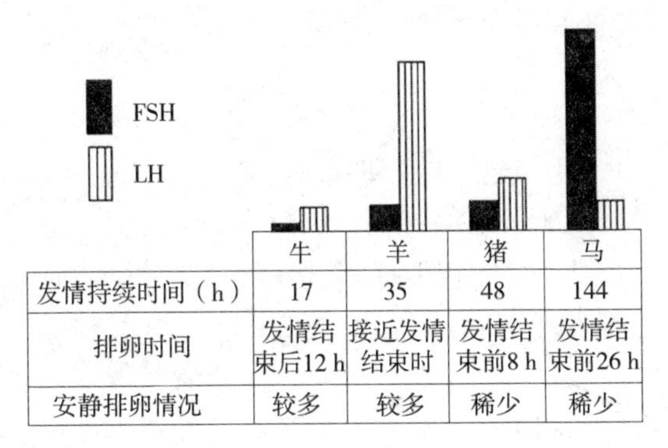

	牛	羊	猪	马
发情持续时间（h）	17	35	48	144
排卵时间	发情结束后12 h	接近发情结束时	发情结束前8 h	发情结束前26 h
安静排卵情况	较多	较多	稀少	稀少

图 1-5　几种动物腺垂体 FSH 和 LH 含量及比值与雌性动物发情排卵的关系

（2）临床应用。

a. 治疗卵巢机能病变，如排卵障碍、卵巢囊肿。

b. 保胎：用于黄体发育不全引起的早期胚胎死亡，早期习惯性流产。

c. 治疗雄性动物性欲不强、精液和精子量少。

临床应用 FSH 和 LH 注意事项：①要根据卵巢病变类型来选择激素；②注意剂量的控制；③每次注射前一定要检查卵巢的变化，根据卵巢的变化决定用药剂量和次数，每一疗程结束后 7～10 d 必须复查，LH 治疗不排卵应在注射后 8～12 h 复查；④有其他生殖器官疾病的，应先治疗后使用激素；⑤避免长期连续使用。

3. 催乳素（prolactin，PRL）　是一种蛋白质激素，分子质量存在种间差异，由 196 个、206 个或 210 个氨基酸组成，半衰期为 15 min。

（1）对雌性动物的作用。

a. 刺激和维持黄体分泌孕酮，故也称为促黄体分泌素（LTH）。在维持黄体机能上，PRL 有两种明显的作用。一是当黄体处于活动状态时，能够维持其活动状态，延长其分泌时间，这种分泌与 2α-羟基类固醇脱氨酶的活性升高有关；二是当黄体的分泌停止时，它又调节衰老黄体的分解。

b. 刺激阴道分泌黏液，促使子宫颈松弛，排出子宫分泌物。

c. 刺激乳腺发育，促进泌乳。PRL 与雌激素协同作用于腺管系统，与孕酮协同作用于腺泡系统，促进乳腺发育；与皮质类固醇一起则可激发和维持发育完成的乳腺泌乳。

d. 调节禽类筑巢就窝等母性行为。

e. 增强雌性动物的母性、禽类的抱窝性、鸟类的反哺行为等。在家兔，还与脱毛和造窝有关。

（2）对雄性动物的作用。

a. 维持睾丸分泌功能，并与雄激素协同，刺激副性腺液的分泌。

b. 用外源性 PRL 处理雄性家兔，可抑制其交配活动，但用睾酮处理则可恢复其交配欲。这是因为 PRL 能有效地作用于大脑皮层和丘脑下部，从而影响繁殖行为。

（3）临床应用。由于 PRL 来源缺乏，价格贵，不能直接在生产中应用。目前主要应用升高或者降低 PRL 的药物来代替 PRL 的作用。

抑制 PRL 分泌的药物：多巴胺、吗啡、溴隐亭。

促进 PRL 分泌的药物：利血平、促甲状腺激素释放激素、$PGF_{2\alpha}$、雌激素、孕酮、安定药（降低脑内多巴胺含量，如氯丙嗪）。

（三）催产素

1. 催产素的来源和释放特点

（1）来源。催产素（oxytocin，OT）形成于丘脑下部的视上核和室旁核，并且呈滴状沿丘脑下部-神经垂体束的轴突被运送至神经垂体而储存。当受刺激时，由垂体后叶将催产素连同运载蛋白一起释放出来。另外，黄体也能分泌少量催产素。

（2）释放特点。分娩、吮乳或挤乳、应激、交配、阴道扩张等都可诱发不同类型催产素的释放。在吮乳或分娩期间，催产素释放节律是脉冲式的。考虑到催产素在血液的增加应是短暂而有节律的，或者由于多次脉冲式中的半衰期（1.5 min）和释放频率，血浆催产素浓度释放的积累效果，其作用的发挥出现延后。

内外环境的刺激，公牛对发情母牛的视、触、听及嗅觉器官刺激，尤其是爬跨、交配的刺激，均能反射性地引起母牛神经垂体释放催产素，促使子宫收缩增强；吮挤乳头、按摩乳房、触摸阴门、刺激子宫颈以及与挤乳有关的活动如桶响声等，均能引起催产素释放，导致放乳。但不良的内外因素（逆境），如惊吓、疼痛等，能够抑制催产素的释放，并且由于交感-肾上腺系统受到刺激，机能增强，肾上腺素引起血管收缩，致使催产素不能到达靶器官（图 1-6）。

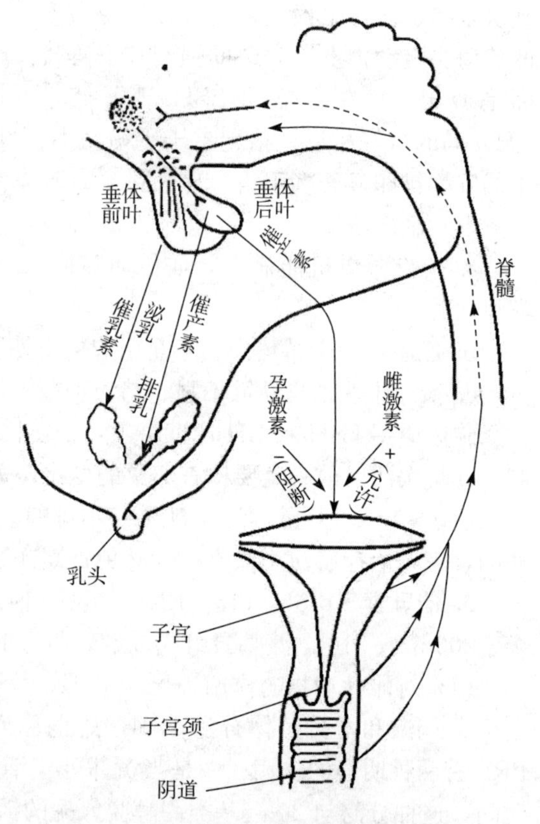

图 1-6　催产素对子宫和乳腺的作用及其与雌激素和孕酮的关系

（引自杨钢，1996）

2. 催产素的结构 由 9 个氨基酸残基组成的多肽。所有的脊椎动物体内都存在催产素，在圆口类动物是以原始的类型——加压催产素存在的，自圆口类以后，加压催产素通过将第 8 位氨基酸——精氨酸取代掉而进化为催产素。鱼类、两栖类、爬行类及鸟类的催产素都与哺乳类的不同，其第 4 位和第 8 位氨基酸残基有差异。

3. 催产素的生理作用

（1）对子宫和卵巢的作用。催产素对经雌激素预先致敏的子宫肌有刺激作用。在卵泡成熟期，通过交配或输精反射性地引起催产素的释放，刺激输卵管平滑肌收缩，帮助精子及卵细胞的运送。妊娠后期体内雌激素水平升高，又引起子宫对催产素的敏感性增强，导致子宫收缩，参与分娩发动，排出胎儿及胎膜。产后催产素的释放有助于恶露排出和子宫复旧。使用大量的催产素可通过子宫合成和释放 $PGF_{2\alpha}$ 引起黄体溶解；而给动物注射抗催产素制剂，则会使雌性动物发生持久黄体。

（2）对乳腺的作用。催产素能引起乳腺腺泡的肌上皮细胞收缩，使乳汁从腺泡中通过腺管进入乳池，发生放乳。

（3）对鸟类的作用。鸟催产素是精氨酸加压催产素，能引起输卵管的收缩和产卵。鸟催产素对哺乳动物同样有排乳和刺激子宫收缩的作用。

4. 临床应用

（1）促进分娩、催产。使用的条件是子宫颈完全开放，骨盆正常，胎儿的胎位、胎势、胎向均正常。

（2）治疗子宫出血、胎衣不下、持久黄体和黄体囊肿。

（3）促进子宫异物如子宫蓄脓、死胎等的排出以及产后子宫复旧。

（4）提高受胎率。在人工授精前几分钟宫内注射催产素 5～10 IU 再输精，可提高受胎率。

（5）治疗放乳不良。

四、胎盘促性腺激素

胎盘是保证胎儿正常发育的重要器官，具有极为复杂的功能，其中重要的功能之一是分泌多种激素。目前应用较多的主要有两种，即马绒毛膜促性腺激素（equine chorionic gonadotropin，eCG）和人绒毛膜促性腺激素（human chorionic gonadotropin，hCG）。胎盘促性腺激素已证实存在于马、驴、羊、斑马、猴、大鼠及人体中。这类激素的来源和分泌量因动物种类不同而差异很大。

（一）马绒毛膜促性腺激素

eCG 又称孕马血清促性腺激素（pregnant mare serum gonadotropin，PMSG）。母马在妊娠后 36～38 d，子宫内膜杯（由胚胎的绒毛膜滋养层细胞构成）开始产生 eCG 或 PMSG，出现于血液中，在妊娠 50～70 d 分泌量达高峰，妊娠 120～150 d 分泌逐渐停止。

1. 结构特性 PMSG 是一种糖蛋白。同一个分子具有 FSH 和 LH 两种活性，故其作用类似马垂体的 FSH 和 LH，但主要类似 FSH 的作用，LH 的作用很小。PMSG 的半衰期较长，并因动物不同而有差异（40～120 h）。在孕马体内则主要显示 LH 的作用，只引起排卵或促使成熟的卵泡黄体化。

PMSG 的含量与母马品种、年龄、胎次和体格大小有关。一般而言，PMSG 的总产量随着年龄和胎次的增加而递减，母马体格的大小与 PMSG 峰值的高低呈负相关。影响其含量最重要的因素是胎儿的遗传型：母马怀马驹时，血清中 PMSG 的含量很低，到妊娠 80 d 时完全消失；但怀骡驹时，PMSG 的峰值可高达 200～250 IU/mL，比驴怀驴驹时高 8 倍以上。

2. 生理作用 ①促进卵泡发育：由于 PMSG 的生理作用与 FSH 相似，因此有着显著促进卵泡发育的作用，在动物超数排卵和诱导发情中得到广泛应用；②促进排卵：具有一定的促进排卵和黄体形成的功能；③促进曲细精管发育和分化：PMSG 可促使雄性动物睾丸的曲细精管发育及分化。

3. 在动物繁殖上的应用 PMSG 在动物繁殖中常应用于以下几方面：①PMSG 与其他激素配合，可以用于牛、羊、猪、马等多种动物的催情；②刺激卵巢超数排卵、增加排卵数：PMSG 的来源较广，成本低，作用缓慢，且生物半衰期较垂体 FSH 长，因此应用较为广泛，其为糖蛋白激素，多次连续使用易产生抗体而降低超数排卵的效果，在生产中多与 hCG 配合使用；③促进排卵，治疗排卵迟滞；④防止胚泡萎缩，促进胚泡发育：可使有萎缩趋势的胚泡恢复正常发育；⑤治疗持久黄体；⑥促进雄性动物性机能。

（二）人绒毛膜促性腺激素

人绒毛膜促性腺激素简称绒毛膜激素，是由早期孕妇绒毛膜滋养层的合胞体细胞所产生的，由尿中排出。在胚胎附植的第 1 天（受胎第 8 天）即开始分泌 hCG，孕妇尿中的含量在妊娠 45 d 时升高，妊娠 60～70 d 达到最高峰，21～22 周降到最低以至消失。

1. 结构特性 hCG 是一种糖蛋白，每个分子是由 2 个不相同的亚基（α 亚基和 β 亚基）组成，以非共价键与糖基相结合。糖基约占 hCG 分子质量的 30%，由甘露糖、岩藻糖、半乳糖、N-乙酰半乳糖胺及 N-乙酰氨基葡萄糖胺等组成，糖链的末端连有唾液酸。半衰期为 LH 的 10 倍。

2. 生理作用 hCG 的生理特性与 LH 类似，FSH 的作用很小，可以促进卵泡成熟、排卵和形成黄体并分泌孕酮，还可以促进睾丸间质细胞分泌睾酮，刺激雄性生殖器官的发育和生精机能。

3. 应用 由于 hCG 能从孕妇尿和刮宫废料中提取，是一种相当经济的促黄体素代用品。由于 hCG 还含有一定的 FSH 作用，其临床应用效果明显优于单纯的 LH 制剂。

（1）刺激雌性动物卵泡成熟和排卵。

（2）与 FSH 或 PMSG 联合应用，以提升同期发情和超数排卵效果。

（3）用于动物的催情。给雌性动物补充外源性 hCG，可以达到催情的目的。但只有当卵巢上已有小卵泡时才有催情作用（对卵巢静止者无效）。因为 hCG 中的 FSH 必须与垂体 FSH 共同发生作用，才足以显示催情效果。

（4）治疗繁殖疾病。hCG 可以治疗雌性动物排卵迟滞、不排卵以及卵泡囊肿等疾病。对于雄性动物可促进间质细胞发育，促使性机能兴奋。

（5）保胎。用于先兆性流产或习惯性流产。

（6）治疗雄性动物的性机能障碍。用于治疗性欲不强、阳痿以及生精机能障碍等疾病。

五、性激素

性激素（gonadohormone）即卵巢、睾丸等产生的激素。卵巢所产生的主要是雌激素、孕酮和松弛素，睾丸所产生的主要是雄激素。此外雌雄动物都能产生抑制素。胎盘和肾上腺皮质也可产生少量的孕酮及雌激素等。应当注意的是，雌性动物能产生少量雄激素，雄性动物也能产生少量雌激素。因此，雌激素和雄激素的命名只是相对而言，并不完全恰当。

性激素包括两大类，一类属于类固醇激素，另一类为多肽激素。类固醇激素又称为甾体激素，基本结构为环戊烷多氢菲，其合成代谢途径及主要激素的化学结构见图 1-7。

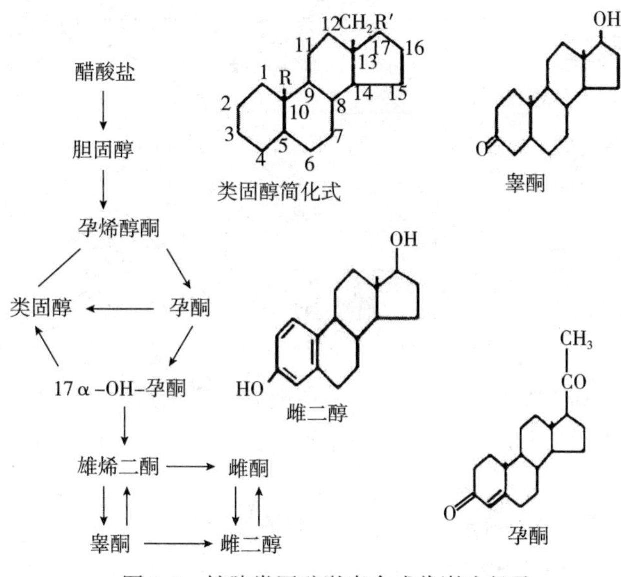

图 1-7　性腺类固醇激素合成代谢途径及主要性腺类固醇激素的化学结构

（一）性腺类固醇激素

1. 雌激素（estrogen）　分泌来源：雌雄性动物均可产生。卵巢、胎盘、肾上腺以及睾丸等都分泌雌激素，以卵巢分泌量最高。主要的雌激素为 17β-雌二醇（17β-estradiol）（牛、马、猪），其活性最强；另外，还有少量雌酮（estrone）。均在肝内转化为雌三醇（estriol），从尿及粪中排出。

卵巢内的雌激素主要由卵泡颗粒细胞分泌。在 LH 的作用下，卵泡内膜细胞产生睾酮，进入颗粒细胞；FSH 刺激颗粒细胞、芳香酶细胞活化，在该酶的催化下睾酮转化成雌二醇。在睾丸中，LH 刺激间质细胞产生睾酮，进入曲细精管中的足细胞内，在 FSH 刺激下足细胞内的睾酮转化成雌二醇。在卵巢和睾丸中产生雌激素的这种模式称为双细胞-双促性激素模式（图 1-8）。

除动物可产生雌激素外，某些植物也可产生具有雌激素生物活性的物质，即植物雌激素（plant estrogen 或 phytoestrogen），植物雌激素分子中没有类固醇结构，但具有雌激素样生物活性。

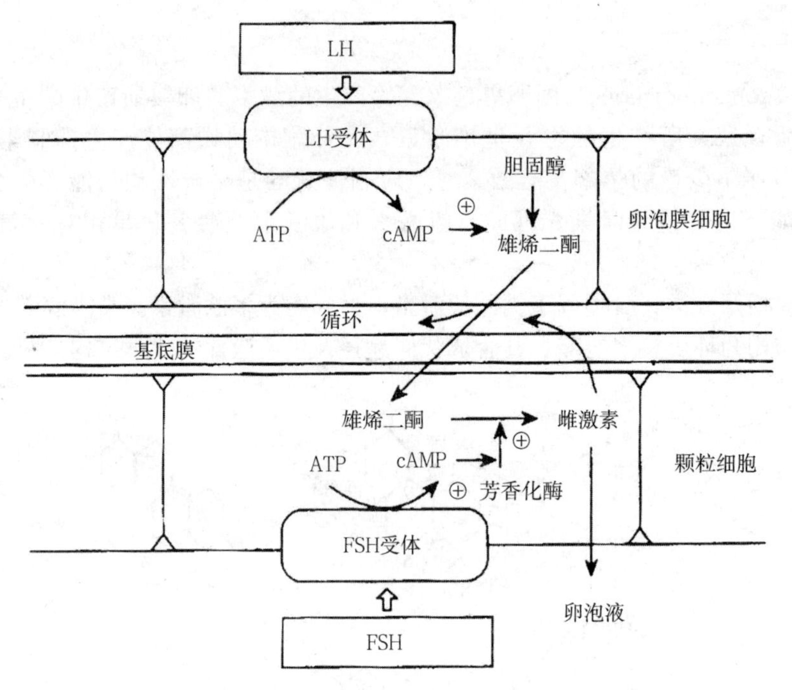

图 1-8 双细胞-双促性激素模式

(引自朱士恩，2015)

环境中分布或残留的工业污染物、农药、除草剂和兽药残留物，大部分与雌激素有类似结构特征，具有类似雌激素样的生物活性，这些物质统称为环境雌激素。

(1) 生理作用。

a. 刺激并维持雌性动物生殖道的发育。在初情期前摘除卵巢，生殖道就不能发育，初情期以后摘除卵巢则生殖道退化。

发情时，在雌激素作用下，促使生殖道充血肿胀，黏膜增厚，上皮增厚或增生，子宫管状腺长度增加、分泌增多，肌肉层肥厚、蠕动增强，子宫颈松软，阴道上皮增生和角化。此外，子宫先经雌激素作用后，才能为以后接受孕酮的作用做好准备。因此，雌激素对胚胎的附植也是必要的。

b. 刺激性中枢，使雌性动物产生性欲及性兴奋。这种作用需要在少量孕酮协同下完成。

c. 雌激素减少到一定量时，对丘脑下部或垂体前叶的负反馈作用减弱，导致释放 FSH。FSH 与 LH 共同刺激卵泡发育。卵泡内膜产生的雌激素开始增多，排卵前产出量最大，它反过来作用于丘脑下部或垂体前叶，抑制 FSH 的分泌（负反馈），并在少量孕酮的协同下促进 LH 的释放（正反馈），从而导致排卵。

d. 刺激垂体前叶分泌催乳素。

e. 促进雌性动物第二性征的发育，如促进钙在骨骼的沉着，软骨骨化早而骨骼较小、骨盆宽大、易于蓄积脂肪及皮肤软薄等。

f. 刺激乳腺管道系统的生长，与孕酮共同作用并维持乳腺的发育。但在牛及山羊，雌激素单独即可使乳腺腺泡系统发育至一定程度，并能泌乳。因此在临床上可用于乳牛以延长其泌乳时间。

g. 妊娠期间，胎盘产生的雌激素作用于垂体，使其产生 LTH，刺激和维持黄体的机能。妊娠足月时，胎盘雌激素增多，可使骨盆韧带松弛。当雌激素达到一定浓度，且与孕酮浓度达到适当比例时，可促使催产素对子宫肌层发生作用，为启动分娩提供必需的条件。

h. 在雄性动物，注射雌激素可促使睾丸萎缩、副性腺退化，最后造成不育，因而可用于化学去势。

i. 降低血管通透性和血清胆固醇；促进血浆蛋白的合成，增强免疫功能。

（2）临床应用。目前应用的制剂主要是人工合成的，常用的有：苯甲酸雌二醇、戊酸雌二醇、乙炔雌二醇、二丙酸雌二醇、己烯雌酚、二丙酸己烯雌酚、乙烷雌酚、己雌酚等。

性激素及其制剂在食品动物上的应用已有明确的规定，必须遵照执行。在农业农村部公布的对食品动物的禁用药物中，与雌激素有关的制剂己烯雌酚（包括其盐、酯及制剂）、玉米赤霉醇、去甲雄三烯醇酮等在所有养殖环节都不能使用，但苯甲酸雌二醇（包括其盐、酯及制剂）除了不能用于促生长外，其他用途可以使用。

临床应用：①催情；②诱导泌乳；③促进产后胎衣或胎儿的排出；④提高产肉率；⑤鸡的醒抱；⑥化学去势。

2. 孕酮　孕酮（progesterone）是卵巢分泌的有生物活性的主要孕激素。主要是由黄体及胎盘（马及绵羊）产生的，肾上腺皮质及雄性动物的睾丸和雌性动物排卵前卵泡也能产生少量孕酮。牛、山羊、猪、犬在整个妊娠期，孕酮一直来源于黄体，而马和绵羊在妊娠前期孕酮是由卵巢上的黄体分泌，到妊娠后期则由胎盘分泌。孕酮主要在肝内降解，还可在外周组织中灭活。牛血液中孕酮的半衰期为 20～30 min。

（1）生理作用。

a. 维持妊娠：经雌激素作用后，孕酮可维持子宫黏膜上皮的生长，刺激并维持子宫腺的生长（分支、弯曲）及分泌。同时可促使子宫颈及阴道上皮分泌黏液，并抑制子宫肌的蠕动。这些都给胚胎附植及发育创造了有利的条件，所以孕酮是维持妊娠所必需的激素。

b. 生殖道受到雌激素的刺激开始发育，但只有经孕酮作用后，才能发育充分。

c. 孕酮对丘脑下部或垂体前叶具有负反馈作用，能够抑制促卵泡素及促黄体素的分泌。所以，在黄体开始萎缩以前，卵巢中虽有卵泡生长，但不能迅速发育；同时还能抑制性中枢，使雌性动物不表现发情。但在牛发情初期注射少量孕酮可以促进排卵；而且在少量孕酮的协同作用下，中枢神经才能接受雌激素的刺激，雌性动物才能产生性欲及性兴奋，否则卵巢中虽有卵泡排卵，但无发情的外部表现（安静发情或安静排卵）。

d. 在雌激素刺激乳腺腺管发育的基础上，孕酮刺激乳腺腺泡系统，与雌激素共同刺激和维持乳腺的发育。

e. 大量孕酮可以对抗雌激素的作用，抑制发情活动；少量孕酮却与雌激素发生协同作用，增强发情表现。

（2）在动物繁殖中的主要应用。

a. 合成孕激素及其应用。天然孕激素在体内含量极少，且口服无效，现已有若干种具有口服、注射效能的合成孕激素类物质，其效力远大于孕酮，如甲孕酮（甲基乙酸孕酮）、甲地孕酮、氯地孕酮、氟孕酮、炔诺酮、16-次甲基甲地孕酮、18-甲基炔诺酮、安宫黄体酮（醋酸甲羟孕酮）、双醋炔诺醇等。合成的孕激素实际上都是孕酮及睾酮的衍生物。

b. 孕激素在动物繁殖中的主要应用。①同期发情。对牛、羊和猪连续给予孕酮可抑制垂体促性腺激素的释放，从而抑制发情，一旦停止给予孕酮即能反馈性地引起性激素释放，在短期内控制群体雌性动物出现发情。②超数排卵。在给牛、羊注射促性腺激素 FSH 或 PMSG 之前，以孕酮做预处理 10 d 左右，可提高超排效果。③妊娠诊断。根据血浆、乳汁、乳脂、尿液、被毛中孕酮水平进行妊娠诊断。④诊断繁殖障碍动物。在妊娠后，孕酮水平突然下降，可判断为胚胎死亡。通过孕酮测定可了解卵巢机能状态，揭示受胎率低的原因。持久黄体、安静发情、黄体囊肿也可经孕酮测定来判定。⑤治疗繁殖疾病。对卵泡囊肿、排卵迟滞、卵巢静止及安静发情均可以孕酮或配合其他生殖激素进行治疗。⑥预防孕酮不足性流产。对具有习惯性流产史且认为是因孕酮不足造成的，给予长效孕酮以度过流产的危险期。⑦与雌激素配合诱导泌乳。

3. 雄激素 睾酮（testosterone）为雄激素的主要形式，它的降解物为雄酮。睾酮主要是由睾丸间质细胞产生，肾上腺皮质也能分泌少量。

睾酮的分泌量很少，不在体内存留，分泌之后很快即被利用或发生降解。其降解产物为雄酮。通过尿液、胆汁或粪便排出体外，所以尿液中存在的雄激素主要为雄酮。

（1）生理作用。①刺激并维持雄性动物性行为。②在促卵泡素（在雄性动物应称为促精子生成素）及促间质细胞素共同作用下，刺激曲细精管上皮的机能，维持精子的生成。③刺激和维持附睾的发育，并维持精子在附睾中的存活。④刺激并维持副性腺和阴茎、包皮（包括使幼畜包皮腔内的阴茎与包皮内层分离）、阴囊的生长发育及机能。雄性外阴部、尿液、体表及其他组织中外激素（信息素）的产生也受雄激素的调节。⑤使雄性动物表现第二性征。⑥对丘脑下部或（和）垂体前叶发生负反馈作用。即垂体前叶促间质细胞素和雄激素之间存在有彼此调节的关系，促间质细胞素可以促进睾丸的分泌，但在睾酮增加到一定浓度时，则对丘脑下部或（和）垂体前叶发生负反馈作用，抑制促间质细胞素释放激素或（和）促间质细胞素的释出，结果睾丸的分泌减少；当睾酮减少到一定程度时，负反馈作用减弱，促间质细胞素的释出增加，间质细胞分泌的雄激素也随之增加。它们如此相互作用，取得相对平衡，从而使雄性动物的性机能得以维持正常。⑦促进蛋白质的合成，抑制蛋白质分解，刺激造血机能；增强免疫机能和提高耐受力。

（2）临床应用。临床制剂有丙酸睾酮、甲睾酮、睾酮丙酸酯、羟甲烯龙、司坦唑醇、三合激素（每毫升含丙酸睾酮 25 mg、黄体酮 12.5 mg、苯甲酸雌二醇 1.5 mg）等。临床应用包括：①提高性机能；②作为蛋白同化剂或强化剂；③在鹿长茸期（4～6 月）应用，可提高产茸量；④主动或被动免疫，提高繁殖率，如绵羊双羔素。

（二）性腺多肽

1. 松弛素（relaxin）

（1）来源。在依靠黄体维持妊娠的动物，黄体是松弛素的主要来源。它存在于颗粒黄体细胞的胞质中，一旦需要，即释放入血。

松弛素是一种多肽，其结构类似胰岛素。松弛素的分泌量一般是随着妊娠期的增长而逐渐增多，分娩后即从血液中消失。猪在妊娠初期的含量有所增加，到 105～110 d 达到最高值，但从产前 16 h 开始，黄体中的含量急剧下降。

（2）生理作用。①促使骨盆韧带松弛，耻骨联合松开，使骨盆能够发生扩张。这在某些动物（如牛）比较重要。②使子宫颈松软，能够扩张。在分娩的开口期中，当子宫肌的收缩力逐步增强时，在某些动物，松弛素与其他激素发生协同作用，使子宫颈组织变得柔软，产生弹性。③促使子宫水分含量增加。④促使乳腺发育。⑤在豚鼠排卵时，卵泡鞘中的松弛素能够影响胶原纤维和平滑肌的收缩力，但在动物方面尚未证实。

2. 抑制素（inhibin）

（1）产生部位与分布。抑制素在雌性动物主要由卵泡的颗粒细胞产生，其含量随卵泡的发育状态及动物类别而异。在雄性动物，抑制素由支持细胞产生后，被输送到附睾头而被吸收，进入血液。其浓度在雄性动物的不同发育阶段、不同生殖状态和品种之间均有差异。

（2）结构特点。抑制素是一种水溶性多肽，不耐热，易被蛋白酶破坏。由 α 亚单位和 β 亚单位通过二硫键连接而成。

（3）生理作用。①对雌性生殖的作用。通过丘脑下部垂体的负反馈环路，阻滞 GnRH 对垂体的作用，抑制 FSH 的分泌。其抑制作用主要是破坏 FSH β 亚单位 mRNA 的稳定性。它对 FSH 的抑制作用具有性别差异：对雌性非常强烈。还可抑制妊娠。②对雄性生殖的作用。能直接抑制 B 型精原细胞的增殖，还可选择性地抑制 FSH 的分泌而影响生殖细胞的分裂。这种抑制生精的作用，对维持精原细胞数量的恒定及阻止曲细精管的过度生长均有重要意义。

抑制素可延迟垂体对促甲状腺激素释放激素的敏感性，促甲状腺激素可以阻断抑制素对血浆 FSH 的影响。

根据上述抑制素的生理作用，可以揭示动物超数排卵的机理。通过测定 LH 峰值后的 FSH 含量或 LH 与 FSH 的比值来诊断排卵障碍。通过对抑制素的主动或被动免疫可促进动物性成熟和增加排卵率。

3. 活化素（activin）

（1）结构特点。是体内多种组织分泌的一种水溶性多肽，是由 2 个抑制素的 β 亚基聚合而成的同型或异型二聚体。

（2）生殖生理作用。除卵巢和睾丸外，还有多种组织是活化素和抑制素的个体来源，也是共同的靶组织。活化素对 FSH 的合成和释放具有明显的促进作用，对 LH 分泌无影响。在卵巢内还有自分泌和旁分泌的功能。在卵泡颗粒细胞上有特异性活化素受体，活化素可引起颗粒细胞 FSH 受体表达，在 FSH 存在下还促进 LH 受体的表达。能提高颗粒细胞产生抑制素的能力。活化素对 LH 刺激的卵泡膜细胞雄烯二酮的产生起抑制作用。在 FSH 存在下，可增加颗粒细胞 cAMP 产量。活化素 A 还可刺激 GnRH 受体的形成。

4. 卵泡抑素（follistatin）

（1）结构特点。卵泡抑素是由卵泡粒膜细胞分泌的一种多肽。

（2）生殖生理作用。卵泡抑素选择性抑制 FSH 的释放，但其效力只有抑制素的 1/3 左右。还参与调节胚胎发育和分化、神经细胞分化、与活化素相互作用调节成骨细胞功能以及红细胞生成等生理功能。

六、前列腺素和外激素

（一）前列腺素

前列腺素（prostaglandins，PGs）是一类有生物活性的长链不饱和羟基脂肪酸，其生物合成是由必需脂肪酸通过前列腺素合成酶的作用，经环化和氧化反应，在细胞膜内进行的。

PGs的相对分子质量为300～400。目前已知的天然前列腺素分为3类9型，即根据环外双键的数目分为PG1、PG2、PG3等3类，又根据环上取代基和双键位置的不同而分为A、B、C、D、E、F、G、H、I等9型，其中和动物繁殖关系密切的是PGF和PGE。

1. 产生与存在部位 PGs最活跃的产生场所是精囊腺，其次是肾髓质、肺和胃肠道，此外，脑、肾上腺、脂肪组织、虹膜及子宫内膜等组织也能合成。

PGs广泛存在于动物的各种组织和体液中。生殖系统中，如精液、卵巢、睾丸、子宫内膜（包括子叶和子宫分泌物）以及脐带和胎盘、血管等都含有前列腺素。

2. 生殖生理作用 前列腺素的作用极其广泛，对生殖系统的影响最为突出。其重要作用如下。

（1）对雌性生殖的作用。

a. 溶解黄体。F型前列腺素对动物（包括灵长类）的黄体有明显的溶解作用，子宫内膜产生的前列腺素通过子宫静脉透入卵巢动脉达到卵巢，发挥溶解黄体作用，E型前列腺素的作用较差。通常，牛、羊、马、大鼠等动物对$PGF_{2\alpha}$比较敏感，排卵后4 d的黄体即可被溶解，而猪、犬等黄体敏感性要低些。猪在排卵10～12 d黄体才能被溶解；犬在排卵后24 d的黄体才对$PGF_{2\alpha}$敏感。溶解黄体的机理可能有：①$PGF_{2\alpha}$直接作用于黄体，使酸性磷酸酶活性增强，改变黄体细胞膜通透性，并促使溶酶体释放水解酶破坏黄体细胞，抑制孕酮的合成；②收缩血管平滑肌，显著降低子宫、卵巢的血流，导致卵巢局部缺血，使合成孕酮所需要的原料供应减少，从而抑制孕酮的合成；③对垂体起反馈调节作用，或直接颉颃LH的作用而降低黄体维持机能，引起黄体退化；④通过促进黄体中孕酮的降解或抑制孕酮的合成，进而破坏黄体的机能。

b. 影响排卵。PGE_1能抑制排卵，$PGE_{2\alpha}$能引起血液中LH升高，从而促进排卵。

c. 影响输卵管的收缩。PGE_1和PGE_2能使输卵管上3/4段（卵巢端）松弛，下1/4段收缩。$PGF_{1\alpha}$和$PGF_{2\alpha}$则能使各段肌肉收缩。以上这些作用对精子和卵细胞的运行都有一定作用，因而能够影响受精卵附植。输卵管下段收缩，可使卵细胞在壶腹末端停留时间较长，有利于受精。相反，PGF_2可以加速卵细胞由输卵管向子宫移行，使其没有机会受精。

d. 刺激子宫平滑肌收缩。PGE和PGF都对子宫平滑肌具有强烈刺激作用。小剂量PGE能促进子宫对其他刺激的敏感性，较大剂量则对子宫有直接刺激作用。PGE_2和PGF类可使子宫颈松弛，但$PGF_{2\alpha}$的作用并不稳定。前列腺素可以增加催产素的自然分泌量。PGE还可增加妊娠子宫对催产素的敏感性，故当二者合用时，具有协同作用。

e. 影响生殖激素的合成与释放。一是影响促性腺激素的合成与释放。PGs能促进垂体LH及FSH的释放。PGF和PGE_1都有刺激雄性大鼠释放LH及FSH的作用，但PGE_1的作用较弱。滴注前列腺素可使血液循环中的hCG显著下降。但这种现象于滴注数小时后才开始出现。二是增加LHRH的释放。绵羊雌激素升高能够引起LHRH释放，其原因主要是雌激素首先引起子宫释放PGF，PGF作用于丘脑下部，促使LHRH释放。

（2）对雄性生殖的作用。在LH的影响下，睾丸也能分泌PGs。PGs对雄性生殖的影响主要概括为以下几方面。①影响睾酮的生成。适当剂量的PGs处理，不会影响生殖能力，若用大量的PGs则会降低外周血中睾酮含量。②影响精子生成。给大鼠注射$PGF_{2\alpha}$可使睾丸质量增加，精子数目增多。若服用阿司匹林或吲哚美辛，则抑制精母细胞转化为精子细胞，使精子数目减少。如果注射大剂量PGE或$PGF_{2\alpha}$，能引起睾丸和副性腺质量降低，造成曲细精管生精功能障碍，生精细胞脱落和退行性变化。③影响精子运输和射精量。小剂量PGs能促进睾丸网、输精管及精囊腺收缩，有利于精子运输和增加射精量。④影响精子活力。PGE能增强精子活力，$PGF_{2\alpha}$却能抑制精子活力。

（3）临床应用。

a. 类似物。15-甲基-$PGF_{2\alpha}$、$PGF_{1\alpha}$甲酯、氯前列烯醇（cloprostenol）和氟前列烯醇（fluoroprostenol）。目前氯前列烯醇应用最为广泛，其溶解黄体的生物活性是天然$PGF_{2\alpha}$的200倍，促进子宫收缩的作用与天然$PGF_{2\alpha}$相似。

b. 颉颃剂。颉颃PGs促进平滑肌收缩作用，防止早产，如7-氧杂-13-前列酸、磷酸多根皮素、二苯噁唑西平。

颉颃PGs的生物合成（对促黄体溶解和促子宫收缩有颉颃作用）：吲哚美辛、阿司匹林。

临床应用：①诱导发情与同期发情；②诱导分娩或人工引产；③超数排卵；④治疗某些疾病，如溶解黄体（持久黄体、黄体囊肿等）、子宫疾病、排出子宫异物；⑤用于母猪无乳症；⑥提高雄性动物的性欲。

（二）外激素

外激素（pheromone）是动物向周围环境释放的一种化学物质或数种化学物质的混合物，并作为信息引起同类动物在行为和（或）生理上发生特定反应。

1. 产生与存在部位　产生外激素的腺体分布很广，遍及身体各处，靠近体表，包括头部、眼窝、咽喉、肩胛、体侧、胸、背、尾、阴囊、外阴部、肛门、蹄底及指（趾）间等。释放外激素的腺体有皮脂腺、汗腺、颌下腺、腮腺、泪腺、包皮腺、尾下腺、会阴腺、肛腺、侧腺、腹腺、跖腺、跗腺及掌腺等，有些动物的尿液和粪便中也含有外激素。这些腺体大多数由体表细胞所构成，可能是单层细胞，也可能比较复杂，并在储存处与腺体相连，到需要的时候即将外激素排放到周围环境中。

2. 生殖生理作用　①促进性成熟。将一头成年公猪放入青年母猪群后5～7 d，大多数青年母猪出现发情，性成熟比未接触公猪的青年母猪提早30～40 d。公羊对母羊的刺激同样具有促进性成熟的作用。②终止乏情期，促进发情。在季节性乏情期结束之前，在母羊群中放入公羊，会很快出现大群母羊集中发情，这种现象称为“公羊效应”（ram effect）。利用公羊效应，几乎可使所有绵羊、山羊的季节性乏情期提前6周结束，但公羊的接触不能少于24 h。③对雌性动物发情率、发情持续期和排卵时间的影响。雄性动物刺激可提高母牛和母猪的发情率。雄、雌性动物养在一起，能加速发情进程，缩短性接受期，从而使排卵集中，受胎率提高。④雄性行为可提高后代的生殖力。有人发现，配种能力强的公羊，其后代排卵率高。但二者之间的遗传和内分泌关系还不清楚。根据其生理作用，可以将外激素应用于动物繁殖工作中，达到促进繁殖的目的。

3. 外激素和激素的区别　外激素和激素是完全不同的两个概念。它们的来源、传送途径和功能截然不同。

（1）外激素与激素的比较。激素可维持有机体内部各器官、组织在生理的上协调性，外激素则保证动物群体的整体性和行为上的一致性。

a. 来源、传送途径和靶向性。激素产生于动物的组织或内分泌腺，分泌至体内，在局部或由血流传送作用于体内某一靶器官或组织，经一定生理生化过程产生特定的生理反应。外激素来源于外分泌腺，排出体外后在空气中扩散到一定距离，作用于同类动物的其他个体，通过嗅觉系统产生特定的行为或生理反应。

b. 生理作用。激素是作用于动物个体本身的化学信使，它的功能是调节动物体内器官或组织之间的联系，维持动物内部生理过程的协调和恒定，保证其整体性。外激素是作用于动物群体的化学信使，它的功能在于实现某一种动物种群个体之间的联系，维持群体的结构和行为的协调，保证群体的完整性。

（2）脊椎动物外激素的特点。①具有种间特异性。某种动物释放的外激素，只能引起同种个体的生理反应。②具有复杂性和多样性。如同一种类动物的不同个体所产生的外激素是有差异的。③一般都是由各种腺体合成释放的。④多为挥发性脂肪酸、蛋白质或类固醇等化合物，只需微量即可起作用。⑤几乎都是以水、空气或环境基质为媒介进行传播的。

思考题

1. 生殖激素的定义是什么？
2. 生殖激素的种类有哪些？
3. 生殖激素的作用特点是什么？
4. 生殖激素的储存与释放方式是什么？
5. 松果体激素的种类和作用是什么？
6. 丘脑下部与生殖有关的释放/抑制激素（因子）有哪些？
7. 简述 LHRH 的生理作用和在动物繁殖方面的应用。
8. 简述促卵泡素的生理作用和在动物繁殖方面的应用。
9. 简述促黄体素的生理作用和在动物繁殖方面的应用。
10. 简述催乳素的作用。
11. 简述马绒毛膜促性腺激素的生理作用和在动物繁殖方面的应用。
12. 简述人绒毛膜促性腺激素的生理作用和在动物繁殖方面的应用。
13. 简述雌激素的生理作用和在动物繁殖方面的应用。
14. 简述孕酮的生理作用和在动物繁殖方面的应用。
15. 简述雄激素的生理作用和在动物繁殖方面的应用。
16. 简述松弛素、抑制素、活化素的生理作用。
17. 简述催产素的生理作用和在动物繁殖方面的应用。
18. 简述前列腺素的生理作用和在动物繁殖方面的应用。
19. 简述外激素的生理作用。
20. 简述外激素和激素的区别。

执业兽医资格考试试题列举

1. 催产素可治疗的动物产科疾病是（　　）。

A. 产后缺钙　B. 胎衣不下　C. 产后瘫痪　D. 隐性乳腺炎　E. 雄性动物不育

2. 通过测定雌性动物血浆、乳汁或尿液中孕酮的含量，有助于判断（　　）。

A. 垂体机能状态　B. 卵泡的大小和数量　C. 雌性动物的繁殖机能状态

D. 下丘脑内分泌机能状态　E. 子宫内膜细胞的发育状态

3. 下丘脑-神经垂体系统分泌的激素是（　　）。

A. 生长激素和催乳素　B. 抗利尿激素和催产素　C. 促性腺激素和褪黑激素

D. 肾上腺素和去甲肾上腺素　E. 促甲状腺激素和促肾上腺皮质激素

4. 褪黑激素对生长发育期哺乳动物生殖活动的影响是（　　）。

A. 延缓性成熟　B. 促进性腺的发育　C. 延长精子的寿命

D. 促进副性腺的发育　E. 促进垂体分泌促性腺激素

5. 直接刺激黄体分泌孕酮的激素是（　　）。

A. 褪黑激素　B. 卵泡刺激素　C. 黄体生成素

D. 促甲状腺激素　E. 促肾上腺皮质激素

6. 牛超数排卵时能显著促进卵泡发育的激素是（　　）。

A. 雌二醇　B. 前列腺素　C. 促黄体素

D. 人绒毛膜促性腺激素　E. 马绒毛膜促性腺激素

7. 动物分泌雄激素的主要器官是（　　）。

A. 睾丸　B. 附睾　C. 输精管　D. 精囊腺　E. 前列腺

8. 能抑制性腺和副性腺的发育、延缓性成熟的激素是（　　）。

A. GnRH　B. CRH　C. 8-精加催产素

D. 褪黑激素　E. 胰岛素

9. 调节子宫颈平滑肌的紧张性，影响精子在雌性动物生殖道中运行、受精、胚胎着床和分娩等生殖过程的激素是（　　）。

A. 胰岛素　B. 褪黑激素　C. 前列腺素　D. 肾上腺素　E. 甲状腺素

10. 能诱发排卵或治疗某些不育症，或作为妊娠及妊娠相关疾病的诊断指标的激素是(　　)。

A. 绒毛膜促性腺激素　B. 松果体激素　C. 前列腺素

D. 孕酮　E. 甲状腺素

11. 人绒毛膜促性腺激素的主要生理作用是（　　）。

A. 促进排卵　B. 促进乳腺发育　C. 促进黄体溶解

D. 促进子宫收缩　E. 促进骨盆韧带松弛

12. 催产素在体内的主要合成部位是（　　）。

A. 性腺　B. 子宫内膜　C. 垂体前叶　D. 垂体后叶　E. 丘脑下部

13. 细胞分泌的激素进入细胞间液，通过扩散作用于靶细胞发生作用的传递方式称为(　　)。

A. 内分泌　B. 外分泌　C. 旁分泌　D. 自分泌　E. 神经内分泌

14. 下丘脑的大细胞神经元分泌的激素是（　　）。

A. 生长抑素　B. 催产素　C. 促性腺激素释放激素

D. 促黑激素释放抑制因子　E. 催乳素

15. 前列腺素 E 和 $F_{2\alpha}$的生理功能之一是（　　）。

A. 抑制精子的活力　B. 抑制卵细胞的成熟　C. 松弛血管平滑肌
D. 松弛胃肠平滑肌　E. 促进胃酸分泌

16. 兽医临床上孕酮常用于（　）。
A. 治疗慢性子宫内膜炎　B. 治疗胎衣不下　C. 治疗卵巢功能不全
D. 诱导分娩　E. 保胎

17. 动物在妊娠期间一般不发情，其主要原因是血液中含有高浓度的（　）。
A. 卵泡刺激素　B. 黄体生成素　C. 雌激素　D. 孕酮　E. 松弛素

18. 后备母猪，10 月龄，未见发情，应选用的催情药物是（　）。
A. 缩宫素　B. 丙酸睾酮　C. 垂体后叶素　D. 呋塞米　E. 雌二醇

19. 成年公犬，因雄激素缺乏出现隐睾症，应选用的治疗药物是（　）。
A. 缩宫素　B. 丙酸睾酮　C. 垂体后叶素　D. 呋塞米　E. 雌二醇

20. 促进乳汁从乳腺腺泡进入乳池的激素是（　）。
A. 催产素　B. 松弛素　C. 促黄体素　D. 促卵泡素　E. 马绒毛膜促性腺激素

21. 垂体分泌的促性腺激素包括（　）。
A. 促黑色激素与雄激素　B. 促黑色激素与孕酮　C. 促卵泡激素与促黄体生成素
D. 促卵泡激素与催乳素　E. 促黄体生成素与催产素

22. 性腺激素主要包括（　）。
A. GnRH、LH、FSH　B. OT、松弛素、PGs　C. P_4、雌激素、雄激素
D. eCG、hCG、GnRH　E. OT、PGs、LH

23～27 题共用以下答案：

A. 绒毛膜促性腺激素　B. 前列腺素 E　C. 前列腺素 $F_{2\alpha}$
D. 褪黑激素　E. 前列腺素 F

23. 能抑制性腺和副性腺的发育，延缓性成熟的激素是（　）。

24. 调节子宫颈平滑肌的紧张性，影响精子在雌性动物生殖道中运行、受精、胚胎着床和分娩等生殖过程的激素是（　）。

25. 能诱发排卵或治疗某些不育症，或作为妊娠及妊娠相关疾病的诊断指标的激素是(　)。

26. 具有松弛支气管平滑肌作用的是（　）。

27. 具有收缩支气管平滑肌作用的是（　）。

28～32 题共用以下答案：

A. 绒毛膜促性腺激素　B. 垂体后叶素　C. 雌二醇
D. 苯丙酸诺龙　E. 促黄体素释放激素

28. 用于催产、产后子宫出血和胎衣不下等的是（　）。

29. 兽医临诊用于慢性消耗性疾病的恢复期，也可用于某些贫血性疾病的辅助治疗的是(　)。

30. 用于发情不明显动物的催情及胎衣、死胎排出的是（　）。

31. 主要用于诱导排卵、同期发情，治疗卵巢囊肿、习惯性流产和雄性动物性机能减退的是（　）。

32. 用于治疗乳牛排卵迟滞、卵巢静止、持久黄体和卵巢囊肿，也可用于鱼类诱发排卵

的是（ ）。

33. GnRH 的产生部位是（ ）。

A. 垂体后叶B. 垂体前叶 C. 丘脑下部 D. 子宫内膜 E. 前列腺

34. 具有协同乳腺腺泡系统发育的激素是（ ）。

A. PRL＋雌激素 B. PRL＋孕酮 C. PRL＋ FSH
D. PRL＋皮质类固醇 E. FSH＋LH

35. PMSG 产生的部位是（ ）。

A. 睾丸 B. 卵巢 C. 丘脑下部
D. 孕妇绒毛膜滋养层的合胞体细胞 E. 妊娠母马的子宫内膜杯

36. 有关促黄体素的相关知识。

（1）促黄体素的产生细胞是（ ）。

A. 垂体前叶嗜碱性细胞 B. 垂体前叶嗜酸性细胞 C. 黄体细胞
D. 卵泡内膜细胞 E. 嫌色细胞

（2）促黄体素的主要作用是（ ）。

A. 促进 PRL 释放 B. 促进 LH 和 FSH 的释放 C. 促使卵泡发育成熟
D. 促使卵泡成熟、排卵，形成黄体 E. 促使卵泡成熟和排卵

（3）促黄体素作用的靶器官是（ ）。

A. 垂体 B. 垂体前叶 C. 卵巢 D. 垂体后叶 E. 子宫

（4）促黄体素化学性质是（ ）。

A. 多糖 B. 糖蛋白 C. 类固醇 D. 不饱和脂肪酸 E. 蛋白质

37. 身体多种组织都能分泌的激素是（ ）。

A. mLT B. hCG C. PGs D. FSH E. LH

38～42 题共用以下答案：

A. 前列腺素 B. FSH C. LH/人绒毛膜促性腺激素 D. 孕酮 E. PMSG

38. 雌性动物不发情，卵巢上无生长卵泡的催情处理可选用激素是（ ）。

39. 雌性动物长期不发情，卵巢上黄体的处理可选用激素是（ ）。

40. 雌性动物发情不明显，卵巢上有中小卵泡发育，可选用激素是（ ）。

41. 妊娠动物有流产的先兆，为了保胎可选用激素是（ ）。

42. 雌性动物表现强烈持续的发情，发情期延长，检查卵巢有 1 个或数个壁薄而紧张且比正常卵泡大的囊泡，处理可选用激素是（ ）。

【参考答案】

1. B 2. C 3. B 4. A 5. C 6. E 7. A 8. D 9. C 10. A
11. A 12. D 13. C 14. B 15. A 16. E 17. D 18. E 19. B 20. A
21. C 22. C 23. D 24. C 25. A 26. B 27. E 28. B 29. D 30. C
31. A 32. E 33. C 34. B 35. E 36. （1）A （2）D （3）C （4）B
37. C 38. E 39. A 40. B 41. D 42. C

第二章　发情与配种

导　学

掌握雌性动物生殖功能的发展阶段，包括初情期、性成熟期、繁殖适龄期和繁殖机能停止期。掌握发情周期，包括发情周期的分期、发情周期中卵巢的变化、发情周期中的其他变化以及动物发情周期的调节。掌握主要动物（乳牛和黄牛、绵羊和山羊、猪、马和驴、犬和猫）的发情特点及发情鉴定。掌握雌性动物配种时机的确定、人工授精技术和胚胎移植技术。

生殖活动现象从胎儿期便已经开始。随着机体的不断发育，卵细胞也在不断地发育成熟。雌性动物生长到一定年龄，开始出现周期性的发情、排卵、交配、受胎、繁衍后代等活动。雌性动物的生殖活动受环境、中枢神经系统、丘脑下部、垂体和性腺之间相互作用的调节。

第一节　雌性动物生殖功能的发展阶段

性机能发育经过发生、发展和衰老3个阶段。雌性动物性机能发育经过初情期（开始出现发情现象）、性成熟期（生殖器官发育完全）、繁殖适龄期（开始配种时其体重为成年体重的70%左右）和繁殖机能停止期。各期的确切年龄会因畜种、品种、饲养管理及自然环境条件等因素而有不同，即使是同一品种，也因个体生长发育及健康状况而有所差异（表2-1）。

表2-1　雌性动物生殖功能不同发展阶段的年龄比较

动物	初情期（月龄）	性成熟期（月龄）	繁殖适龄期（月龄）	繁殖机能停止期（年龄）
牛	6～12	8～14	16～22	13～15
水牛	10～15	15～23	25～30	13～15
马	12	18	36	18～20
驴	8～12	15	30～36	15～17
绵羊	6～8	10～12	10～18	8～10
山羊	4～6	10～12	10～18	12～13
猪	3～7	6～8	8～12*	6～8
兔	3～4	4～5	7～8	4～5
犬	6～8	7～12	12～18	7～8
猫	3～8			14～15

*　我国地方品种猪为8～10月龄、体重50 kg以上。现代品种猪的初配年龄至少6.5～8月龄，初配体重至少120 kg。

第二节　发情和发情周期

一、发情与发情征状

（一）发情

雌性动物生长发育到一定年龄后，在垂体促性腺激素的作用下，卵巢上的卵泡发育并分泌雌激素，随着卵泡发育，雌激素分泌增多，雌激素作用于生殖道使之产生一系列变化，并产生性欲，出现允许雄性动物爬跨、交配等外部行为的变化，将这种生理状态称为发情。

正常的发情具有明显的性欲以及生殖器官的形态与机能的内部变化。卵巢上的卵泡发育、成熟和雌激素产生是发情的本质，而外部生殖器官变化和性行为变化是发情的外部现象。

（二）发情征状

正常的发情主要有 3 方面的征状，即卵巢变化、生殖道变化和行为变化，以上 3 个方面的生理变化程度，因处于发情期不同阶段而有差异。一般来说，在发情盛期时最为明显，而在发情前期和后期则减弱。此外，因动物品种和个体的不同，其表现程度也有差异。

1. 卵巢变化　雌性动物发情之前，卵泡已开始生长，至发情前 2～3 d 卵泡迅速发育，卵泡内膜增生，至发情时卵泡已发育成熟，卵泡液分泌增多，此时，卵泡壁变薄而凸出表面。激素的作用促使卵泡壁破裂，使卵细胞被挤压而排出。

2. 生殖道变化　发情时卵泡迅速发育、成熟，雌激素分泌量增多，强烈地刺激生殖道，使血流量增加，外阴部表现充血、水肿、松软、阴蒂充血且有勃起；阴道黏膜充血、潮红；子宫和输卵管平滑肌的蠕动加强，子宫颈松弛，子宫黏膜上皮细胞和子宫颈黏膜上皮杯状细胞增生，腺体增大，分泌机能增强，有黏液分泌。发情盛期黏液量多，且稀薄透明，发情前期黏液量少，而发情末期黏液量少且浓稠。

3. 行为变化　发情时由于发育的卵泡分泌雌激素，并在少量孕酮作用下，刺激神经系统性中枢，引起性兴奋，使雌性动物表现兴奋不安、对外界的变化刺激十分敏感，常鸣叫，举尾拱背，频频排尿，食欲减退，泌乳量减少，放牧时常离群独自行走等症状。

4. 内分泌变化　发情前孕酮水平下降，雌激素浓度升高；发情时雌激素浓度达到高峰，排卵前出现 LH 峰，继而导致排卵，排卵后孕酮水平逐渐上升。

（三）异常发情

雌性动物性成熟以后由于自身状态或环境条件的异常导致异常发情，如劳役过重、营养不良、内分泌失调、泌乳过多、饲养管理不当和温度等气候条件的突变以及处于繁殖季节的开始阶段等。常见的异常发情主要有以下几种情况。

1. 安静发情（又称隐性发情或安静排卵）　指雌性动物发情时缺乏发情外表征状，但卵巢上有卵泡发育、成熟并排卵。常见于产后带仔母牛或母马、产后第一次发情、每天挤乳次数过多或体质衰弱的母牛以及青年动物或营养不良的动物。当雌性动物连续两次发情之间的间隔相当于正常发情间隔的 2 倍或 3 倍时，可怀疑中间有安静发情发生。对安静发情可以通过直肠检查卵泡发育情况来发现，如能及时配种也可正常受胎。

2. 短促发情 指动物发情持续时间短，如不注意观察，往往错过配种时机。短促发情多发生于青年动物，动物中乳牛发生率较高。其原因可能是神经-内分泌系统的功能失调，发育的卵泡很快成熟并破裂、排卵，缩短了发情期，也可能是卵泡突然停止发育或发育受阻而引起。

3. 断续发情 指雌性动物发情延续时间很长，且发情时断时续。多见于早春或营养不良的母马。其原因是卵泡交替发育，先发育的卵泡中途发生退化，新的卵泡又再发育，因此产生断续发情的现象，当其转入正常发情时，就有可能发生排卵，配种也可能受胎。

4. 持续发情 持续发情是慕雄狂的一种症状，常见于牛和猪，马也可能发生。表现为持续强烈的发情行为。发情周期不正常，发情期长短不一，经常从阴户流出透明黏液，阴户水肿，荐坐韧带松弛，同时尾根举起，配种不受胎。慕雄狂的发生原因与卵泡囊肿、卵巢炎、卵巢肿瘤以及下丘脑、垂体、肾上腺等内分泌器官机能紊乱有关。

5. 妊娠后发情（又称妊娠发情或假发情） 指动物在妊娠期仍有发情表现。母牛在妊娠最初3个月内，常有3%～5%的母牛发情，绵羊妊娠后发情可达30%，妊娠后发情发生的主要原因是激素分泌失调，即妊娠黄体分泌孕酮不足，而胎盘分泌雌激素过多。母牛有时也因在妊娠初期，卵巢上仍有卵泡发育，致使雌激素含量过高而引起发情，并常造成妊娠早期流产，有人称之为“激素性流产”。

二、发情周期

（一）发情周期的概念

雌性动物初情期后，卵巢出现周期性的卵泡发育和排卵，并伴随着生殖器官及整个机体发生一系列周期性生理变化，这种变化周而复始（非发情季节和妊娠期除外），到性机能停止活动的年龄为止，这种周期性的性活动称为发情周期。

发情周期的计算：①一般是指从一次发情的开始到下一次发情开始的间隔时间，这种方法容易判断和计算，但不够准确；②从一次发情周期的排卵期到下一次排卵期的间隔时间作为一个周期，这种方法准确，但不易判断和计算。

动物发情周期的时间：牛、水牛、猪、山羊、马平均21（18～23）d、驴23（18～28）d；绵羊16～17 d；豚鼠16～19 d；兔8～15 d；鹿6～20 d；海狸鼠5～27 d；虎20 d；大鼠、小鼠和仓鼠未交配发情周期约为5 d，若交配未妊娠发情周期可维持12～14 d。

（二）发情周期的划分

1. 季节性发情周期和无季节性发情周期 季节变化（包括光照、温度、湿度、饲料等）是影响季节性繁殖动物发情的重要环境条件。只有在发情季节才能发情排卵，这类动物的发情周期称为季节性发情周期。在非发情季节，卵巢机能处于静止状态，不会发情排卵，称之为乏情期。

发情周期的季节性是长期自然选择的结果。但不是固定不变的，随着驯化程度的加深，饲养管理条件的改善，受控制的光照等可使发情周期发生一定程度的改变，甚至可以变成无季节性发情周期（表2-2）。

表 2-2　动物的发情季节与排卵特点

<table>
<tr><th rowspan="2">动物</th><th colspan="2">季节性发情</th><th rowspan="2">全年发情</th></tr>
<tr><th>季节性多次发情</th><th>季节性一次发情</th></tr>
<tr><td>自发性排卵</td><td>马、驴（春）、绵羊（秋冬）、牦牛（夏）</td><td>犬（晚春、早冬）</td><td>牛、猪、南方山羊</td></tr>
<tr><td>诱发性排卵</td><td>猫（春、秋）、骆驼（冬、春）</td><td>水貂（3～4 月）</td><td>家兔</td></tr>
</table>

2. 分期　根据卵巢、生殖道和雌性动物性行为的一系列生理变化，可将一个发情周期分为相互衔接的几个时期。目前方法尚未统一，但生产实践通常有四期分法（发情前期、发情期、发情后期和发情间期）、三期分法（兴奋期、抑制期和均衡期）和二期分法（卵泡期和黄体期）（表 2-3）。

表 2-3　母牛发情周期的分期与相应变化

<table>
<tr><td rowspan="4">阶段划分及天数</td><td colspan="2">卵泡期</td><td colspan="3">黄体期</td></tr>
<tr><td>均衡期</td><td>兴奋期</td><td colspan="2">抑制期</td><td>均衡期</td></tr>
<tr><td>发情前期</td><td>发情期</td><td>发情后期</td><td>发情间期</td><td>发情前期</td></tr>
<tr><td>18～20 d</td><td>21 d、1 d</td><td>2～5 d</td><td>6～15 d</td><td>16～17 d</td></tr>
<tr><td>卵巢</td><td colspan="2">老黄体退化，新卵泡发育、生长、成熟，分泌雌激素，发情结束后排卵</td><td colspan="2">新黄体形成、成熟，分泌孕酮，无卵泡迅速发育</td><td>黄体退化</td></tr>
<tr><td>生殖道</td><td>轻微充血、肿胀，腺体活动增加</td><td>充血、肿胀，子宫颈口开张，黏液流出</td><td>充血肿胀消退，子宫颈收缩，黏液少而稠</td><td>子宫内膜增生，间情期早期分泌旺盛</td><td>子宫内膜及腺体复旧</td></tr>
<tr><td>全身反应</td><td>无交配欲</td><td>有交配欲</td><td colspan="3">无交配欲</td></tr>
</table>

（三）影响发情周期的因素以及调节机理

从初情期开始到衰老期为止，发情周期有规律的变化，是受到神经-激素的调节以及外界环境条件因素的影响。外界环境条件通过不同的途径影响中枢神经系统，再经过下丘脑-垂体-卵巢轴系所分泌的激素之间的相互作用协调而引起发情周期的循环。

1. 内在因素　主要包括与生殖有关的激素作用、神经系统及遗传因素。

2. 外界因素　主要包括季节、饲养管理、雄性动物刺激等因素。

（四）发情周期的调节机理

根据神经-内分泌系统对雌性动物生殖器官的作用，可将发情周期的调节过程概括如下（图 2-1）：雌性动物生长至初情期时，在外界环境因素影响下，下丘脑的某些神经细胞分泌 GnRH，GnRH 经垂体门脉循环到达垂体前叶，调节促性腺激素的分泌，垂体前叶分泌的 FSH 经血液循环运送到卵巢，刺激卵泡生长发育，同时垂体前叶分泌的 LH 也进入血液与 FSH 协同作用，促进卵泡进一步生长并分泌雌激素，刺激生殖道发育。雌激素与 FSH 发生协同作用，从而使颗粒细胞的 FSH 和 LH 受体增加，于是就使卵巢对这两种促性腺激素的结合性更强，因而更促进了卵泡的生长、增加了雌激素的分泌量，同时在少量孕酮的作用下，刺激雌性动物性中枢，引起雌性动物发情，并刺激生殖道发生各种生理变化。当雌激素分泌到一定量时，作用于丘脑下部或垂体前叶，抑制 FSH 的分泌同时刺激 LH 释放。LH 释放脉冲式频率增加从而出现排卵前 LH 峰，引起卵泡进一步成熟、破裂、排卵。排卵后，卵泡颗粒层细胞在少量LH的作用下形成黄体并分泌孕酮。此外，当雌激素分泌量升高时，降低了下丘脑催乳素抑制激素的释放，而引起垂体前叶催乳素释放量增加，催乳素与LH协同，促进和维持黄体分泌孕酮。当孕酮分泌达到一定量时，对下丘脑和垂体产生负反馈作用，抑制垂体前叶FSH的分泌，使卵巢卵泡不再发育，抑制中枢神经系统的性中枢，使雌性动物不再表现发情。同时，孕酮也作用于生殖道及子宫，使之发生有利于胚胎附植的生理变化。

如果排出的卵细胞已受精，囊胚刺激子宫内膜形成胎盘，使溶黄体的$PGF_{2\alpha}$的产生受到抑制，此时黄体则继续存在下去成为妊娠黄体。若排出的卵细胞未受精，则黄体维持一段时间后，在子宫内膜产生的$PGF_{2\alpha}$的作用下，黄体逐渐萎缩退化，于是，孕酮分泌量急剧下降，下丘脑也逐渐脱离孕酮的抑制。垂体前叶又释放FSH，使卵巢上新的卵泡又开始生长发育。与此同时，子宫内膜的腺体开始退化，生殖道转变为发情前的状态。但由于垂体前叶的FSH释放浓度不高，新的卵泡尚未充分发育，因而雌激素分泌量也较少，使雌性动物不表现明显的发情征状。随着黄体完全退化，垂体前叶释放的促性腺激素逐渐增加，卵巢上新的卵泡生长迅速，下一次发情又开始。雌性动物的正常发情就这样周而复始地进行着。

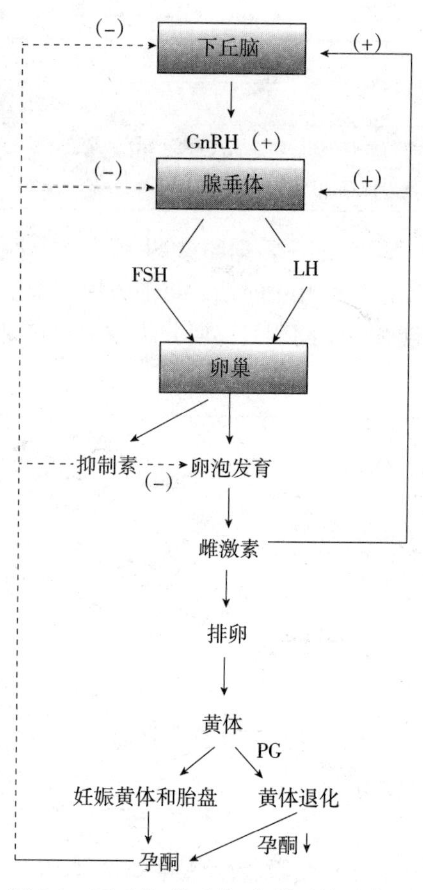

图2-1 下丘脑-腺垂体-卵巢系统示意图

第三节 发情周期中机体卵巢的变化

一、卵泡发育阶段

卵泡发育是指卵泡由原始卵泡发育成初级卵泡、次级卵泡、三级卵泡和成熟卵泡的生理过程（图2-2、图2-3、图2-4）。

各种动物在发情时能够发育成熟的卵泡数，牛和马一般只有1个、猪10～25个、绵羊

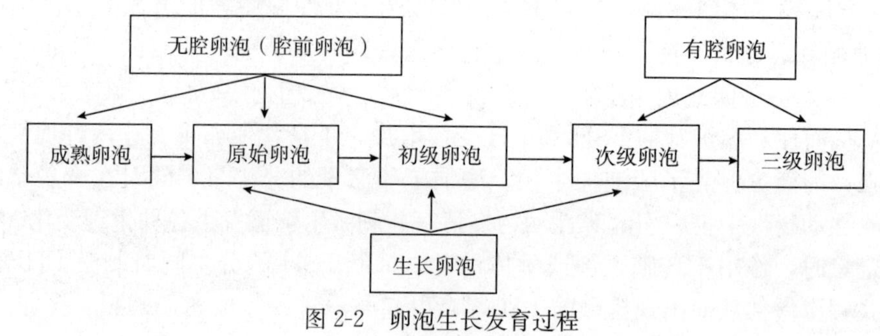

图2-2 卵泡生长发育过程

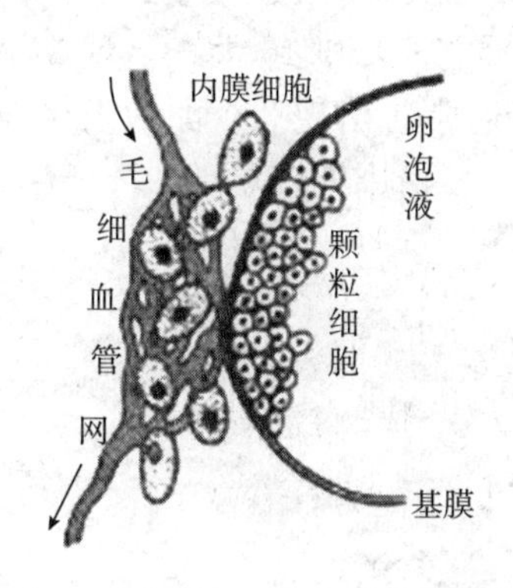

图 2-3　成熟卵泡壁的结构模式图

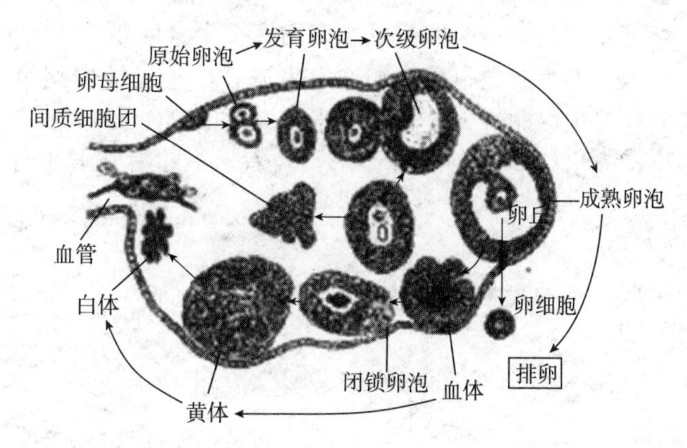

图 2-4　卵巢卵细胞生成过程模式图

1～3 个、兔 5～20 个。成熟卵泡的直径，各种动物差异很大，牛 12～19 mm、猪 8～12 mm、马 25～70 mm、绵羊 5～10 mm、山羊 7～10 mm、犬 2～4 mm。

二、卵泡发育动态

绝大多数动物在出生前，卵巢上就形成了原始卵泡库，在以后的生殖过程中，卵泡不断从原始卵泡进入生长卵泡库直至繁殖能力衰退。发情周期中的卵泡大多是以卵泡波的形式进行发育的（图 2-5）。每个发情周期都有一批或几批卵泡发育，除部分卵泡发育成熟并排卵外，大部分卵泡都发生闭锁而退化。发情周期的卵泡发育都要经历三个阶段：①生长卵泡的征集与发育：在所有的生长卵泡中，仅部分生长卵泡先开始快速发育过程；②选择：在先发育的卵泡中只有一部分被选择继续发育，最终导致优势卵泡的出现；③优势化：在被选择的卵泡中最终有一个或几个能够快速发育，直到排卵，而与之同时发育的其他卵泡则被抑制发育发生闭锁（图 2-6）。

卵泡发育是一动态过程，即在任何时期检查动物的卵巢，均可发现处于 2 种或 2 种以上不同发育阶段的卵泡。在相对集中的时间内基本同步生长发育的卵泡形成一个生长卵泡群，称为卵泡发生波。几乎所有哺乳动物在一个发情周期可出现 2 个或 3 个卵泡发生波。具体过程是：在每一个发生波，一开始都有 5～7 个卵泡同时发育，直到直径大于 5 mm；然后其中 1 个快速生长，其他卵泡退化；这个快速生长的卵泡继续发育到直径为 15 mm 左右，并保持 2～3 d，然后退化；接着又有新一轮发生波开始。如果 1 个优势卵泡的生长期恰好与黄体形成一致，它就进入排卵前的迅速成熟，并能最终排卵。

牛在每个发情周期中，卵巢有2～3 批原始卵泡发育成三级卵泡，即每个发情周期有 2～3

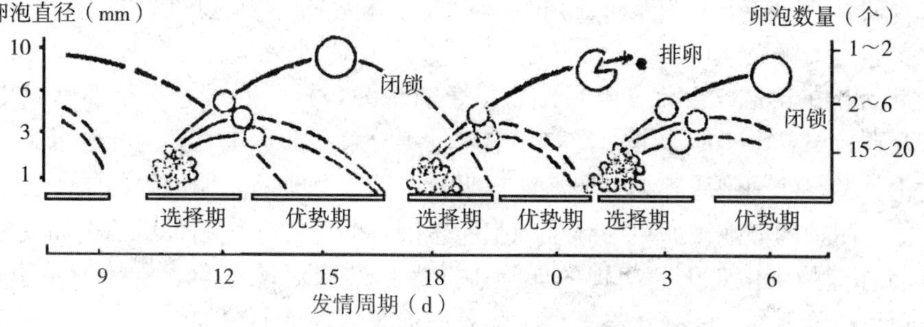

图 2-5　发情周期内牛卵泡发育规律模式图

个卵泡发生波，每个卵泡发生波均有1个（偶尔2个）三级卵泡发育为成熟卵泡（图2-5）。出现3个发生波的母牛，卵泡发生波开始于发情周期第1.4天、9天和16天。出现2个发生波的母牛，卵泡发生波开始于发情周期第1天和第12天。通常，出现3个卵泡发生波的母牛，发情周期较长（23.4 d）；只有2个卵泡发生波的母牛，发情周期较短（19.5 d）。

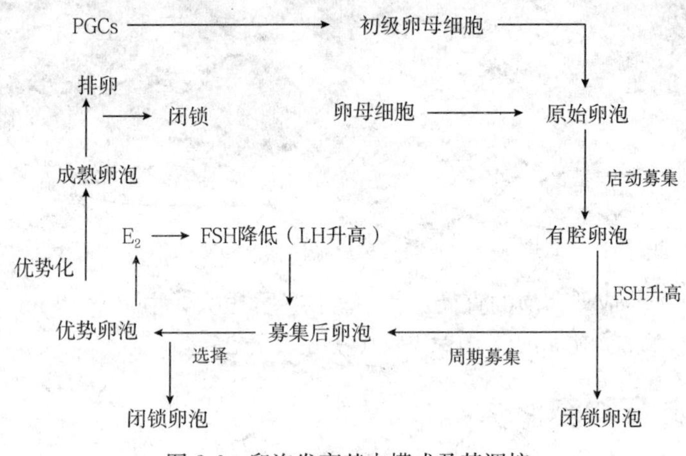

图2-6 卵泡发育基本模式及其调控

（引自杨增明等，2005）

卵巢上的卵泡数量很多，每个卵泡均有同等发育潜力（表现为体积增大、雌激素分泌量增多）。但在每个发情周期，卵泡通过征集、选择和优势化三个阶段发育成熟。通常，将那些相对于其他卵泡具有发育优势的卵泡称为优势卵泡，其他卵泡则称为劣势卵泡或从属卵泡。优势卵泡有时不一定破裂排卵，但其直径必须是所有卵泡中最大的，且这种发育上的优势必须持续3～4 d。优势卵泡中卵母细胞也与卵丘细胞一样，比劣势卵泡中的卵母细胞发育得更好。优势卵泡对劣势卵泡的生长发育具有抑制作用。但在单胎动物，每个发情周期，一般只有其中一个卵泡发育成熟，这个卵泡相对于其他卵泡属优势卵泡。

三、卵泡闭锁和退化

哺乳动物卵巢上的卵泡，绝大多数的命运是闭锁退化。在卵泡发育的多数阶段都可以发生闭锁。动物出生前，卵巢上就有很多原始卵泡，但只有少数卵泡能够发育成熟和排卵，绝大多数卵泡不破裂、排卵，而发生闭锁（atresia）和退化。退化的卵泡数出生前较出生后多，出生后，又是初情期前较初情期后多。因此，卵泡的绝对数随着年龄的增长而减少。如小鼠和大鼠拥有20 000～30 000个，猪60 000个，牛60 000～100 000个，其中99.9%的卵母细胞随着卵泡闭锁而死亡。

1. 闭锁卵泡的形态学变化 卵母细胞染色质浓缩，核膜起皱，颗粒细胞发生固缩，颗粒细胞离开颗粒层悬浮于卵泡液中，卵丘细胞发生分解，卵母细胞发生异常分裂或碎裂，透明带玻璃化并增厚，细胞质碎裂，卵泡液被吸收，卵泡壁皱缩，卵泡膜内层细胞增大，成多角形等变化。闭锁的卵泡被卵巢中纤维细胞所包围，通过吞噬作用最后消失而变成瘢痕。

2. 闭锁卵泡的生化变化 闭锁的卵泡中，颗粒细胞促性腺激素受体数量也发生改变。绵羊卵巢颗粒细胞上的LH受体结合位点随着卵泡闭锁程度的增加而减少。牛正常卵泡中由于含有高浓度的雌激素和相对低水平的孕激素，所以在闭锁卵泡中LH受体结合位点随着卵泡闭锁程度的增加而增加。

3. 卵泡闭锁机制　卵泡闭锁的基本机制是细胞的程序性死亡，即凋亡（apoptosis）。细胞凋亡是一种主动的、先天性的和选择性的细胞死亡过程。卵泡的闭锁有两种类型，一种起始于颗粒细胞，一种起始于卵母细胞。动物在出生前，卵巢中卵泡消失主要是卵母细胞凋亡；在出生后，卵泡闭锁是从颗粒细胞的凋亡开始的，然后引起内膜细胞发生凋亡。目前，已证明细胞凋亡途径主要有两条，这两条途径都可能引起卵泡闭锁。一条是从细胞表面起始的，由胞外凋亡信号分子（如 Fas/CD95、TNF）诱发。另一条凋亡的途径则是由线粒体起始的，由胞内凋亡信号（如 DNA 极度损伤、生长因子缺乏、新陈代谢失衡、局部缺血等）引起，主要由 Bcl-2 蛋白家族所调控，其中涉及一系列与卵泡闭锁相关的基因与相互调控。

引起卵泡闭锁的原因可能是：①外周血血浆中 FSH 浓度下降；②颗粒细胞对 FSH 的反应性降低；③优势卵泡分泌特异性因子抑制劣势卵泡的生长。

四、排卵

排卵是指卵泡发育成熟后，突出于卵巢表面的卵泡破裂，卵细胞随同其周围的粒细胞和卵泡液排出的生理现象。

（一）排卵类型

大多数哺乳动物排卵都是周期性的，根据卵巢排卵特点和黄体的功能，哺乳动物的排卵可分为两种类型，即自发性排卵和诱发性排卵。

1. 自发性排卵　卵泡发育成熟后自行破裂排卵并自动形成黄体。但这种排卵类型所形成的黄体尚有功能性及无功能性之分，前者是在发情周期中黄体的功能可以维持一定时间；后者是除非交配（交配刺激），否则所形成的黄体是没有功能的，即不具有分泌孕酮的功能，如鼠类中的大鼠、小鼠和仓鼠等未交配时发情期很短，约 5 d，若交配未妊娠发情周期可维持 12～14 d。

2. 诱发性排卵　通过交配或子宫颈受到机械性刺激后才能排卵，并形成功能性黄体。骆驼、兔、猫、有袋目动物、食肉目动物等属于诱发性排卵。

排卵都与 LH 作用有关，但其作用途径有所不同。自发性排卵的动物，LH 排卵峰是发情周期中自然产生的，而诱发性排卵必须经过交配刺激，引起神经-内分泌反射而产生 LH 排卵峰，促进卵泡成熟和排卵。只有当子宫颈受到适当的刺激后，神经冲动由子宫颈或阴道传到下丘脑的神经核，引起 GnRH 的释放，GnRH 沿垂体门脉系统到达前叶，刺激其分泌 LH，使 LH 排卵峰形成。诱发排卵的动物可通过注射促排卵的 LH 或 hCG，或类似交配的机械性刺激子宫颈的方法诱发排卵（图 2-7）。

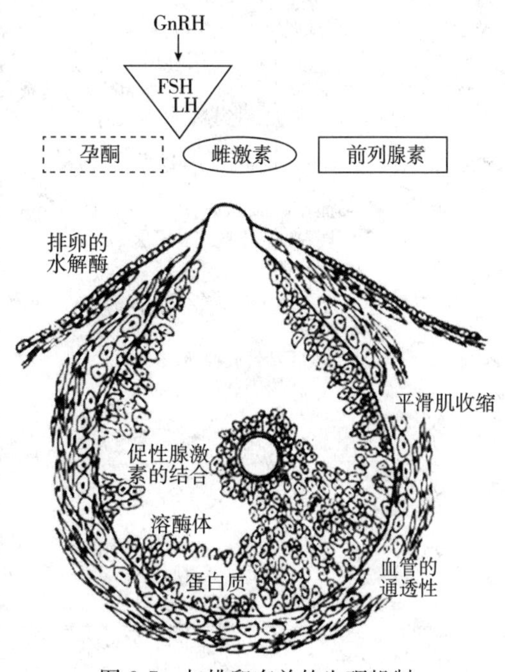

图 2-7　与排卵有关的生理机制

（引自罗丽兰，1998）

（二）排卵的过程

排卵前，卵泡形态与结构经历着三大变化。一是卵母细胞的细胞质和细胞核的成熟。卵丘细胞团出现空腔时，卵丘细胞逐渐分离，只有紧靠透明带的卵丘细胞保留，环绕卵母细胞形成放射冠。卵丘细胞的分离使卵母细胞从颗粒层细胞释放出来，并在 LH 峰后约 3 h 重新开始成熟分裂，这个过程称核成熟，在排卵前 1 h 结束，第一极体排出。卵丘细胞分泌糖蛋白，形成一种黏稠物质，将卵母细胞及其放射冠包围。待卵泡破裂时，这种黏稠物质分布于卵巢表面，以利于输卵管伞接纳卵母细胞。二是卵丘细胞聚合力松懈，颗粒细胞各自分离。颗粒细胞开始脂肪变性，卵泡液浸入卵丘细胞之间，使卵丘细胞聚合力松懈，与颗粒细胞逐渐分离，最后完全消失。在排卵前 2 h，颗粒细胞长出突起，穿过基底层，为排卵后黄体发育做准备。三是卵泡膜变薄和破裂。卵泡液不断增多，使卵泡膜不断变薄；卵泡外膜细胞发生水肿；纤维蛋白分解酶的活性增强，对卵泡膜有分解作用，使卵泡膜变薄破裂；卵泡顶端的上皮细胞脱落，顶端壁局部变薄，形成排卵点，在卵巢神经-肌肉系统的作用下，卵泡自发性收缩频率增加因而使卵泡破裂。

（三）排卵机理

排卵是一个复杂的生理过程，它受到神经-内分泌、内分泌、生物物理、生物化学、神经-肌肉及神经-血管等因素的调节（图 2-8）。

排卵之前出现的一个最具特征性的变化是 LH 迅速释放，形成排卵前 LH 峰。LH 峰

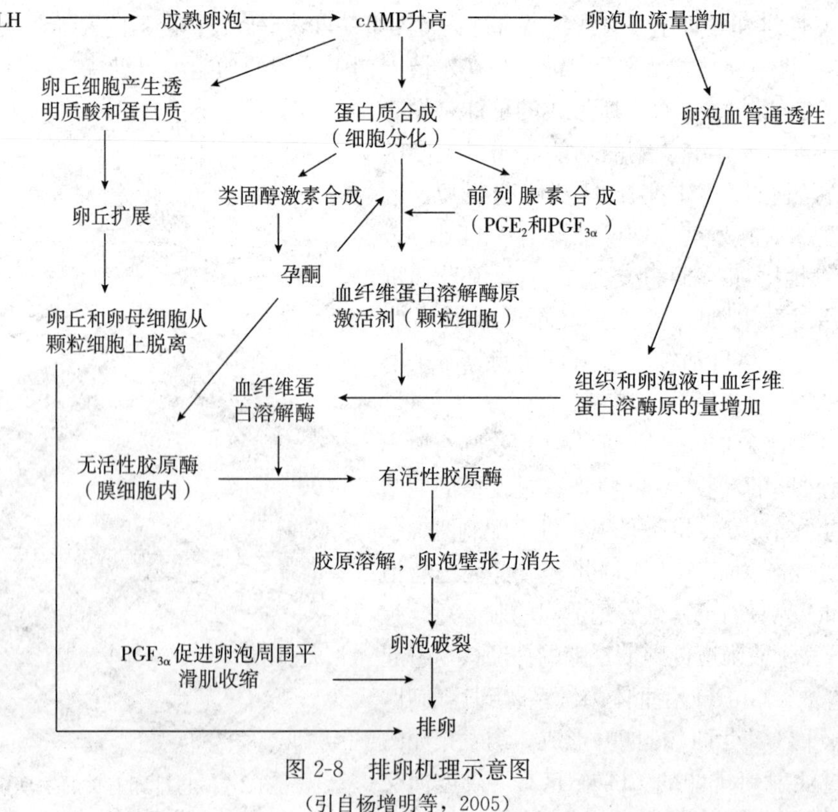

图 2-8 排卵机理示意图

（引自杨增明等，2005）

可使卵泡局部的 cAMP 活化，活化的 cAMP 可克服卵泡液中卵细胞成熟因子的抑制作用，促使卵细胞减数分裂的恢复、卵泡内颗粒细胞的黄素化及孕酮和 PGs 的合成。孕酮提高蛋白溶解酶活性，与 PGs 一起促进卵泡壁的疏松、消化和破裂。促性腺激素可使卵细胞从卵泡附着部位游离，促使纤维蛋白激酶原转变为蛋白溶解酶、纤维蛋白激酶，引起卵泡壁伸展变薄、疏松，在透明质酸酶、PGs 等的共同作用下，促发卵泡壁及卵丘细胞自卵泡排出。

（四）排卵时间和排卵数

牛：发情后 25～30 h（发情结束后 8～12 h）或从 LH 排卵峰至排卵的时间为 28～30 h,排卵数 1 个。

猪：发情开始后 38～42 h 或从 LH 排卵峰至排卵的时间为 40～42 h，排卵数 10～25 个。

兔：交配后 10～12 h 或从 LH 排卵峰至排卵的时间为 9～11 h，排卵数 5～20 个。

绵羊：发情后 24～27 h 或从 LH 排卵峰至排卵的时间为 24～26 h，排卵数 1～3 个。

山羊：发情开始后 8～12 h。

马：发情前 1 d 至开始发情后 1 d。

犬：接受爬跨后 48～60 h。

猫：交配后 24～30 h。

小鼠：发情开始后 2～3 h 或从 LH 排卵峰至排卵的时间为 12～15 h。

（五）排卵部位

一般哺乳动物的排卵部位除卵巢门外，在卵巢表面的任何部位都可发生排卵，仅马属动物的排卵限于卵巢中央排卵窝（ovulation fossa）。

在牛、马和绵羊，不管卵巢上有无前次黄体，排卵在 2 个卵巢可随机发生。很多哺乳动物一般都是 2 个卵巢交替排卵，但它们的排卵率并不完全相同，如牛右侧卵巢排卵率约为 60%，左侧卵巢约为 40%，产后的第一次排卵多发生在孕角对侧的卵巢上。但也有一些动物主要在一侧卵巢排卵，如鲸。

五、黄体

成熟卵泡排卵后形成黄体，黄体分泌孕酮作用于生殖道，使之向妊娠的方向变化，如未受精，一段时间后黄体退化，开始下一次的卵泡发育与排卵。在短时间内，由卵泡期分泌雌激素的颗粒细胞，转变为分泌孕酮的黄体细胞，这两种激素在化学结构上有类似之处，但在生理作用上完全不同。

（一）黄体的形成

成熟卵泡破裂排卵后，由于卵泡液排出，卵泡壁塌陷皱缩，从破裂的卵泡壁血管流出血液和淋巴，并聚积于卵泡腔内形成血凝块，称为红体（corpus hemorrhagicum）。各种动物排卵后出血现象并不相同，如绵羊、山羊出血较少，而马、猪出血较多，并充满卵泡腔。

排卵后，颗粒细胞在 LH 作用下增生肥大，并吸收类脂质——黄素（lutin）变成黄体细胞，构成黄体主体部分。同时卵泡内膜分生出血管，布满发育中的黄体，随着这些血管的分布，卵泡内膜细胞也移入黄体细胞之间，参与黄体的形成，此为卵泡内膜细胞来源的黄体细胞。大多数动物的黄体在形成方式上大致相同，但不同类型的动物也有所差异。各种动物黄体的颜色也不一样，在牛、马因黄素多，黄体呈黄色，水牛黄体在发育过程中呈粉红色，萎缩时变成灰色，羊为黄色，猪黄体发育过程中为肉色，萎缩时稍带黄色。

黄体是一种暂时性的分泌器官。黄体开始生长很快，牛和绵羊在排卵后第 4 天，可达最大体积的 50%～60%；黄体发育至最大体积的时间：牛在排卵后第 10 天，绵羊在第 7～9 天，猪在第 12～13 天，马在第 14 天。

（二）黄体类型

在发情周期中，雌性动物如果没有妊娠，所形成的黄体在黄体期末退化，这种黄体称为周期性黄体。周期性黄体通常在排卵后维持一定时间才退化，退化时间为：牛在排卵后14～15 d，羊在 12～14 d，猪在第 13 天，马在第 17 天。如果雌性动物妊娠，则转化为妊娠黄体，此时黄体的体积稍大，大多数动物妊娠黄体一直维持到妊娠结束才退化，而马例外，一般维持到妊娠期 160 d 左右退化，妊娠黄体退化后，依靠胎盘分泌的孕酮来维持妊娠。

（三）黄体退化

黄体退化时由颗粒细胞转化的黄体细胞退化很快，表现为细胞质空泡化及核萎缩，随着微血管退化，供血减少，黄体体积逐渐变小，黄体细胞的数量也显著减少，颗粒层细胞逐渐被纤维细胞所代替，黄体细胞间结缔组织侵入、增殖，最后整个黄体细胞被结缔组织所代替，形成一个瘢痕，颜色变白，称为白体（corpus albicans），残留在卵巢上。大多数动物的白体存在到下一周期的黄体期，即此时的功能性新黄体与大部分退化的白体共存。一般的规律是至第二个发情周期时，白体仅有瘢痕存在，其形态已不清晰。

黄体退化的经典说法是子宫黏膜产生的 $PGF_{2\alpha}$作用所致，但新的资料表明，牛的黄体组织本身也产生 $PGF_{2\alpha}$和其他前列腺素。由此看来，黄体的退化并不完全依赖来源于子宫的前列腺素。再者，有很多试验表明，雌二醇是母牛和母羊的溶黄体因子，如在发情周期中给予17β-雌二醇会引起黄体溶解，但在猪结果相反，雌激素对黄体生成有促进作用，使血浆孕酮浓度升高。有试验表明，催产素对牛和绵羊的黄体退化也具有生理作用。离体试验表明，小剂量催产素具有促进黄体生成的作用，大剂量则有溶解黄体的作用。

第四节　主要动物发情周期的特点及发情鉴定

一、发情周期的特点

由于长期自然选择和人工驯养，不同动物发情季节、发情次数、发情周期长短、发情持续时间及发情行为表现、排卵时间和排卵方式均有不同。掌握不同动物发情周期的特点，有助于加强雌性动物的管理，及时、准确地鉴定发情雌性动物，确定最适配种时间，从而提高繁殖效率。

各种动物发情周期的特点见表 2-4。

表 2-4　动物发情周期的特点及发情鉴定

动物	发情的特点	发情鉴定
乳牛和黄牛	全年多次发情，发情周期平均 21 d 发情表现明显，持续 18（10～24）h 排卵在发情开始后 28～32 h 或发情结束后 12 h，通常只有一个卵泡发育成熟 产后第一次发情时间：乳牛多在第 35～50 天，黄牛为第 60～100 天	1. 外部观察 2. 试情 3. 直肠检查
水牛	不同季节发情有差别，发情周期平均 21～23 d 发情表现不明显，排卵在发情结束后 11 h，多在白天 产后第一次发情时间为第 55（25～116）天	1. 外部观察 2. 试情 3. 直肠检查 4. 阴道检查
牦牛	季节多次发情，6～10 月；发情周期平均 20（19～21）d 发情表现比较明显，持续 12～36 h，受年龄、天气、温度的影响，各地差异很大 产后第一次发情时间很不一致，在很大程度上受产犊时间的影响	1. 外部观察 2. 直肠检查
骆驼	季节多次发情（冬、春），发情周期 10～20 d 发情表现明显，持续 1～7 d 排卵在交配后 30～48 h 约 1/3 在产后第 15～35 天有卵泡发育排卵	1. 外部观察 2. 试情 3. 直肠检查 4. 阴道检查
绵羊	季节多次发情，发情周期 17（14～20）d 发情表现不明显，持续 24～30 h 排卵在发情开始后 24～27 h 产后第一次发情时间为下个发情季节	1. 外部观察 2. 公羊试情
山羊	季节多次发情，发情周期平均 21 d 发情表现明显，持续 40（18～48）h 排卵在发情开始后 30～36 h 产后第一次发情时间为下个发情季节	1. 外部观察 2. 试情
猪	全年多次发情，发情周期平均 21（17～25）d 发情表现明显，静立反应，持续 40～60 h 排卵在发情开始后 20～36 h，在 4～8 h 排完 一般在断乳后第 3～9 天发情	1. 外部观察法 2. 压背法
马和驴	季节多次（3～6 次）发情，发情周期：马 17 d，驴 23 d 发情表现明显，马持续时间 7（5～10）d，驴 5～6（4～9）d 排卵在发情开始后 3～5 d 马产后第一次发情在分娩后第 6～13 天，平均在第 9 天。在产后第一次发情配种称为配血驹	1. 外部观察 2. 试情 3. 直肠检查 4. 阴道检查
犬	季节单次或双次发情。发情前期为 9（3～19）d，见到血性分泌物；发情期为 6～14 d,开始发情的 1～2 d 内排卵，配种可选择在见到血性分泌物后第 9～12 天（发情期第 2～4 天）	1. 外部观察 2. 阴道细胞学检查
猫	季节多次发情，发情周期 14～21 d 发情期的持续时间为 4（1～8）d，母猫接受公猫交配时间为 1～4 d，交配后 25～30 h排卵 产后发情时间很短促，可在产后 24 h 左右发情	1. 外部观察 2. 阴道细胞学检查
兔	全年多次发情，发情周期 8～15 d 发情表现明显，持续 3（2～4）d 排卵在交配后 10～12 h 一般在产后第 2 天或断乳后第 27 天发情	1. 外部观察 2. 试情

二、发情鉴定

在动物繁殖过程中，发情鉴定是一个最基本的技术环节。通过发情鉴定，可以判断雌性动物发情所处的阶段和程度，预测排卵时间，以便确定适宜的配种时间，及时进行配种或输精，提高受胎率和繁殖速度。发情鉴定还可以发现雌性动物是否存在发情异常或生殖道疾病，以便予以及时治疗。

发情鉴定的方法很多，主要根据动物发情时的外部行为表现和内部生理变化（如卵巢、生殖道、生殖激素的变化）进行综合判断，实际的操作必须根据动物种类进行选择。常采用的方法有以下几种。

1. 外部观察　最常用、最基本的方法。主要根据雌性动物的外部表现和精神状态进行综合分析加以判断。

2. 试情法　应用雄性动物（输精管结扎、做阴茎转向术、带布兜）对雌性动物进行试情，根据雌性动物对雄性动物的反应情况来判断其发情的程度。定期进行，以便掌握雌性动物的性欲变化情况。该方法的特点是简便，表现明显，容易掌握，适用于各种动物，故应用普遍。如对猪常实施压背法，视其“静立发射”程度来判断发情程度。

3. 阴道检查法　是一种用阴道开张器扩张阴道，借用光源检查阴道黏膜颜色、充血程度，子宫颈松弛状态、外口颜色、充血肿胀程度及开口大小，分泌液的颜色、黏稠度及量的多少、有无黏液流出等来判断发情程度的方法。检查时，阴道开张器要洗净消毒，以防感染；插入时要小心谨慎，以免损伤阴道黏膜。本法适用于大动物。此法由于不能准确判断动物的排卵时间，因此只作为一种辅助性检查手段。

4. 直肠检查　主要应用于牛、马等大动物，因直接可靠，在生产上应用广泛。方法是将手伸进雌性动物直肠内，隔着直肠壁用手指触摸卵巢及卵泡感知其发育情况，如卵巢的大小、形状、质地，卵泡发育的部位、大小、弹性、卵泡壁厚薄以及卵泡是否破裂，有无黄体等。通过直肠检查并结合发情外部征状，可以准确判断卵泡发育程度及排卵时间，以便准确地判定适宜配种期。此法不足之处是判断结果取决于操作者的经验，因此要求操作者要具有丰富的经验和娴熟的操作技巧。要求操作者要注意卫生和安全。

5. 生殖激素检测法　雌性动物发情时孕酮水平降低，雌激素水平升高。应用酶联免疫或放射免疫测定技术（如 EIA 和 RIA 等），通过测定体液（血浆、血清、乳汁、尿液等）中生殖激素（雌激素、孕酮等）水平，依据发情周期中生殖激素的变化规律来判断发情。目前，国外有多种激素酶联免疫吸附测定（ELISA）试剂盒用于发情鉴定。

6. 仿生学法　是一种模拟雄性动物的声音（如放录音磁带）和气味（如使用天然或人工合成的气雾制剂）刺激雌性动物的听觉和嗅觉器官，观察其受到刺激后的反应情况，判断雌性动物是否发情的方法。在生产实践中采用该法对猪进行发情鉴定的较多。

7. 超声波诊断法　利用配有一定功率探头的超声波仪，当将探头通过阴道壁接触卵巢上的黄体或卵泡时，由于探头接受不同的反射波，在显示屏上显示出黄体或卵泡的结构图像，由此根据卵泡直径的大小确定发情阶段。此法使用仪器鉴定，准确、可靠，但操作复杂、成本高。

8. 发情鉴定器测定法　本法主要用于牛和马，有时也用于羊。发情鉴定器测定法主要有颌下钢球发情标志器测定法、卡马发情爬跨测定器测定法、尾部蜡笔标记法、计步法等。

9. 阴道细胞检查法　本法主要用于鼠、犬、猫等动物。发情周期不同阶段动物阴道内细胞不同：发情前期主要有核上皮细胞；发情期具有大量的无核角质化细胞；发情后期三类细胞均有；间情期主要含白细胞，无核角质化细胞减少，有核上皮细胞逐渐增多。由此可以判断动物的发情情况。

10. 电测法　应用电阻表测定雌性动物阴道黏液的电阻值以确定适宜输精时间的方法。该法对确定适配时间有一定的参考价值。其原理是雌性动物发情时由于黏液分泌增多，生殖道内的离子浓度升高使电阻降低，当电阻降至最低时，输精最适宜。

11. 生殖道黏液 pH 测定法　生殖道黏液 pH 一般在发情盛期为中性或偏碱性，黄体期偏酸性。母牛子宫颈液 pH 在 6.0～7.8，经产母牛子宫颈液 pH 在 6.7～6.8 时输精受胎率最高，初产牛子宫颈液的 pH 在 6.7 时输精受胎率最高。长白、大白和汉普夏三个品种猪在发情开始的当天，阴道黏液的 pH 大于 7.3，发情盛期为 7.2，妊娠期小于 7.2，在 pH 为 7.2～7.3 时输精，三个品种猪发情期受胎率分别为 93.8%、96.7%和 92.3%。小母猪在其阴道黏液 pH 为 7.2～7.3 时输精，发情期受胎率最低。

第五节　配种

一、配种方式

生产中雌性动物配种的方式有 2 种，分别是自然交配和人工授精。自然交配是在动物生产中，限于条件，直接使雄性动物与发情雌性动物交配的方式。常见的方式有 4 种，分别是自由交配、分群交配、圈栏交配和人工辅助交配。人工授精是在雌性动物发情阶段中，准确地将适量精液输送到雌性动物生殖道中最适合部位的一种配种方式，是获得高受胎率的一个关键的技术环节。

二、雌性动物配种时机的确定

通过发情鉴定，了解发情出现的时间和动物行为表现，推断可能的排卵时间，作为确定输精时间的根据（表 2-5）。

表 2-5　动物的最适输精时间和部位

动物	最适输精时间	最适输精部位
牛	发情开始后 9 h 至发情终止，间隔 8～10 h 重复一次	子宫和子宫颈深部
绵羊	发情开始后 10～20 h	子宫颈内
山羊	发情开始后 12～36 h，间隔 8～10 h 重复一次	子宫颈内
猪	发情开始后 15～30 h，间隔 12～18 h 重复一次	子宫内
马	发情第 2 天开始，隔天 1 次，至发情结束	—
犬	接受交配后 2～3 d	子宫颈或子宫内
兔	诱导排卵后 2～6 h	子宫颈

三、人工授精技术

人工授精（artificial insemination，AI）是指采用人为的措施将雄性动物的精液输入发情的雌性动物生殖道特定部位而使雌性动物受胎的方法。

技术环节有：雄性动物的管理和采精、精液品质检查、精液的稀释和保存、输精。输精是人工授精的最后一个技术环节。适时而准确地将一定量的精液输送到发情雌性动物生殖道内适当的部位是保证受胎的关键。

（一）采精

采精（semen collection）是 AI 的首要环节。认真做好采精前的准备，正确掌握采精技术，合理安排采精频率，是保证采得大量优质精液的前提。

1. 采精前的准备

（1）采精场。采精要有固定的场地和环境，以利于雄性动物建立稳固的条件反射，同时要确保人畜安全并防止精液污染。采精场地应宽敞、平坦、清洁、安静。场内应有供雌性动物保定用的采精架或供雄性动物爬跨的台畜。台畜的安放要便于雄性动物爬跨和采精员的采精操作。采精场所还应配备喷洒消毒和紫外线照射消毒装置。

理想的采精场应设有室内、室外两个部分，并与输精操作室、畜舍相连，但不能让舍内雄性动物直接看到采精场，否则，当某一雄性动物在进行人工采精时，易引起其他雄性动物的自淫或骚动。大动物室内采精场大小一般为 10 m×10 m 左右，猪和羊的室内采精场大小一般为 4 m×5 m 左右。

（2）台畜的准备。真台畜以健康无病、体格强壮、体型适中、性情温顺的雌性动物为好，这其中发情雌性动物为最好。假台畜是根据雌性动物体型大小，选用钢管或木材做成的有支撑力的架子，然后在其表面包裹一层弹性柔软物品。

（3）种用雄性动物的准备。

2. 采精方法

（1）假阴道法。收集到动物全部射出的精液，既不降低精液的品质，又不对雄性动物的生殖器官和性机能产生影响，所以应用最广泛，可用于牛、羊、兔。

（2）手握法。公猪采精的常用方法，具有简单、方便、能采集富含精子部分精液的特点。

（3）筒握法。是假阴道法和手握法相结合的方法，具有假阴道法和手握法双重优点。

（4）电刺激法。是通过电流刺激腰椎有关神经和壶腹部而引起雄性动物射精的方法，适用于育种价值高、因损伤或性反射慢等失去爬跨能力的雄性动物，以及不适宜用其他方法采精的动物。

（5）按摩采精法。适用于牛、犬和禽类的采精。

（二）精液品质检查

精液品质检查的目的在于确定精液品质的优劣，以此作为精液稀释、保存的依据。同时，也反映种用雄性动物饲养管理水平和生殖器官的机能状态，以及精液在稀释、保存、冷冻和运输过程中的品质变化及处理效果。

1. 精液量　可从刻度集精管（瓶）上读出，也可用量筒测量。猪、马精液中的胶状物应过滤除去。

2. 色泽　正常精液一般为乳白色或白色，而且精子密度越高，乳白色越浓，其透明度也就越低。牛、羊正常精液呈乳白色或乳黄色，水牛的为乳白色或灰白色，猪、马、兔的为淡乳白色或浅灰白色。

3. 气味　正常精液略带腥味。如有异味，可能是混有尿液、脓液、尘土、粪渣或其他异物，应废弃。

4. 云雾状　因精子密度大、活力强，精液翻腾呈现旋涡云雾状。正常未经稀释的牛、羊的精液和猪的浓份精液可用肉眼观察到云雾状。

5. 精子密度　根据精子密度可以算出每次射精量（或滤精量）中的总精子数，再结合精子活力和每次输精量中应含有效精子数，可确定精液合理的稀释倍数和可配雌性动物数量。目前，常用的测定方法有估测法、血细胞计数器计数法、光电比色测定法、比色法、比浊法和专用的精子计数器测量法等。

6. 精子活力检查　精子活力（motility）是指精液中呈前进运动的精子所占百分比，也称活率。由于它与精子的受精能力直接相关，所以是评价精液品质的一个重要指标，通常在采精后、精液处理前后、冷冻精液解冻后和输精前进行检查。活力检查方法常用目测评定法，通常采用十级评分法，即按呈前进运动的精子所占百分比分别评为 1.0、0.9……0.1 等 10 个等级。各种动物新鲜原精液，活力一般为 0.7～0.8，输精用的精子活力液态保存精液通常在 0.5 以上，冷冻精液通常在 0.35 以上。

7. 精子存活时间和存活指数的测定　精子存活时间（survival time）是指精子在一定外界环境条件下的总生存时间；而存活指数是指精子的平均存活时间，表示精子活力下降的速度。精子存活时间和存活指数与受精率密切相关，两项指标的测定也是鉴定精液稀释液处理效果的方法之一。

其他精液的生物化学检查（如 pH、精子耗氧量、果糖代谢测定、美蓝褪色试验）、精子对环境变化的抵抗力检查、精液的细菌学检查（解冻后的精液应无病原微生物，每毫升精液中细菌菌落数不超过 800 个）。

（三）精液稀释

精液稀释（dilution）是在精液中加入一定量按特定配方配制、适宜于精子存活并保持受精能力的稀释液。精液稀释的目的：①扩大精液容量，提高一次射精的可配雌性动物数量；②补充营养并抑制精液中微生物的活性，延长精子寿命；③便于精子保存和运输等。

每次输精所需的最低有效精子数：牛 500 万～1 000 万个、羊 5 000 万个、猪 2.0 亿个、马 1.5 亿个。以牛为例，可计算出的稀释液倍数如下：若射精量为 8 mL，每毫升精子数为 12 亿个，有效精子数为 70%，每次输精最低有效精子数为 500 万个。因此，稀释倍数应为 168 倍（12 亿×70%÷0.05 亿）。

牛精液稀释倍数的潜力很大，但习惯上仅稀释 10～40 倍。山羊精液可稀释 50 倍。绵羊精液稀释后 1 h，受精率就会有所下降，因此常不做稀释即用于授精。公猪精液一般做 2～4 倍稀释或按每毫升稀释精液中含有 1 亿个有效精子为原则进行稀释。马、驴的精液稀释一般不超过 2 倍。稀释后，由于受精能力下降很快，仅限于 2 d 内使用。

（四）精液液态保存

精液的液态保存是指精液在 0 ℃以上环境下的保存。可分为常温保存和低温保存两种形式。

(1) 常温保存。公猪全份精液在 15～20 ℃下保存效果最好。

(2) 低温保存。牛的精液在 0～5 ℃下有效保存期可达 7 d。肉牛、水牛或黄牛精液采取低温保存仍有其实用价值，这种方法在冷源和冷冻设备不足的地区适用。猪的浓份精液或离心后的精液，可在 5～10 ℃下保存 3 d。

(五) 精液冷冻保存

精液冷冻 (semen freezing) 保存是 AI 技术的进步，解决了精液无法长期保存的问题，使精液不受时间、地域和种用动物生命的限制，极大地提高了优良雄性动物的利用率，加速了品种的育成和改良。同时，对优良种用动物在短期进行后裔测定、保留和恢复某一品种或个体优良遗传特性，以及进行血统更新、引种、降低生产成本等方面都有重要意义。

精液冷冻保存的冷源通常是液氮或干冰。

国家标准规定，牛冷冻精液细管型容量为 0.25 mL，含直线前进运动的精子不低于 1 000万个；颗粒型精液容量为 0.1 mL，含直线前进运动精子数不低于 1 200 万个。解冻后的精子活力不低于 0.3。

冷冻精液的解冻：细管型冷冻精液，可直接将其投入 35～40 ℃的温水中，待融化一半时，立即取出备用。颗粒型冷冻精液的解冻需用解冻液，可分为干解冻和湿解冻两种。干解冻是先将灭菌试管置于 35～40 ℃的水中恒温后，再投入精液颗粒，摇动至融化。湿解冻是将 1 mL 解冻液装入灭菌试管内，置于 35～40 ℃温水中预热，然后投入精液颗粒，摇动至融化待用。

(六) 输精

输精 (insemination) 是 AI 的最后一个环节。要求适时而准确地将精液输入发情雌性动物的生殖道内，以保证得到较高的受胎率。

1. 输精前的准备

(1) 输精器械和接触精液的器皿在输精前必须彻底洗涤和消毒。

(2) 接受输精的雌性动物要进行保定，并对其外阴进行擦洗、消毒。

(3) 输精前需检查精液品质：液态保存的精液活力不低于 0.6，冷冻保存的精液解冻后活力不低于 0.35 (乳牛) 或 0.3 (水牛)。

2. 输精方法

(1) 母牛常用直肠把握子宫颈输精法。

(2) 母猪常用输精管阴道插入输精法。

(3) 母马 (驴) 常用胶管导入法。

(4) 绵羊和山羊常用阴道开膣器输精法。

(5) 兔常用输精管阴道插入输精法。

四、胚胎移植技术

胚胎移植 (embryo transfer, ET) 是将良种雌性动物的早期胚胎取出，或者是将由体外受精及其他方式获得的胚胎，移植到同种生理状态相同的雌性动物体内，使之继续发育成为新个体。提供胚胎的雌性动物称为供体，接受胚胎的雌性动物称为受体。

（一）胚胎移植的生理学基础

1. 雌性动物发情后生殖器官的孕向性变化　雌性动物在发情后的最初一段时期（周期性黄体期）不论受精与否，其生殖系统均处于相同的生理状态之下，妊娠和未妊娠并无区别，妊娠的生理特异性变化是在这个阶段之后才正式开始的。所以，可以将胚胎移植到发情后未配种或已配种的受体雌性动物生殖道内。只要受体雌性动物所处的发情周期阶段与移植的胚胎相近，胚胎便可继续发育并附植。

2. 胚胎在早期发育阶段处于游离状态　胚胎在发育的早期（附植之前）处于游离状态，尚未与母体建立实质性的组织联系，发育和代谢所需的养分主要依靠其本身所储存的营养物质。因此，此时的胚胎离开母体后，在短时间内容易存活，并能进行短暂的体外培养；当放回到与供体相同的环境中，即可继续发育。

3. 移植的胚胎具有免疫耐受作用　受体雌性动物的生殖道（子宫和输卵管）对具有外来抗原物质的同种胚胎和胎膜组织一般不存在免疫排斥反应，所以，当胚胎由一个个体转移至另一个体时，可以存活下来，并能继续发育。

4. 胚胎的遗传特性不受受体雌性动物的影响　胚胎的遗传特性不受母体环境改变的影响，母体环境仅在一定程度上影响胎儿的体质发育。因此，胚胎移植的后代仍保持其原有的遗传特性，继承其供体雌性动物的优良生产性能。

（二）胚胎移植的基本原则

胚胎移植的实质只是空间位置（现象上的）的更换，而不是生理环境（实质的）的改变。根据上述有关胚胎移植的生理学基础，在胚胎移植的实践中应遵循如下原则。

1. 胚胎移植前后所处环境的同一性　这种同一性的含义是指胚胎移植后所处的生活环境要与胚胎的发育阶段相适应，包括：①供体和受体在分类学上的一致性；②受体和供体所处发情周期阶段的一致性；③供体和受体在胚胎移植前后所处的空间环境的一致性，即胚胎发育和生殖道环境的协调是高度一致的。

2. 胚胎移植的时限应在周期性黄体退化之前　通常是在供体发情配种后 3～8 d 内收集胚胎，受体也在相同时间接受胚胎移植。

3. 胚胎移植的操作过程要进行严格的品质控制　由于胚胎在早期发育阶段其生命力相对比较脆弱，极易受外界环境因素的影响。因此，在胚胎的采集、培养和移植过程中，要创造一个适合胚胎存活的无菌环境条件，并避免温度和光照等理化因素对胚胎的不利影响。

（三）胚胎移植的基本步骤

胚胎移植的基本步骤包括供体和受体的准备、受体同期发情、供体超数排卵处理、配种（输精）、胚胎收集、胚胎品质评定、胚胎的体外保存和移植等（图 2-9）。

1. 供体和受体的准备　选择的供体不但应有畜种价值，而且生殖机能正常，经超数排卵等一系列处理后，可收集得到较多的胚胎。对于牛、猪等动物，须在产后 2 个月以上才宜作为供体。

每头供体需准备数头受体。受体雌性动物可选用非优良品种的个体或本地动物，但也应具有良好的繁殖性能和健康状态，体型中等偏上。在大群体中，可以选择自然发情时间与供

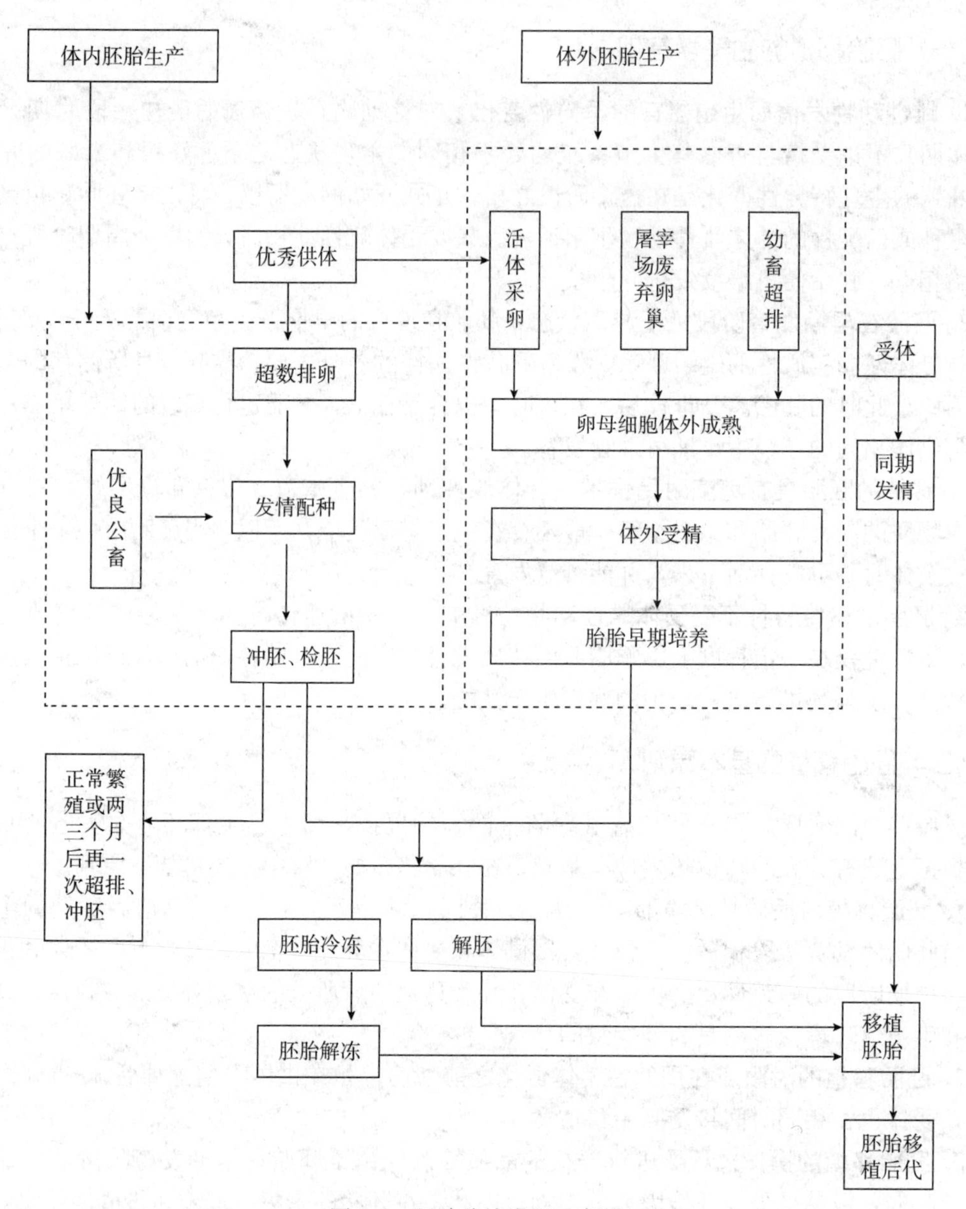

图 2-9　胚胎移植流程示意图

体发情时间相同或相近（前后不宜超过 1 d）的雌性动物。在一般情况下须对供体和受体进行同期发情处理。

2. 超数排卵　在雌性动物发情周期的适当时间，利用外源 GTH，增进卵巢的生理活性，激发多量卵泡在一个发情期中成熟排卵，使其比在自然情况下排出更多的卵细胞，从而获得更多胚胎的技术，称为超数排卵（superovulation），简称超排。超排是胚胎移植实际应用过程中非常重要的一个环节。

用于母牛的方法有：①FSH 多次减量注射法；②PMSG 一次肌内注射。用于母羊的方法有：①孕激素＋PMSG 或 FSH；②$PGF_{2\alpha}$＋PMSG 或 FSH；③单独注射 PMSG 或 FSH。

目前研究较多是牛，其超排的影响因素主要有：①激素种类和纯度，一般 FSH 优于

PMSG，高纯度的FSH效果更理想；②卵巢质地有弹性超排效果较好；③冬季稍好；④第2胎和第3胎次较好；⑤发情周期的第11～12天的效果较好；⑥产后第60～120天处理效果较好；⑦随着超排次数的增加，可用胚数呈下降趋势。

3. 胚胎的收集　胚胎收集方法有手术和非手术两种方法。前者适用于各种动物，后者仅用于牛、马等大动物，且只能在胚胎进入子宫角以后进行。

关于各种动物的排卵时间及受精后胚胎发育的速度见表2-6。

表2-6　各种动物的排卵时间及胚胎发育速度

畜别	排卵时间	发育速度［排卵后天数（d）］							
		2细胞	4细胞	8细胞	16细胞	进入子宫	囊胚形成	孵化	附植
牛	发情结束后10～12 h	1～1.5	2～3	3	3～4	4～5	7～8	8～10	22
绵羊	发情开始后24～30 h	1.5	2	2.5	3	3～4	6～7	7～8	15
猪	发情开始后35～45 h	1～2	2～3	3～4	4～5	5～6	6	7～8	13
兔	交配后10～11 h	1	1～1.5	1.5～2	2～3	2.5～3	3～4		

收集时间不应早于排卵后的第1天，即最早要在发生第一次卵裂之后，否则不易辨别卵细胞是否已受精。一般是在配种后3～8 d，发育至4～8个细胞以上为宜。牛胚胎最好在发育至晚期桑葚胚或早期囊胚进行收集和移植（配种后6～8 d）。

4. 检胚与胚胎品质评定　对于用手术法采集的胚胎，由于回收液较少，可直接将其置于平皿中在体视显微镜下检胚。但对于供体母牛和母马采用非手术法采集的胚胎，由于回收液的量大，不便直接检胚。为此，须采用静置法、过滤杯法等方法对其预先处理。

将经预处理的回收液置于16倍左右的体视显微镜下寻找胚胎。用直径为300 μm左右的吸卵管将找到的胚胎放入另一装有PBS的小平皿中，然后进行胚胎的计数和品质评定。

目前胚胎的品质评定使用最广泛、最实用的是形态学法。一般是将回收得到的胚胎置于40倍的体视显微镜下或200倍的倒置显微镜下进行形态学上的评定。评定的内容包括：①卵细胞是否受精；②透明带的形状、厚度、有无破损等；③卵裂球的致密程度，卵黄间隙是否有游离细胞或细胞碎片，细胞大小是否有差异；④胚胎发育程度是否与胚龄一致，胚胎的透明度，胚胎的可见结构是否完整等。

根据胚胎的形态特征可将胚胎分为三个级别，①优良胚胎：形态典型，卵细胞和分裂球的轮廓清晰，细胞质致密，色调和分布极均一；②普通胚胎：与典型的胚胎相比，稍有变形，但卵细胞和分裂球的轮廓清晰，细胞质较致密，分布均匀，变性细胞和气泡占10%～30%；③不良胚胎：形态有明显变异，卵细胞和分裂球轮廓稍不清晰，或部分不清晰，细胞质不致密，分布不均匀，色调发暗，突出的细胞、气泡和变性细胞占30%～50%。

凡是总体形态结构不正常的卵细胞，未受精的、退化的或破碎的卵细胞，透明带空或接近空的卵细胞，以及与正常胚龄相比发育迟2 d或2 d以上的胚胎均难以继续正常发育，都应弃去。

5. 胚胎冷冻保存　胚胎的保存是胚胎移植能否大量应用于生产的关键。目前方法有以下几种。

（1）室温保存。在室温条件（15～25 ℃）下，胚胎在培养液中保存。这种方法胚胎只能存活10～20 h。当温度降至20 ℃以下时，胚胎即停止发育，存活时间可以延长。该方法只能短暂地保存和运输。

（2）低温保存。在5～10 ℃保存胚胎。牛、羊胚胎在5～10 ℃可存活数日。一般来说，早期胚胎对降温较为敏感，比发育阶段较晚的桑葚胚或胚泡较易受到低温损害。猪胚胎对低温更为敏感，较难存活。

（3）冷冻保存。采取特殊的保护措施和降温程序，使胚胎在－196 ℃的条件下停止代谢，而升温后又不失代谢能力的一种长期保存技术。包括控温冷冻法、超速冷冻法和玻璃化冷冻保存法。该方法适合在大规模胚胎生产中应用，为目前生产中最常用的方法。

6. 胚胎移植 胚胎移植是整个胚胎移植技术的关键一环。移植的成功率除受胚胎品质影响外，还受操作技术、受体雌性动物的生殖机能状态和饲养管理等因素的影响。目前有手术法和非手术法两种方式，牛多采用非手术法移植，羊、兔多采用手术法移植。

思考题

1. 简述影响性机能发育的因素。
2. 简述发情的概念。
3. 简述发情的征状。
4. 简述发情周期的概念。
5. 如何划分发情周期？
6. 简述不同动物的排卵类型。
7. 简述黄体的形成。
8. 简述发情周期调节的机理。
9. 简述促黄体素的生理作用和在动物繁殖方面的应用。
10. 简述异常发情的种类。
11. 简述乏情的种类。
12. 简述不同动物产后发情的时间。
13. 发情鉴定方法是什么？其特点是什么？
14. 如何对母牛、母猪、母羊进行发情鉴定？
15. 动物配种方式有哪些？
16. 简述人工授精技术的步骤和技术要领。
17. 简述胚胎移植的生理学基础。
18. 简述胚胎移植的基本原则。
19. 简述胚胎移植的基本步骤。

执业兽医资格考试试题列举

1. 母马发情持续的时间为（　　）。

A. 5～10 d　B. 11～15 d　C. 16～20 d　D. 21～25 d　E. 26～30 d

2. 母马初情期的卵巢变化是（　　）。

A. 不排卵　B. 有黄体　C. 无卵泡发育　D. 有卵泡发育　E. 卵巢质地变硬

3. 属于自发性排卵的动物是（　　）。

A. 猫 B. 兔 C. 骆驼 D. 猪 E. 水貂

4. 属于诱导排卵的动物是（ ）。

A. 牛 B. 驴 C. 马 D. 猪 E. 犬

5. 属于季节性发情的动物是（ ）。

A. 乳牛 B. 黄牛 C. 绵羊 D. 猪 E. 兔

6. 排卵发生在发情结束后 4～16 h 的动物是（ ）。

A. 牛 B. 马 C. 驴 D. 猪 E. 犬

7. 猪新鲜精液液态保存的适宜温度为（ ）。

A. 0～4 ℃ B. 5～9 ℃ C. 10～14 ℃ D. 15～20 ℃ E. 21～25 ℃

8. 一断乳母猪出现肿胀、阴门黏膜充血、阴道内流出透明黏液。最应做的检查是（ ）。

A. B 超检查 B. 阴道检查 C. 血常规检查

D. 静立反射检查 E. 孕激素水平检查

9. 某乳牛，早上出现发情，表现明显外阴红肿，黏液清亮，牵缕性强，第一次输精的最适宜时间是（ ）。

A. 当天晚上 B. 第 2 天上午 C. 第 2 天下午 D. 第 2 天晚上 E. 第 3 天上午

10. 某母猪，下午出现发情，外阴红肿，阴道黏膜充血，黏液透明清亮，检查时出现静立反射，则最适宜的输精时间是（ ）。

A. 当天下午 B. 第 2 天上午 C. 第 2 天下午 D. 第 2 天晚上 E. 第 3 天上午

11. 称为成熟卵泡的是（ ）。

A. 原始卵泡 B. 初级卵泡 C. 次级卵泡 D. 三级卵泡 E. 格拉夫卵泡

12. 母牛处于发情期的卵巢特征是（ ）。

A. 卵巢较小，表面平坦，有较小卵泡 B. 卵巢较大，表面凸起，有较大卵泡

C. 卵巢较大，表面凸起，有较小卵泡 D. 卵巢大小中等，表面凹陷，有较小卵泡

E. 卵巢大小中等，表面平坦，无卵泡

13. 成熟卵泡破裂，释放出其中的卵细胞、卵泡液和一部分卵泡细胞的过程称为（ ）。

A. 受精 B. 卵裂 C. 囊胚形成 D. 排卵 E. 桑葚胚形成

14. 在胚胎移植技术中，对供体动物进行超数排卵处理，通常配合使用的激素是（ ）。

A. 孕酮和雌二醇 B. 雌激素和催产素 C. 松弛素和催产素

D. 催产素和雌激素 E. 促卵泡素和促黄体素

15. 动物发育到具有生成配子和生殖内分泌的功能，必须到哪个阶段以后（ ）？

A. 初情期 B. 性成熟 C. 初配适龄期 D. 5～8 月龄 E. 12～18 月龄

16. 黄体发育成熟，卵巢上有新卵泡开始生长发育，这个阶段是（ ）。

A. 发情前期 B. 发情期 C. 发情后期 D. 发情间期 E. 乏情期

17. 在初级卵泡的卵母细胞与颗粒细胞之间出现一层嗜酸性、折光性强的膜状结构是（ ）。

A. 生殖上皮 B. 放射冠 C. 透明带 D. 膜性黄体细胞 E. 粒性黄体细胞

18～19 题共用以下答案：

A. 乳牛 B. 山羊 C. 马 D. 犬 E. 猫

18. 某动物，4 岁，于 4 月 6 日出现发情，持续 12 d 发情结束；于 11 月 20 日第二次出

现发情，持续13 d结束。具有该发情特点的动物是（　　）。

19. 某动物，6岁，4～11月出现6次发情，均未配种；12月至次年3月未发情，具有该发情特点的动物是（　　）。

20. 与安静发情无关的描述是（　　）。

A. 每天挤乳3次的母牛出现较多　B. 高产乳牛、哺乳仔数多的动物多发
C. 牛羊的初情期、牛产后第一次发情多发　D. 与季节无直接关系
E. 羊的发情季节的首次发情

21. 雌性动物出现生殖机能的指标（　　）。

A. 出现第一次发情　B. 排卵（50%出现）　C. 生殖道开始发育，阴道开张
D. 出现性欲，接受爬跨　E. 以上均是

22. 发情鉴定时，通过压背试验，有静立反应的动物是（　　）。

A. 马　B. 牛　C. 羊　D. 猪　E. 犬

23. 母猪初情期的卵巢变化是（　　）。

A. 不排卵　B. 有黄体　C. 无卵泡发育　D. 有卵泡发育　E. 卵巢质地变硬

24. 对不发情的雌性动物常用的刺激方法有（　　）。

A. 利用雄性动物催情　B. 促性腺激素疗法　C. 饲料添加维生素A
D. 及早隔离幼龄动物　E. 以上都是

25. 动物性成熟的标志是（　　）。

A. 表现周期性发情　B. 出现性欲　C. 出现第一次发情
D. 接受交配　E. 爬跨

26. 动物达到性成熟期后具有配种能力，但最佳配种时期为其体重达到成年体重的（　　）。

A. 50%　B. 60%　C. 70%　D. 80%　E. 以上都不是

27. 母猪发情周期的时间为（　　）。

A. 20～21 d　B. 23～30 d　C. 30～35 d　D. 35～40 d　E. 全年发情

28. 牛人工授精精液输入的部位是（　　）。

A. 阴道内　B. 子宫颈外口　C. 子宫颈内口　D. 子宫颈管口内　E. 子宫角尖

29. 在胚胎移植过程中，采用非手术法采胚的动物是（　　）。

A. 猪　B. 犬　C. 羊　D. 兔　E. 牛

30. 在牛的胚胎移植，采胚的时间是在配种后（　　）。

A. 24 h　B. 48～72 h　C. 72～96 h　D. 96～120 h　E. 120～192 h

31. 排卵发生在发情停止后的动物是（　　）。

A. 猪　B. 犬　C. 羊　D. 马　E. 牛

【参考答案】

1. A　2. D　3. D　4. D　5. C　6. A　7. D　8. D　9. A　10. B
11. E　12. B　13. D　14. E　15. B　16. D　17. C　18. D　19. C　20. D
21. E　22. D　23. D　24. E　25. A　26. C　27. A　28. C　29. E　30. E
31. E

第三章　受精

掌握配子在受精前的准备，包括配子的运行、精子在受精前的变化和卵细胞在受精前的变化；掌握受精过程，包括精、卵的识别与结合；精子与卵质膜的结合和融合；皮质反应及多精入卵的阻滞；卵细胞激活；原核发育与融合和异常受精。

受精是指两性配子（精子和卵细胞，均为单倍体基因组）相结合而形成合子（zygote，双倍体）的过程，它标志着胚胎发育的开始，也是一个新生命的起点，是有性生殖的特征和必不可少的步骤。

受精的实质不仅是精子激活卵细胞，使它发育完全、成熟并开始分裂，同时精子的遗传物质进入卵细胞内部，可使新生命得以表现和延续，同时具有比亲本的任一方均有更强的生命力，这是品质改良、促进物种进化和品种品质提升的有效手段之一。

受精是一个极为复杂的生命现象，还有很多未解决的问题，这里只是介绍一些基础知识。

第一节　配子在受精前的准备

一、配子的运行

配子的运行是指精子由射精部位（或输精部位）、卵细胞由排卵部位到达受精部位——输卵管壶腹部的过程。

（一）射精部位

由于动物不同，雌性动物生殖器官的解剖结构及机能相异，其射精部位有差别。

（1）阴道射精型：牛、羊、兔、猫、犬。

（2）子宫射精型：猪、马属动物。

动物生殖器官解剖特点、射精部位和精液特点比较见表 3-1。

表 3-1　动物生殖器官解剖特点、射精部位和精液特点

项　　目	阴道射精型			子宫射精型	
	牛	水牛	绵羊、山羊	猪	马
性交时间	时间短促，仅 1 s 左右			5 min 以上	约 1 min
精液射至的部位	子宫颈外口附近			子宫颈及子宫内	子宫内
射精量（mL）	3～8	1～5	0.8～1	100～300	50～150
精子密度（$\times10^9$个/mL）	1.0～1.5	0.23～2.85	2～3	0.1～0.2	0.1～0.2

（续）

项　目		阴道射精型			子宫射精型	
		牛	水牛	绵羊、山羊	猪	马
雄性动物生殖器官解剖特点	阴茎	纤维弹性型			纤维弹性型，其前端呈螺旋状	血管肌肉型，龟头胀大
	副性腺	精囊腺大，尿道球腺相对较小			精囊腺和尿道球腺大	精囊腺及前列腺、尿道球腺小
发情时雌性动物子宫颈开张程度		小			大	

（二）精子的运行及机理

1. 精子在子宫颈中的运行　子宫颈是精子进入受精部位的第一道“栅栏”，一次射精 30 亿个精子，但通过子宫颈者却少于 100 万个（只有 1/3 000）。精子在子宫颈中的运行主要依靠子宫颈肌肉的收缩和子宫颈黏液中胶粒的排列状态的变化。

2. 精子在子宫中的运行　主要靠发情子宫的收缩、子宫收缩引起的子宫液流的推动以及激素的共同作用，从而带动精子到达子宫管连接部（精子进入受精部位的第二道“栅栏”）。

3. 精子在输卵管中的运行　输卵管是精子和卵细胞运行的共同通道，不过它们运行的方向相反。输卵管壶峡连接部上方的蠕动和逆蠕动引起的回旋式活动、峡部的缩张、纤毛的摆动引起的液流和获能精子主动运动促进精子通过峡部进入壶腹部。

输卵管壶腹部和峡部连接部是精子进入受精部位的第三道“栅栏”。

精子在这三个特定部位的储积和滞留，形成精子库，使精子在一定时间内缓慢被释放出来，这起到滞留、筛选、淘汰、限制和调节精子进入受精部位的目的，使达到受精部位的精子仅是百万分之一以下，这对防止多精子受精起着一定作用。因而，在人工授精或体外受精时，必须考虑适宜的输精量，以保证正常受精的发生和避免异常的多精子受精。

4. 精子在生殖道内运行的动力　①射精的力量。②子宫颈的吸入作用。③雌性生殖道的内在自发运动力，这是受激素和神经所控制的。卵巢激素影响子宫颈管的上皮结构和分泌活性、生殖道肌肉的收缩活动以及子宫和输卵管分泌物的性状和数量（蛋白质含量、酶活性、电解质、表面张力及电导性等）。中枢神经伴随交配的刺激，也有利于精子运行。发情时，子宫的逆蠕动强而有力。交配时，反射性刺激垂体后叶产生催产素，使子宫收缩增加，这也利于精子运行。④生殖道腔的液体流动。⑤精液内某些物质如 PGs 进入子宫，对生殖道肌肉作用。⑥精子本身的运动。

5. 精子在雌性生殖道的存活时间和具有受精能力的时间　精子由于缺乏大量的细胞质和营养物质，同时又是一种很活跃的细胞，所以离体后生命短暂，有的即使有活动能力，也未必有受精能力。精子的活动能力和受精能力是两个不同的概念。这对于确定配种间隔时间至关重要。精子在雌性生殖道的存活时间受精子自身特性和生殖道环境的影响。不同种动物精子的运行、受精能力和存活能力见表 3-2。

表 3-2 不同种动物精子的运行、受精能力和存活能力

动物	射精部位	射精数量（$\times10^6$个）	在壶腹部精子数（个）	精子到达输卵管时间（min）	受精能力	存活能力（h）
小鼠	子宫	50	<100		6 h	13
大鼠	子宫	58	500		14 h	17
豚鼠	阴道和子宫	80	25～50	15	21～22 h	41
兔	阴道	280	250～500	60～180		28～32
牛	阴道	3 000	少量	4～13	24～48 h	96
羊	阴道	1 000	600～700		24～48 h	48
猪	子宫	8 000	1 000		24～48 h	
人	阴道	280	5～100	5～30	24～48 h	48～60
蝙蝠				138～156（d）	140～156 d	
蛇					3～4 年	
禽类					鸡 12～30 d，火鸡 72 d，鸭 15 d，鹅 17 d	

（三）卵细胞的运行及机理

1. 卵细胞的接纳 输卵管伞充分开放充血，输卵管系膜肌肉活动使输卵管伞紧附于卵巢表面。同时，卵巢借卵巢固有韧带的收缩而环绕其纵轴往复旋转运动，并使卵巢囊移至伞部表面。排卵后，由于卵泡液的黏性，卵细胞与卵丘细胞团附着于卵巢表面，随输卵管伞及纤毛的运动而扫入输卵管伞，并沿伞部的纵行皱襞进入输卵管腹腔口。

2. 卵细胞的运行方式及机理 卵细胞本身无运动能力，进入输卵管后移行至子宫主要靠多种因素的共同作用。①内分泌和神经系统对输卵管肌肉和韧带的收缩频率和力量的影响；②黏膜皱襞纤毛颤动的方式；③管腔里液体的流动方向与速率；④壶峡连接部的控制作用（纤毛颤动的停止、环形肌的收缩、峡部的局部水肿、输卵管向卵巢端的逆蠕动等），使卵细胞在壶腹部停留 48 h。卵细胞从输卵管伞移行至壶腹部仅需 5 min。

3. 卵细胞维持受精能力的时间 多数在 12～24 h 内具有受精能力，如牛 18～20 h、猪 8～12 h、兔 4～8 h、人 6～24 h、小鼠 8～12 h、大鼠 12～14 h 等。卵细胞受精能力的丧失是渐进过程。除本身的衰老外，它的外面被包上一层输卵管分泌物形成的脂蛋白膜，也会阻碍精子的进入。输卵管内未受精的卵细胞和受精卵一样沿输卵管下行，或破裂成细胞碎片，或被子宫内的白细胞吞噬。

二、配子在受精前的准备

（一）精子获能

哺乳动物刚射出的精子或由附睾取出的精子，不能立即和卵细胞融合，必须经历一定时期，进行某种生理上的准备，经过形态及某些生理生化变化之后，才能获得受精能力。精子获得受精能力的过程称为精子获能。精子获能是一个十分复杂的生命现象，它是顶体反应的前奏，而后者又是受精的必要条件。其意义在于使精子准备发生顶体反应和超活化，促进精子穿卵。

获能的本质在于暴露精子膜表面的卵细胞识别和结合因子，解除对精子顶体反应的抑制，并使精子得以识别卵细胞并穿入卵内，完成受精。

精子获能是张明觉（M. G. Chang）和奥斯丁（C. R. Austin）在1951年发现的，是一个划时代的重要成果，为试管动物和试管婴儿的诞生奠定了基础。

1. 精子获能过程中的变化

（1）代谢变化。表现为活力增强，呼吸率提高，耗氧量增多，尾部线粒体内氧化磷酸化功能旺盛等。这些变化同精子内环磷酸腺苷酶的活性改变有关，使cAMP产生增多，以提高精子的呼吸活动和能量产生，最后激活精子。

（2）精子膜内外离子的变化。如正常膜内高K^+、膜外高Na^+，获能过程中平衡改变，膜的通透性改变，造成离子随获能变化而流动，这种流动反过来促进获能。另外，获能后内源性Ca^{2+}浓度升高，因为膜的通透性的变化有利于Ca^{2+}内流，增强精子活力。

（3）膜成分的变化。质膜暴露在获能液（或子宫液，输卵管液）中，膜成分的变化是不可避免的，如来自附睾、覆盖在精子表面的精浆蛋白被子宫液中的酶分解，胆固醇类物质从脂膜中流失，糖蛋白的交换，某些成分重组，顶体内的酶变活跃等。

2. 精子获能的作用 ①去除精子表面的覆盖物，以暴露精子表面与卵细胞相识别的特殊结构；②改变膜的通透性，增强精子活力；精子头部出现流动性各不相同的区域，为膜融合做好准备；③降低膜的流动性，富集功能蛋白质或糖基，形成高度特异性区域，有利于顶体反应和受精；④使精子运动形式发生变化：在发生顶体反应之前，出现一种强有力的拍打运动，称为超激活运动。

3. 生物学意义 有利于精子通过输卵管黏稠的介质和穿越放射冠的弹性基质；增强精子摆脱输卵管上皮的能力，使精子能顺利地在输卵管管腔内前行；超激活精子强有力的鞭毛运动赋予精子穿过放射冠和透明带的力学基础。

4. 精子的去能与再获能 精子获能是一个可逆的过程。在精液中存在一种能抑制精子获能，并能使已获能的精子去能的物质——去能因子。经获能的精子，重新与去能因子结合失去受精能力，这一过程为去能。经过去能的精子在输卵管中又重新获得受精能力，称为再获能。

5. 获能的部位和时间 子宫射精型动物精子的获能开始于子宫，但主要在输卵管；阴道射精型动物精子的获能始自阴道，但最有效的部位是子宫和输卵管。子宫和输卵管对精子的获能起协同作用（图3-1）。

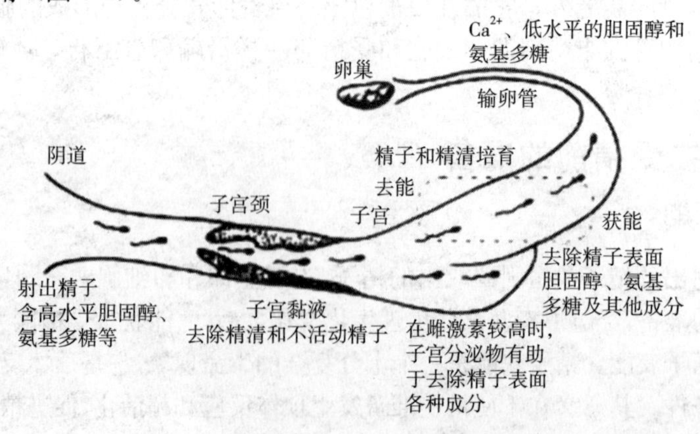

图3-1 精子通过雌性生殖道的获能过程
（引自郑行，1994）

现已发现，精子获能不仅可在同种动物的雌性生殖道内完成，还可在异种动物的雌性生殖道内完成，也可在体外人工培养液中完成。

由于精子获能部位不同，获能的时间也不一致：牛 2～20 h，绵羊 1～1.5 h，猪 3～6 h,兔 6～12 h。

（二）卵细胞在受精前的准备

大多数哺乳动物的卵细胞排出后不是在输卵管起始部受精，而要运行至壶腹部受精，可能在运行过程中也与精子一样需经历一个生理上进一步成熟的过程。但究竟发生哪些生理生化变化并不十分清楚。目前已知透明带表面露出许多终端糖残基，具有识别同源精子并与其发生特异性结合的作用。

卵母细胞成熟的标志是：①卵母细胞内的皮质颗粒向卵母细胞表面移动，直到紧贴在卵膜下面；②构成卵丘的颗粒细胞能产生一种雄原核生长因子，它通过缝隙连接进入卵母细胞。只有含生长因子时，精子核才能解聚成雄原核。

（三）顶体反应

精子获能之后，在穿越透明带前后很短的时间内，在形态上可看到顶体帽前部膨大，精子的质膜和顶体外膜融合。融合后的膜形成许多泡状结构，这种泡状结构最后与精子头部分离，然后精子头部的透明质酸酶、穿冠酶、顶体素等释放出来，使精子能够穿过卵丘放射冠和透明带与卵细胞结合。精子头部与卵细胞外表面结合的瞬间，顶体外膜及其表面精子膜多点融合，融合处形成许多囊泡状结构，随之顶体破裂，顶体内容物释放出来，顶体内膜完全暴露。这个过程称为顶体反应。

1. 形态学的变化　精子的质膜和顶体赤道段前的外膜融合而发生囊泡化。关于顶体囊泡化的形成，目前有 2 种说法，一种认为是精子的质膜和顶体外膜互相融合形成的，如牛；另一种认为是顶体外膜内陷，自我融合而形成的，如猪、绵羊、大熊猫。但在人、棕熊、黑熊的精子体外获能试验中发现，质膜和顶体外膜保持完整，囊泡化出现在顶体帽区或顶体内部。这就说明囊泡化的形成可能与动物种属和获能条件有关。

2. 顶体反应与精子获能有密切的时序相关性　精子获能是精子在进入卵内并与之受精之前，在雌性生殖道中的某些形态上不易观察到生理生化的变化，明显变化在精子尾部，是一个可逆的过程。顶体反应是精子在雌性生殖道中发生形态学的改变，主要发生在精子头部，是一个不可逆的过程。只有获能精子才能与卵细胞透明带相互作用并进一步完成顶体反应。完成顶体反应后，精子才真正具有穿过透明带的能力；而且顶体反应对精卵膜的融合也是必不可少的（图 3-2）。

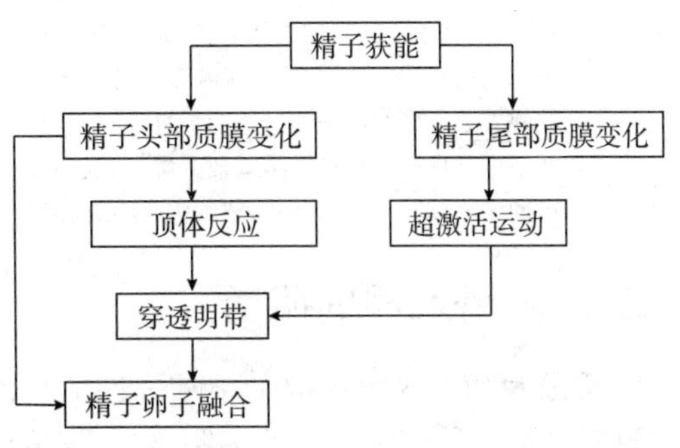

图 3-2　精子获能、顶体反应之间关系示意图
（引自陈大元，2000）

第二节　受精过程

一、受精的基本过程

受精与授精是两个不同的概念，受精是指精子入卵形成合子的过程；授精是指人为将精子置于体内生殖道中或体外培养液中，以达到受精目的的操作过程。

受精的基本过程（图 3-3）：①经过顶体反应的精子主动向卵细胞靠近，此时的卵细胞完成第一次成熟分裂，排出第一极体，正在进行第二次成熟分裂（犬和马例外）；②精子穿过放射冠，透明质酸酶使放射冠内的胶浆状基质溶解，为精子接近透明带打开通道；③精子附着和穿过透明带：精子附着在透明带上，之后发生透明带反应（有种属特异性），并进一步完成顶体反应；④精卵质膜融合，精子会立即停止运动，精子的头部和尾部进入卵质内，卵细胞被激活并完成第二次成熟分裂，排出第二极体，建立防止多精入卵的机制；⑤原核的形成（实质是开始核内 DNA 的复制）；⑥配子融合：雌雄原核体积不断增大，逐渐移至卵细胞中央，松散的染色质变为高度卷曲致密的染色体，雌雄核膜破裂以至消失，核仁不见，染色体相互混合，形成二倍体的合子核。染色体对等地排列在卵的赤道部，纺锤体出现，形成了第一次卵裂的中期。

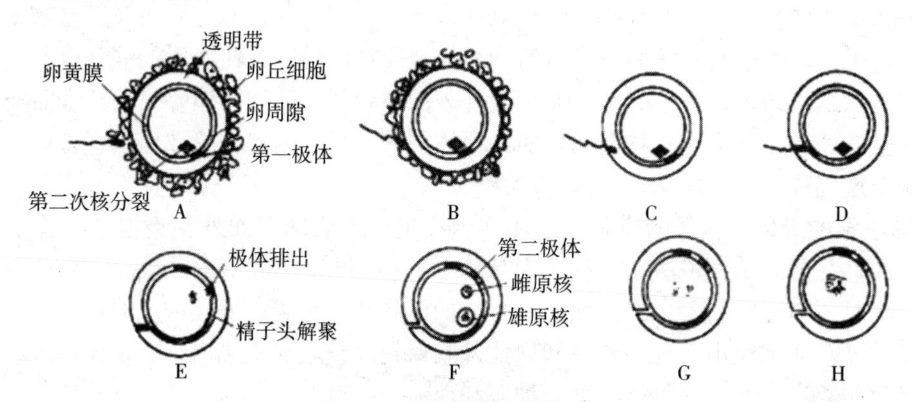

图 3-3　哺乳动物的受精过程

A. 精子与卵丘相遇并穿过卵丘（第一极体存在于卵周隙内，次级卵母细胞的纺锤体存在于胞质内）　B. 正在进行顶体反应的精子　C. 一个精子的顶体内膜与透明带接触　D. 暴露在膜表面的酶使精子穿过透明带进入卵周隙　E. 精子头部的近赤道区域附着到卵黄膜上并与其融合（从而刺激第二次减数分裂的完成）　F. 第二极体排出（形成一个大的雄原核和一个小的雌原核）　G. 原核向卵细胞的中央移动（核膜消失）　H. 第一次有丝分裂的前期开始

二、多精入卵的阻断

1. 皮质反应　这是保证受精唯一性的反应。当精子与卵质膜接触时，皮质颗粒（位于卵质膜下，是一种溶酶体样的细胞器）首先在该处与质膜融合，发生破裂和胞吐，然后胞吐现象逐渐向卵的四周扩散，即发生皮质反应，其意义是改变卵质膜和透明带的特性，以阻止多精受精。

皮质反应和皮质颗粒胞吐，是由信号传递系统调控的，过程极其复杂。

2. 透明带阻止多精受精　其机制是：①皮质反应中释放的酶类（如蛋白酶、过氧化氢酶等）可附着于卵和透明带表面，并使透明带变硬进而阻止多精受精；②使透明带的精子受体发生修饰或结构改变，不再接受获能的精子；③皮质颗粒内容物阻止顶体酶对透明带的水解作用，或抑制顶体酶的作用，从而使透明带以外的精子不再穿入、正在穿入的其他精子被固定在透明带中，以保证只有一个精子进入卵细胞。

各种动物的透明带反应有区别：兔卵无或微弱，绵羊和犬反应迅速，猪仅在透明带内层。

3. 质膜阻止多精受精　质膜阻止多精受精的能力，在发生皮质反应后尤为明显。一是精卵融合后微绒毛和膜受体数量减少，导致精卵难以融合；二是由于皮质反应后，胞吐物直接作用于卵周隙内的多余精子和质膜，从而阻止多精入卵。

三、异常受精

1. 多精子受精　许多昆虫、软体动物、软骨鱼、有尾两栖类、爬行类、鸟类均有多精受精现象，但只有一个雄原核真正参与发育。哺乳类发生仅占2%～3%，猪发生机会较多，生产上往往由于延迟交配或人工授精引起，在超排时也会出现。

2. 雌核发育和雄核发育

（1）雌核发育。精子虽然正常进入和激活卵细胞，但精子的细胞核并未参与卵细胞的发育，精子的染色体很快消失，胚胎的发育是在母体遗传的控制下进行的一种发育方式。在自然界一些无脊椎动物和鱼类都存在这种现象。

（2）雄核发育。经过紫外线、X射线或γ射线处理后的卵细胞与正常的精子受精，在适当时间施以冷、热、高压等物理处理，使进入卵细胞内的精子染色体加倍，而发育成完全为父本性状的二倍体。相比之下，雄核发育研究比雌核发育要少得多。

3. 孤雌生殖　卵细胞没有雄性配子参与的情况下进行自发发育的现象。例如自然界中蚜虫和蜜蜂可以通过孤雌生殖来繁殖后代，而人工激活卵细胞可使其发育到一定时期。

思考题

1. 简述不同动物的射精部位。
2. 简述精子的运行及机理。
3. 简述精子获能的本质。
4. 简述精子在获能过程中的变化。
5. 简述不同动物精子获能的部位和时间。
6. 简述精子的顶体反应。
7. 简述受精的基本过程。
8. 什么是皮质反应？
9. 什么是透明带阻止多精受精？
10. 什么是质膜阻止多精受精？
11. 异常受精的种类有哪些？

执业兽医资格考试试题列举

1. 卵细胞受精时，阻止多精入卵有关的机制是（　　）。
   A. 顶体反应　B. 卵细胞激活　C. 精子获能　D. 卵质膜反应　E. 精卵膜融合
2. 发生受精时，精子不通过的结构是（　　）。
   A. 放射冠　B. 透明带　C. 卵黄膜　D. 卵黄周隙　E. 卵巢鞘膜
3. 下列哪种动物是属于阴道射精的（　　）。
   A. 牛　B. 猪　C. 马　D. 骡　E. 驴
4. 受精的生物学意义不包括（　　）。
   A. 标志着新生命的开始　B. 染色体的数目复原　C. 传递双亲的遗传基因
   D. 决定性别　E. 染色体的数目减半
5. 动物精子获能的最主要部位是（　　）。
   A. 子宫角　B. 子宫体　C. 子宫颈　D. 输卵管　E. 宫管结合部
6. 受精是指精子和卵细胞相融合形成受精卵的过程。受精部位在（　　）。
   A. 输卵管前　B. 输卵管后　C. 输卵管前 1/3
   D. 输卵管后 1/3　E. 输卵管中 1/3
7. 精子进入受精部位的第一道“栅栏”是（　　）。
   A. 子宫颈　B. 宫管连接部　C. 输卵管壶腹部
   D. 峡部连接部　E. 输卵管伞部
8. 精子在雌性生殖道的存活时间最长的动物是（　　）。
   A. 牛　B. 羊　C. 兔　D. 犬　E. 火鸡
9. 精子获能过程中膜内外离子变化的结果是（　　）。
   A. 细胞内高 K^+　B. 细胞外高 Na^+　C. 细胞内高 Ca^{2+}
   D. 细胞内高 Mg^{2+}　E. 细胞外高 Mg^{2+}
10. 正常情况下，动物受精的部位是（　　）。
    A. 输卵管壶腹部　B. 输卵管峡部　C. 宫管连接部　D. 子宫角基部　E. 阴道
11. 下列描述不正确的是（　　）。
    A. 精子获能是顶体反应的前奏
    B. 精子获能表现为活力减弱，呼吸率降低，耗氧量减少
    C. 精子获能后出现超激活运动　D. 精子获能是一个可逆的过程
    E. 精子获能可在雌性生殖道、体外人工培养液中完成

【参考答案】

1. D　2. E　3. A　4. E　5. E　6. E　7. A　8. E　9. C
10. A　11. B

第四章　妊娠

导　学

掌握常见动物的妊娠期；掌握母体妊娠识别的含义、机理；掌握妊娠期母体的变化（生殖器官、全身和内分泌的变化）；掌握妊娠诊断的方法，主要包括临床检查法、实验室诊断法和特殊诊断法等；掌握妊娠终止技术，包括妊娠终止的时机确定和妊娠终止的方法。

受精的结束意味着妊娠的开始。妊娠是雌性哺乳动物为受精卵发育、胚胎及胎儿生长以及准备分娩所特有的生理过程。

第一节　妊娠期

雌性动物的妊娠期是指胚胎和胎儿在子宫内完成生长发育的时期，通常是指从受精开始或最后一次有效配种日起到分娩所经历的时期。妊娠期的长短受母体年龄、胎儿数量、环境条件、日照、遗传等多种因素的影响，在一定范围内变动。常见动物的妊娠期如表 4-1 所示。

分娩日期的简易推算方法：①牛：配种月份减 3 或加 9，配种日期加 10；②猪：配种月份加 4，配种日期减 8（或配种月份加 3，配种日期加 20；或月减 8，日减 7；或 3 个月＋3 周＋3 天）；③羊：配种月份加 5，配种日期减 2。

表 4-1　常见动物的妊娠期

动物种类	平均天数（d）	范围（d）	动物种类	平均天数（d）	范围（d）
牛	282	276～290	水牛	307	295～315
猪	114	102～140	羊	150	146～161
马	340	320～350	猫	58	55～60
犬	62	59～ 65	驴	360	340～380
家兔	30	28～ 33	小鼠	22	20～25

第二节　妊娠识别

一、常用术语

孕体：指胎儿、胎膜、胎水（尿囊液和羊水）构成的综合体。在妊娠初期，孕体尚未分化，只不过是胚胎或胚泡。

妊娠识别：孕体产生激素或生理生化因子作为表明已存在的信号传感给母体（表 4-2），母体对此产生相应的反应，即识别孕体的存在，并在二者之间建立起密切的联系，这一过程即为妊娠识别。孕体和母体双方的联系和互相作用通过激素媒介和其他生理因素而固定下来，从而开始妊娠，这称为妊娠的建立。

表 4-2　动物孕体的信号

动物	信　号	分泌的时间（受精后天数，d）	作　用
牛	干扰素-τ	15	阻止雌激素诱导的催产素受体数量的增加，抑制子宫内膜产生 $PGF_{2\alpha}$
	促黄体物质	13～18	刺激黄体细胞合成孕酮
	血小板活化因子	7～16	激活血小板释放 5-HT 和血小板生长因子，具有促黄体作用
猪	雌激素（孕酮被孕体代谢）	11～13	改变 $PGF_{2\alpha}$分泌方向，使黄体不被溶解
马	hCG	7～10	抑制溶黄体物质的产生

注：干扰素-τ 是一类新的 19 kDa 的 Ⅰ 型干扰素，以前被命名为滋养层蛋白-1。

二、妊娠识别的机理

从细胞生物学角度来说，妊娠识别涉及胚胎和子宫上皮相互作用而在形态学和生物化学方面发生变化。从免疫学角度来说，妊娠识别的发生意味着母体子宫环境受到调节，使胚胎能够存活下来，而不被排斥。从内分泌学角度来说，妊娠识别的机理是黄体退化时间推迟并继续发挥合成孕酮的作用，使妊娠维持下去。图 4-1 说明了干扰素-τ 在反刍动物妊娠维持过程中的作用。

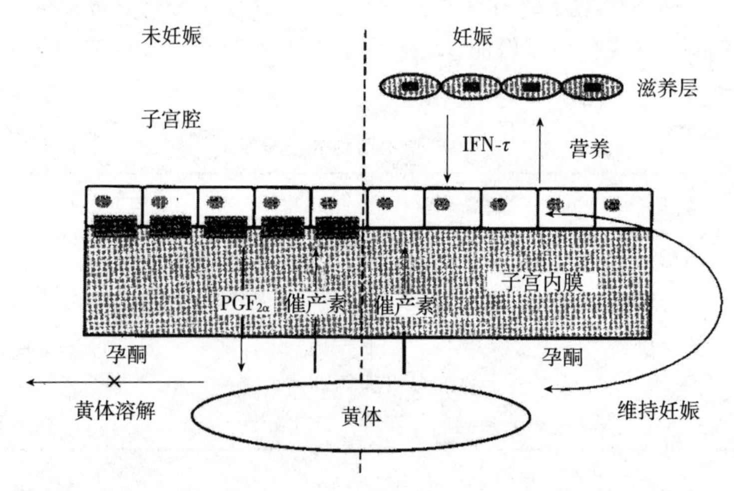

图 4-1　干扰素-τ 在反刍动物妊娠维持过程中作用
（引自 Demmers 等，2001）

三、妊娠识别的时间

母体妊娠识别的时间，不同动物有所不同，一般都早于周期黄体消失的时间，牛 16～17 d（黄体期 17～18 d），绵羊 14～15 d（黄体期 16～17 d），猪 10～12 d（黄体期 15～

16 d)，马 14～16 d（黄体期 15～16 d)。

第三节　附植

胚胎到达子宫时，并不立刻发生附植，在一定时期（牛 20～30 d，马约 49 d，猪 47 d，羊为 11～14 d，犬、猫约 7 d）内，囊胚在子宫内游离存在，发育的囊胚扩展时，它在子宫腔内的运动越来越受限制，位置逐渐固定下来，囊胚的外层逐渐与子宫内膜发生组织及生理上的联合，胚胎最终固定于子宫腔内。

附植（植入、嵌植、着床）是指胚泡在子宫中的位置固定下来并开始和子宫内膜发生组织上和生理上的联系。实质是建立起胎儿胎盘与母体胎盘组织结构上的牢固联系（图 4-2）。

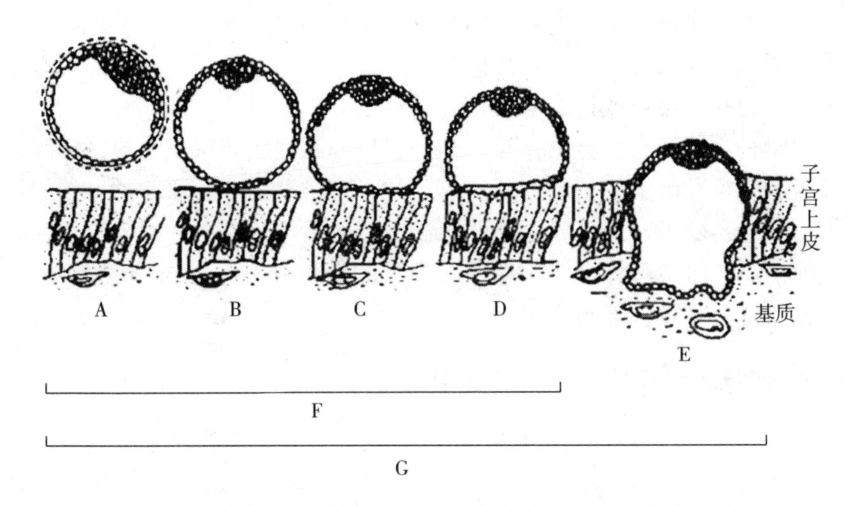

图 4-2　胚胎附植的不同阶段（胚胎内细胞团定位于附植点对侧）
A. 透明带脱落　B. 接触前的囊胚定向　C. 细胞的同步接触　D. 附着　E. 穿过子宫内膜
F. 上皮结缔绒毛膜胎盘　G. 内皮或血液绒毛膜胎盘
（引自王建辰、章孝荣，1998）

一、附植的类型

按照滋养层穿过子宫黏膜的程度，附植方式分为 3 种类型。

1. 中央附植（表面附植）　胚泡在子宫内扩张，与子宫黏膜广泛接触，而滋养层组织大部分暴露在子宫腔内，如兔、犬、雪貂和许多有袋类动物。

2. 偏心附植　滋养层和子宫黏膜的凹陷和局部接触部位偏离子宫腔的中心，如小鼠、大鼠和仓鼠。

3. 部分间质附植和间质附植　动物的囊胚穿透子宫上皮，侵入子宫内膜与子宫基质接触，如豚鼠、黑猩猩和人。

二、附植的时间和部位

1. 附植时间　附植时间以尿膜绒毛膜出现为准。牛在受精后 60（45～75）d，马 90～

105 d，猪 22（20～30）d，绵羊 10～22 d 附植。附植时间晚的动物妊娠期长，附植早的妊娠期短。

2. 附植部位 动物胚泡附植于子宫腔内子宫系膜的对侧，在这里子宫血管稠密，胚泡滋养层可得到丰富的营养，有利于胚胎发育。单胎动物若排一个卵妊娠时，胚泡常在排卵卵巢同侧子宫角的下 1/3 处（子宫角基部或中部）附植；当排 2 个卵妊娠时，则平均分布于 2 个子宫角内。多胎动物子宫角内有的胚泡均等分布并呈等距离的附植。

三、附植过程

胚泡的附植是一个渐进过程，包括胚泡的游离、附着和植入。游离的意义在于为胚泡的附植选择血液营养供给最丰富的部位以及使多胎动物的胚胎在子宫角内均匀分布，故游离是附植的前提。在游离期内，通过滋养外胚层吸取子宫乳，胚泡迅速生长变大，腔内液体增多，它在子宫内活动越来越受到限制，逐渐贴附于子宫；另一方面，在孕酮的作用下，子宫壁变厚，上皮增生，黏膜表面积扩大，形成许多皱襞并逐渐加深，而活动越来越受到限制的胚泡的滋养外胚层也相应地形成许多皱襞。

附植过程因物种不同而有明显的差异。如马、猪的胚泡滋养层发育成绒毛膜，其中的绒毛进入子宫黏膜和子宫黏膜上皮结合。而牛、羊是子宫的上皮或其下面的结缔组织和胚泡绒毛膜上的绒毛丛结合。随子宫绒毛膜不断发育而逐渐伸展，其表面的绒毛与子宫黏膜发生联合。最后绒毛膜内层与尿囊膜愈合，重新形成广泛的血管分布，其末端微血管伸入绒毛内，通过绒毛，胎儿与母体交换营养与排泄物。

四、附植期间子宫和胚泡的变化

随着胚胎的发育，子宫也发生相应的变化，这时与发情周期中黄体期的子宫相似。妊娠初期子宫肌肉的活动性和敏感性减弱，有利于多胎动物胚胎间隔性滞留。子宫发育伸长，黏膜增生并呈现树枝状的特殊组织形式，血液供应量和血管通透性增加，大量的糖类（如葡萄糖、果糖）、脂肪蓄积在黏膜上皮和基质中，蛋白质、胚激肽和核酸也增加。这些物质的分泌以及子宫中的上皮细胞、红细胞、白细胞、细胞碎屑等组成子宫乳，直接为胚胎提供了营养物质。此外，物质代谢及酶（肽酶、蛋白酶、β-淀粉酶及甘油磷酸胆碱二酯酶等）的活性也增强，为胚泡的附植提供条件和适宜的环境。

五、附植机理

在附植之前，胚胎最初生存依靠的营养物质是卵细胞内原有的卵黄物质和输卵管及子宫分泌物中的营养等。但当发育到一定阶段，这种营养来源就不足以维持其存活。因此，就要通过附植与母体建立更密切的联系，依靠体液循环而获得丰富的营养。附植的发生既决定于胚泡的主动性，也决定于子宫内膜是否做好准备，它们必须同步化，才能使胚泡附植顺利地进行。

1. 胚泡的作用

（1）胚胎发出信号。在受精卵向下运行阶段，就同时发出信号（主要是激素），表明它即将到达子宫。胚泡合成的激素统称胚泡激素（至少能合成孕酮和雌激素），孕酮有促进和维持黄体机能的作用，雌激素能刺激胚泡附植部位毛细血管的通透性升高，有利于附植，因此激素在胚胎附植过程中是一个关键性因素。

(2) 透明带解体。附植的先决条件是胚泡必须从透明带解脱出来，使胚泡表面的滋养层细胞与子宫黏膜上皮细胞直接接触。透明带的解体是由于胚泡分泌的一种蛋白分解酶，其活性超过了子宫内膜的保护性抑制作用，结果使透明带发生解体，它在胚胎附植时分泌最多；另一方面，子宫内膜分泌一种蛋白酶抑制物，这种抑制物在附植时活性下降。胚泡之所以能侵入子宫内膜，可能是胚泡蛋白分解酶的作用。

2. 子宫内膜的活动　由于孕酮与雌激素的联合作用，子宫内膜发生变化，变为分泌性内膜，给早期胚胎提供营养。在孕酮的刺激下，妊娠子宫产生一种子宫珠蛋白[uteroglobin，称为胚激肽（blastokinin），促囊胚蛋白]，它有促进囊胚生长发育的作用。

在雌激素和孕酮的先后作用下，子宫内膜上皮增生、腺体加长、弯曲增多；子宫内膜的结缔组织和成纤维细胞发育，成纤维细胞的胞质内有丰富的糖原，这就给胚胎附植准备了能源，此种现象称为蜕膜化，它能够提高子宫内膜的敏感性，从而产生接受性，容许胚胎附植。

子宫内膜能接受胚泡的时间很有限，过了一定时间，子宫就会拒绝接受胚泡。能接受胚泡的子宫内膜称为致敏的内膜。在卵巢激素中，孕酮对内膜致敏是不可缺少的；少量的雌激素能使内膜上皮接受和传递胚泡给内膜的信息，从而使内膜致敏，但大量的雌激素则可抑制内膜，使内膜对胚泡不起反应。

3. 附植的调节

(1) 卵巢激素的调节。子宫内膜受卵巢激素的调节，排卵前的雌二醇峰，对子宫内膜的早期变化起先导作用，排卵后不久形成的黄体分泌孕酮，在雌二醇的协同作用下，能引起排卵后的子宫内膜充血、变厚、上皮增生；皱襞增多、黏膜表面增大；子宫腺扩张、伸长，腺体细胞中糖原增多，分泌增强，进行接受胎体的准备。因为大分子物质（蛋白质、糖、黏多糖）的分解，糖原和脂肪的聚集，再加上宫腔内有细胞碎屑及外渗的白细胞，共同构成子宫乳，可以供给早期胚胎营养。

(2) 垂体和丘脑下部的调节。丘脑下部和垂体通过调节卵巢的分泌功能而影响胚泡的附植。

(3) 胚泡附植的刺激。胚泡是对子宫内膜附植反应的刺激物，它的扩张能使邻近的子宫内膜扩张，间质细胞发生巨大变化，以适应胚泡附植的需要。附植以后，囊胚长度增加，面积增大，以利于从子宫乳中吸收营养，供给胚胎发育的需要。

综上所述，可以看出附植是在透明带脱落、子宫内膜致敏、胚泡扩张作用对子宫内膜的刺激，以及胚胎与内膜的精密互相调节下进行的，而卵巢激素又受到垂体、丘脑下部和中枢神经系统及外界环境的影响。只是改变卵巢所分泌的雌激素和孕酮两种激素的作用时间、量和比例，就能影响附植；向宫腔内注入 cAMP，就可以引起附植。

第四节　胎膜和胎盘

一、胎膜

胎膜即胎儿附着膜，它是胎儿体外几层膜（绒毛膜、尿膜、羊膜和卵黄膜囊）的总称，是胚胎生长发育必不可少的辅助器官，主要作用包括与子宫黏膜进行气体、养分及代谢产物的交换，进行酶和激素合成，废物排出和提供水环境，是维持胚胎发育并保护其安全的一个重要的暂时性器官。

1. 卵黄囊 在多数哺乳动物，卵黄囊（yolk sac）由胚胎发育早期的囊胚腔形成。在啮齿类和鸟类，卵黄囊内含有大量卵黄，经过囊壁的血管消化、吸收，供给胚胎的发育和生长。而哺乳动物的卵只有卵黄体或很小的卵黄块。因此，卵黄囊只在胚胎发育的早期阶段起营养交换作用。一旦尿膜出现其功能即为后者替代。随着胚胎的发育，卵黄囊逐渐萎缩，最后埋藏在脐带内，成为无功能的残留组织，称为脐囊，这在马较为明显。

2. 羊膜 羊膜（amnion）是包裹在胎儿外的最内一层膜，由胚外外胚层和无血管的中胚层形成。在胚胎和羊膜之间有一充满液体的腔——羊膜腔。羊膜上无血管，虽在某些动物的羊膜上偶尔能看到血管，这是卵黄囊覆盖的缘故。

3. 尿膜 由胚胎的后肠向外生长形成，尿膜（allantois）功能相当于胚体外临时膀胱，对胎儿的发育起缓冲保护作用。当卵黄囊失去功能后，尿膜上的血管分布于绒毛膜，成为胎盘的内层组织。随着尿液的增加，尿囊也增大，在奇蹄类动物有部分尿膜和羊膜黏合形成尿膜羊膜，而与绒毛膜黏合则成为尿膜绒毛膜。

4. 绒毛膜 绒毛膜（chorion）是胚胎最外层膜，其发生与羊膜相似。绒毛膜表面有绒毛，富含血管网。除马的绒毛膜不和羊膜接触外，其他动物的绒毛膜均有部分与羊膜接触。绒毛膜表面的绒毛分布及其形状在动物种间有差异。马的绒毛膜填充整个子宫腔，因而发育成两角一体。反刍动物形成双角的盲囊，孕角子宫较为发达。猪的绒毛膜呈圆筒状，两端萎缩成为憩室。

5. 动物胎膜的结构特点 猪胎膜发生的最典型特征是在妊娠第6～12天，经历一个迅速急骤伸长的时期。在这期间，胚胎由椭圆形伸长，呈线状。伸长的原因是滋养层组织的增殖。尿膜最早在第14天出现，第15～16天形成羊膜，第26天尿膜血管贴近绒毛膜。由于尿膜伸展不到绒毛膜囊两侧顶端，所以往往出现坏死端（图4-3）。猪是多胎动物，维持正常妊娠至少需有3个以上胎儿正常发育，每个胎儿的胎囊都是独立的，往往是一个尿膜绒毛膜凸入另一个尿膜绒毛膜囊之中，彼此粘连，但很少融合。

马的囊胚在附着前扩张形成一个大的球形囊（图4-3）。在第21天，羊膜充分形成并包裹胚胎。卵黄囊很大，分为有血管和无血管两个区域。此时尿膜还小，还没有与绒毛膜接触。第35天，尿膜扩张开始与绒毛膜融合，包裹羊膜。卵黄囊血管部分向胚外扩张，无血管区域不断缩小，据观察，这一区域最早与子宫内膜发生接触。扩张的滋养层细胞沿尿膜迁移，在绒毛膜囊周围形成明显的带，称绒毛带。妊娠第42天时，尿膜与绒毛膜几乎全部融合，形成尿膜绒毛膜，而靠近羊膜的尿膜融合形成尿膜羊膜。由于尿囊完全包裹羊膜囊，因而马无羊膜绒毛膜。怀双胎时，胎囊绒毛膜接触部分无绒毛，仅发生疏松的粘连。

牛和绵羊。牛胚胎在妊娠第16天后形成卵黄囊，绵羊比牛可能要早2～3 d。尿膜开始发育后，卵黄囊逐渐缩小。绵羊胚胎在第26天时卵黄囊缩小成硬圆的细条，最后完全消失。牛在第14天始见羊膜皱襞，第18天羊膜完全形成，绵羊稍晚。有试验表明，绵羊在第17天才出现羊膜皱襞。牛胚胎在第20天时出现尿膜原基，第22天尿囊长达1 cm，在第30天迅速发育到26 cm，并逐渐与绒毛膜黏合。随着尿囊的增大，羊膜囊挤向绒毛膜处，因此一部分羊膜在胚胎的背部与绒毛膜融合，形成羊膜绒毛膜。尿膜内壁与羊膜黏合的部分，形成尿膜羊膜。尿膜外壁与绒毛膜黏合部分，形成尿膜绒毛膜（图 4-3）。

牛产多胎时，绒毛膜和尿囊常融合，因而造成邻近胚胎间血管吻合，血细胞和其他细胞产生交换，如为一公一母，母犊多不育，称为异性孪生不育母犊。绵羊也常有多胎现象，但即使绒毛膜融合，尿囊膜循环中也很少发生血管吻合。

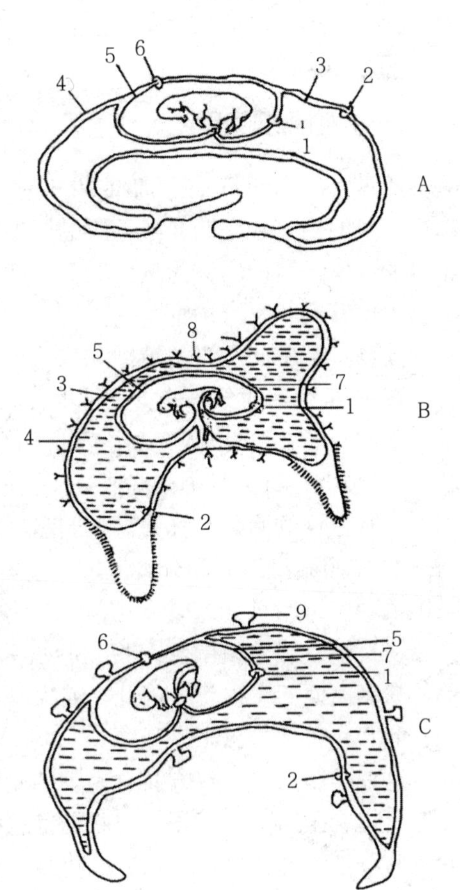

图 4-3　猪、马、牛胎膜切面

A. 猪　B. 马　C. 牛

1. 尿膜羊膜　2. 尿膜绒毛膜　3. 尿膜外层　4. 绒毛膜　5. 羊膜　6. 绒毛膜羊膜　7. 尿膜内层　8. 绒毛　9. 子叶

（引自赵兴绪，2016）

二、胎水

胎水是指羊膜囊和尿囊内的羊水和尿水。哺乳动物的胚胎必须在水的环境中发育，这是动物个体发育近祖性状的事例之一。胎水来源于胎儿肾的排泄物、唾液腺的分泌物、颊黏膜、肺和气管的分泌物以及羊膜和尿膜上柱状细胞的分泌物等，呈弱碱性，富含蛋白质、脂肪、黏液素、尿素和肌酸酐以外，还含有少量的激素、维生素、盐类和糖类等（表 4-3）。

胎水的作用包括以下几方面。①缓冲作用。使胎儿身体各部受压均匀，不致造成畸形。也可以阻止外来的机械冲击，保护胎儿。②防止胎儿与周围组织或胎儿本身的皮肤发生粘连。③在分娩时帮助扩张子宫颈。由于分娩时子宫壁的收缩可将胎水推压到松软的子宫颈管，使子宫颈扩张。④分娩时润滑产道。羊膜腔破裂流出的胎液是天然的产道润滑剂。⑤维持胎儿血管的渗透压。尿水的渗透压在低渗时可维持胎儿血管的渗透压，并能防止对母体循环的危害。⑥有利于附植。在妊娠早期由于胎水的压力有助于滋养层在子宫黏膜附植。

表 4-3　胎水的来源和功能

胎水	来　源	功　能
羊水	1. 胎儿尿液 2. 呼吸道和口腔黏膜的分泌液 3. 母体血液	1. 用来调节胎儿水分平衡 2. 作为一种缓冲物质对胎儿起保护作用，使胎儿受到均等的压力，有利于胎儿的细嫩组织及四肢得到匀称发育，可防止胎儿受周围组织的压迫，避免胎儿的皮肤与羊膜发生粘连，并可使绒毛膜与子宫内膜发生密切接触，因而有助于附植 3. 分娩时还有助于子宫颈的扩张及产道的润滑
尿水	1. 胎儿的尿液 2. 尿囊上皮分泌物	1. 有利于在开始附植时使尿囊绒毛膜与子宫黏膜紧密接触 2. 分娩前储存发育胎儿的排泄物，使之不易回到胎儿母体 3. 有助于维持胎儿血浆渗透压

三、胎盘

(一) 胎盘的类型

胎盘（placenta）是胚胎或胎儿的组织同母体或其他组织密切附着或粘连在一起的进行物质交换的器官，是胎儿绒毛膜的绒毛和母体子宫内膜相结合的部分，前者称为胎儿胎盘，相应的母体子宫内膜称为母体胎盘。两者合称为胎盘。胎儿通过胎盘和母体相联系并固定在子宫内使其安全发育。

动物种类不同胎盘的组织和构造也不同，一般动物胎盘的分类有以下几种。

1. 按照绒毛的分布分类 绒毛分布在整个绒毛膜表面的胎盘，称为弥散型胎盘（如猪、马、骆驼）；绒毛只出现在和子宫阜相对应的绒毛膜部分的胎盘，称为子宫阜型胎盘（如牛和羊）；绒毛在绒毛膜中段绕成一周的胎盘，称为带状胎盘（犬和猫）；绒毛只着生于绒毛膜局部呈圆盘状的胎盘，称为盘状胎盘（灵长类和啮齿类）。

2. 按照胎盘组织学分类 按照子宫黏膜和绒毛膜参与胎盘的组织层或毛细血管之间的组织关系。将胎盘分为以下几种。

（1）上皮绒毛膜胎盘。胎儿胎盘上皮层和子宫内膜的上皮层完整存在，接触关系较简单，易剥离而互不损伤。因此，妊娠马较易发生流产，在分娩时胎盘脱落较快，甚至包着胎儿、胎水完整地排出来。

这一类胎盘母子双方共有完整的6层组织，即胎儿血管内皮、尿膜绒毛膜的结缔组织、绒毛上皮、子宫上皮、子宫内膜结缔组织和母体的血管内皮。在子宫和绒毛之间的空隙中，有子宫分泌物而使母、子双方的血液循环隔开。分娩时，母体胎盘和胎儿胎盘完全剥离，而不随胎膜排出，因此称为非蜕膜性胎盘。

（2）结缔组织绒毛膜胎盘。反刍动物在妊娠4个月后，母体子叶的局部及大部分上皮层消失，胎儿绒毛深入子宫黏膜下的基质直接和结缔组织相接触，此时应称为结缔组织绒毛膜胎盘。这种类型的胎盘，母、子的胎盘联系紧密，分娩时在短时间内不易脱离，因此在胎儿排出较慢情况下也不至于发生窒息死亡，但产后胎衣的排出较慢，易发生胎衣不下。由于绒毛和结缔组织的结合，胎儿胎盘脱落时会带出少量子宫黏膜的结缔组织，故称为非蜕膜型胎盘。

（3）内皮绒毛膜胎盘。胎儿胎盘和母体胎盘附着处子宫黏膜的上皮遭到破坏，绒毛直接和子宫血管内皮相接触，附植前由于子宫壁变薄，子宫腺生长分泌增强，子宫黏膜变为外层坚实而内层松散的两层。犬和猫在妊娠2周时，绒毛钻入内层的腺体腔内，上皮破坏后腺上皮、结缔组织及渗出的血液组成一种合浆，在胎盘的边缘及中部形成血团块，颜色较深。分娩时母体胎盘组织脱落，子宫血管破裂，有出血现象。

（4）血绒毛膜胎盘。胎盘发育过程中，子宫黏膜的血管内皮组织消失。绒毛侵入子宫黏膜深层，并穿过血管内皮直接侵入血液，胎盘内仅以绒毛组织上皮使双方血液分隔。人及灵长类动物属于此类胎盘。而兔等啮齿类动物的胎儿胎盘绒毛上皮脱落，以绒毛膜内皮组织直接和母体血液相接触。

3. 根据分娩时对子宫组织的损伤程度分类

（1）蜕膜型胎盘。胚泡侵入子宫壁内膜，胚胎深埋在基质中发育。绒毛与母体子宫胎盘组织（基蜕膜）紧密结合。分娩时胎盘和子宫的蜕膜一同被排出，同时伴有严重的出血。盘状胎盘、带状胎盘属于此型。

（2）非蜕膜型胎盘。绒毛伸入子宫内膜的陷窝，如同手指插入手套；分娩时绒毛从内膜陷窝内拔出而不伤害内膜，也无出血。弥散型和子叶型胎盘属于这一类型。

不同动物胎盘的分类、组织结构、对分娩的影响以及与胎儿母源抗体的关系如表4-4所示。

表4-4　胎盘的分类、组织结构、对分娩的影响以及与胎儿母源抗体的关系

项　目	马、猪、骆驼	牛、羊	犬、猫	灵长类	啮齿类
绒毛的分布	弥散型胎盘	子宫阜型胎盘	带状胎盘	盘状胎盘	盘状胎盘
胎盘的屏障结构	上皮绒毛膜胎盘	结缔组织绒毛膜胎盘	内皮绒毛膜胎盘	血液绒毛膜胎盘	血液内皮胎盘
分娩时对子宫组织的损伤程度	无损伤（非蜕膜）	无损伤（非蜕膜）	中度损伤（蜕膜）		广泛损伤（蜕膜）
分娩时特点	出血较少，胎衣易于脱落	胎儿胎盘脱落时常带下少量子宫黏膜结缔组织，并有少量出血现象	分娩时母体胎盘组织脱落，子宫血管破裂，分娩时有出血现象	分娩时会造成母体子宫黏膜脱落和出血	
母体和胎儿血液循环的组织层数	6	5	4	3	1
免疫球蛋白从胎盘转移	－	－	＋	＋＋	＋＋＋
免疫球蛋白从初乳转移	＋＋＋	＋＋＋	＋＋＋	＋	＋

（二）胎盘的功能

胎盘是一个功能复杂的器官，具有物质运输、代谢、分泌激素及免疫等多种功能。

1. 胎盘的运输功能　胎盘的运输功能，并不是单纯的弥散作用。根据物质的性质及胎儿的需要，胎盘采取不同的运输方式。

二氧化碳、氧、水、电解质等都是以单纯弥散方式运输的。葡萄糖、氨基酸及大部分水溶性维生素以加速弥散的方式运输。氨基酸、无机磷酸盐、血清铁和钙及维生素 B_1、维生素 B_2、维生素C等是以主动运输方式进行运输的。活性物质及免疫过程中极为重要的球蛋白可能借胞饮作用通过胎盘。

2. 胎盘的代谢功能　胎盘组织内酶系统极为丰富。所有已知的酶类，在胎盘中均有发现。已知人胎盘含酶800～1 000种，有氧化酶、还原酶、转移酶、异构酶、溶解酶及综合酶6大类，一般活性极高。因此胎盘组织具有高度生化活性，具有广泛的合成及分解代谢功能。

雌激素和孕激素都是胎盘酶系统的激活剂，雌激素在这方面的主要作用是对胎盘细胞内生物反应所需能量的调整和储备，而孕酮促进能量的释放，供应胎盘细胞，以利于功能的进行。

3. 胎盘的内分泌功能 胎盘像黄体一样，是一种暂时的内分泌器官，既能合成蛋白质激素如孕马血清促性腺激素、胎盘催乳素，又能合成甾体激素。这些激素合成释放到胎儿和母体循环中，其中一些进入羊水被母体或胎儿重吸收，在维持妊娠和胚胎发育中起调节作用。

胎盘合成甾体激素的性质和母体合成的相同。胎儿和胎盘都缺少能生成类固醇的某种必不可少的酶，然而在胎儿内缺少的酶却在胎盘内存在，在胎盘内缺少的酶又在胎儿内存在。两者的结合构成甾体激素合成的独立的酶系统，从而产生有激素功能的类固醇。马、牛、绵羊和猪的胎盘在妊娠的后半期依靠胎儿供给的雌激素前体，能高速产生雌激素。而孕酮的合成则无需胎儿的帮助。

4. 胎盘的免疫功能 为何胎儿能够逃逸母体的排斥得以正常地生长发育？目前认为主要机制是：①胎盘的屏障作用；②胎盘的特殊作用：滋养层组织的抗原性很弱，滋养层细胞膜外覆盖着带有阴性电荷的唾液黏蛋白，能抑制母体的淋巴细胞；胎盘大量的激素、甲胎蛋白、早孕因子等使母体的细胞免疫功能处于被抑制状态，造成外周免疫无反应性，这与缺乏IL-2的分泌和IL-2受体缺乏、免疫抑制有关。

四、脐带

脐带是胎儿与胎膜相连接的带状物，由3条脐动脉、3条脐静脉（猪、马是1条脐静脉，牛、羊的脐静脉在脐孔内汇合成1条进入胎儿体内）、脐尿管及卵黄囊的残迹所组成。

脐带外面包以羊膜，一端与胎儿脐孔相连，另一端呈喇叭状逐渐过渡到羊膜绒毛膜上（牛、羊、猪）或尿膜绒毛膜上（马、驴）。脐带中的血管进入胎膜后分成2大支，然后再分成细支进入绒毛膜，牛的脐带在脐孔处连接不紧密，故在分娩时脐带易断在腹腔内。

初生犊牛的脐带长30～40 cm，马的脐带长70～100 cm，猪的长20～25 cm，羊的长7～12 cm。

第五节 妊娠期母体的变化

一、母体生殖器官的变化

1. 卵巢 有妊娠黄体存在，随着妊娠期的增长，胎儿在发育，子宫体积在不断扩大，并向母体腹内下沉，受子宫阔韧带的牵引，卵巢的位置也随之下移，卵巢的形态变为棱形。马的黄体维持5～6个月。

2. 子宫 ①体积增大、位置向下向前沉至腹底。②母体胎盘增长。③血液供应增加：妊娠子宫的血液供应量在逐日增加，分布于子宫的主要血管增粗，分支增多，子宫动脉的变化最显著。动脉血管内膜皱褶增高而变厚，使之与肌肉层的联系疏松，使原来间隔明显的动脉脉搏变为间隔不明显的颤动，称之为妊娠脉搏。牛孕角大约在妊娠4个月出现妊娠脉搏。④子宫敏感性降低，处于生理性安静状态。⑤子宫颈因括约肌收缩而关闭得很紧，同时子宫黏膜上皮的单细胞腺管增生，分泌出一种浓稠的黏液形成子宫颈塞。

3. 阴道及外阴部　阴道黏膜变为苍白色，阴道壁干燥。外阴部阴唇收缩，皱纹增多，阴门紧闭。

二、母体的变化

1. 体重的变化　妊娠后新陈代谢旺盛，食欲增加，消化能力提高，营养状况改善，毛色变亮，体重增加。到妊娠后期，母体总体重可能不增加，但由于胎儿生长发育迅速，母体常消耗积蓄的营养物质供胎儿发育，实际上变瘦。母体的营养物质改变反映在角、牙齿和骨骼。

2. 行为的变化　性情变温顺，安静，行动小心谨慎。

3. 体况的变化　腹围增大，呼吸、排粪、排尿次数增多，心、肾负担加大。

第六节　妊娠诊断

一、妊娠诊断的意义

配种后为了及时掌握雌性动物是否妊娠、妊娠的时间以及胎儿发育程度等所采用的各种检查方法称为妊娠诊断。寻求简便有效的早期妊娠诊断方法一直是畜牧兽医工作者长期奋斗的目标。

早期妊娠诊断的要求：准确，妊娠诊断准确率在85%以上；早期进行，在配种后一个发情周期内显示诊断结果；方法简便，容易掌握且易于判定；对母体及胎儿无影响；费用低廉。

妊娠诊断的意义：早期妊娠诊断是雌性动物保胎、减少空怀和提高繁殖力的重要技术措施；便于分群管理；便于对参加配种动物的生殖机能进行分析；便于了解和掌握配种技术、方法以及适宜的输精时间，提高受胎效果。

二、妊娠诊断的分类

妊娠诊断的方法大体可分为以下几类。

（1）直接检查是否有胎儿、胎膜和胎水存在。如直肠检查法、腹壁触诊法、听诊（胎儿心音）法、X线检查法、超声波检查法等。

（2）检查与妊娠有关的母体变化。如观察腹部轮廓及直肠触摸子宫动脉的变化。

（3）检查与妊娠有关的激素变化。如血液或乳中孕酮水平测定，尿中雌激素检查，母马血清促性腺激素检查。

（4）检查由于胚胎出现而产生的某种特有物质。如免疫学诊断。

（5）检查由内分泌变化所派生的母体变化。如观察雌性动物是否再发情（包括试情），检查阴道是否有妊娠变化，检查子宫颈阴道黏液的理化性状，利用外源激素检查雌性动物是否产生某种特有反应。

（6）检查由于妊娠所致的母体阴道上皮出现的细胞学变化。

三、妊娠诊断的方法

1. 外部观察法　包括问诊、视诊、听诊和触诊。简便易行，对大动物不重要，因为只能在妊娠后期（牛 5 个月，羊 3～4 个月，猪 2 个月以后）进行；对小动物，如兔（妊娠7～10 d胚胎似花生米样，但易粪球相混；10～12 d 为小核桃大小；15 d 鸡蛋黄大小）、羊、犬、猫很适用。最大缺点是不能进行早期诊断。

2. 直肠检查法 是判定大动物是否妊娠的最基本、最可靠的方法。优点是简便、结果准确、随时随地都可进行。缺点是费力，在寒冷时操作不便，初学者或技术不熟练者对胎儿可能有不同程度的影响。

应用范围：①大致确定妊娠时间；②判定妊娠动物是否假发情、假妊娠；③检查生殖器官疾病，是不孕症诊断的一个重要方法；④发情鉴定、帮助确定输精时间；⑤判定胎儿的死活；⑥验证其他早期妊娠诊断方法的结果。

乳牛妊娠不同时间，直肠检查的变化要点如下。

2 个月：卵巢体积增大，黄体明显，位置前移至骨盆入口前缘；孕角是空角的 2 倍大，角间沟不清楚。

3 个月：孕角卵巢沉入腹腔不易触及；子宫颈前移至骨盆入口前缘处；子宫孕角呈软的圆袋状，空角似凸出。

4 个月：只能触摸到空角的卵巢；子宫增大，沉入腹腔，不易摸到全貌；子叶清楚似卵巢；孕角出现妊娠脉搏。

5 个月：卵巢和子宫均不能触摸到，空角也出现妊娠脉搏，子叶体积增大。

妊娠牛直肠检查的主要变化如图 4-4 和表 4-5 所示。在检查时应综合判断，注意与妊娠期假发情、妊娠子宫与子宫疾病、妊娠子宫与充满尿液的膀胱的鉴别；怀双胎时，多为双侧同样扩大，两个黄体在一侧或两侧卵巢上。

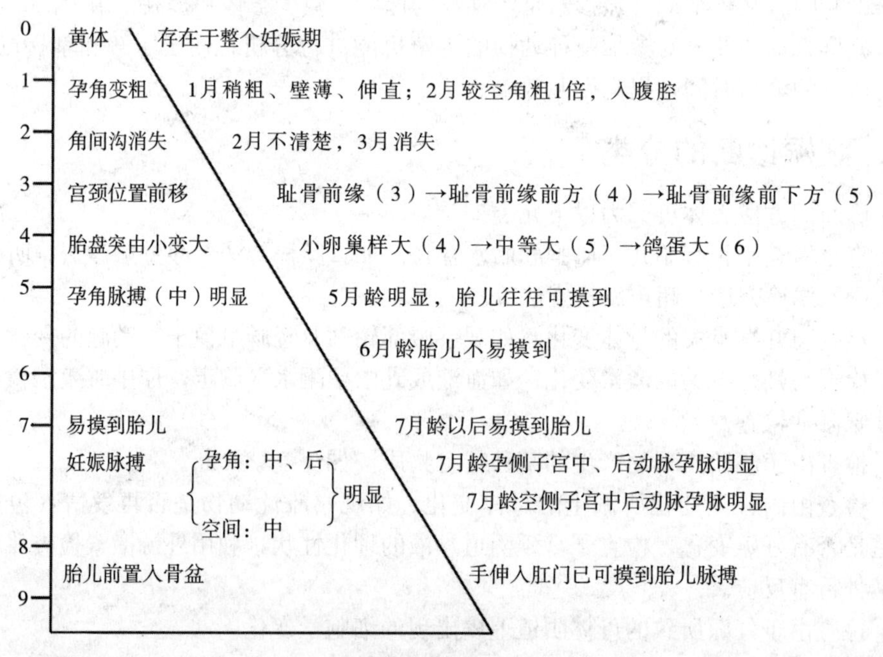

图 4-4 妊娠牛直肠检查的主要变化

（引自王锋、王元兴，2003）

表 4-5　乳牛（中等体型）妊娠卵巢、子宫及胎儿的变化

项目		未妊娠且不发情时	妊娠 20～25 d	妊娠 1 个月	妊娠 2 个月	妊娠 3 个月	妊娠 4 个月	妊娠 5 个月	妊娠 6 个月	妊娠 7 个月	妊娠 8 个月	妊娠 9 个月
卵巢	大小	往往一侧因有黄体而较大	一侧（往往是孕角侧）卵巢因黄体而较大					摸不到				
	位置	耻骨前缘附近，子宫角两旁			孕角卵巢移至耻骨前缘	孕角卵巢移至耻骨前缘前下方腹腔内	孕角卵巢移至耻骨前缘前下方腹腔内，往往只能摸到空角侧卵巢					
子宫角	形状	绵羊角	弯曲的尖圆桶状	弯曲的尖圆桶状，但孕角不规则	孕角已扩大，空角的弯曲尚规则	孕角及子宫体形状如袋，空角似为袋的一个突出	孕角及子宫体形状如袋，子宫类下垂的囊状，空角似为其突出	沉入腹腔，只能摸到一部分子宫壁				
	大小	两角相等，经产牛有时一侧较大		孕角稍粗	孕角比空角粗1倍	孕角较空角大得多，范围不能完全摸到，手提子宫颈感到子宫较重	孕角较空角大得多，且较 3 个月时更大，范围能完全摸到，手提子宫颈感到子宫较重					
	角间沟	清楚			已不清楚，但两角分岔处清楚	消失，但两子宫角分岔处清楚，仍可摸到	消失，也摸不到分岔处	不能摸到分岔处				
	质地	柔软	壁厚而有弹性	孕角松软，有波动；空角较有弹性	薄软，有清楚的波动			薄而软				
	触诊收缩反应	收缩而有弹性	收缩较有弹性	孕角不收缩或有时收缩，收缩时有弹性	孕角不收缩或有时收缩，收缩时有弹性，收缩时子宫呈纵椭圆形	轻微或摸不到		摸不到				

（续）

项目		未妊娠且不发情时	妊娠 20～25 d	妊娠 1 个月	妊娠 2 个月	妊娠 3 个月	妊娠 4 个月	妊娠 5 个月	妊娠 6 个月	妊娠 7 个月	妊娠 8 个月	妊娠 9 个月
子宫角	子叶	无			已有，但摸不出来	有时感觉呈颗粒状，大如蚕豆	清楚，大小如卵巢	体积更大	大如鸽蛋		大如鸡蛋	
	位置	骨盆腔内（经产牛的垂入腹腔）			耻骨前缘前下方	腹腔内，在肠胃充满时回至骨盆腔入口						部分进入骨盆腔
子宫颈位置		骨盆腔内				耻骨前缘	耻骨前缘之前	耻骨前缘前下方	腹腔内		骨盆入口	骨盆腔内
胎儿		摸不到				在肠胃内容物充满时偶尔可以触及		时常可以摸到胎儿	因位置低，有时摸不到	容易摸到		前置部分进入骨盆腔
子宫动脉	子宫中动脉	正常脉搏				正常脉搏，但偶尔在距孕角子宫中动脉起点较远处摸到很轻微妊娠脉搏	孕角妊娠脉搏开始稍有清楚	孕角妊娠脉搏已较明显	孕角妊娠脉搏已较明显，空角有轻微妊娠脉搏	空角明显	两侧均明显	
	子宫后动脉	正常脉搏								孕角出现轻微妊娠脉搏	孕角妊娠脉搏清楚	两侧均清楚
子宫阔韧带		松弛				紧张（视子宫位置而定）				不易摸到		

3. 阴道检查法　虽是一种简易的妊娠诊断方法，但易出现误诊（如有持久黄体存在，子宫颈及阴道有病理过程，妊娠动物的妊娠征状不表现），又不能确定妊娠日期，只能作为大动物的辅助妊娠诊断方法。

4. 免疫学诊断法　以孕酮免疫测定法的研究最为广泛，方法也极实用，可以比直肠检查提前 20～40 d 检出空怀母牛。它具有灵敏度高、特异性强、精密度和准确性好、重复性好的特点，但存在着仪器昂贵、难以在现场推广应用的缺点。

常用的免疫学妊娠诊断方法有以下几种。

（1）红细胞凝集抑制试验。

（2）红细胞凝集试验。此法对妊娠 28～60 d 的确诊率为 90%，适用于牛、猪、马早期妊娠诊断。

（3）早孕因子测定试验。受精后 6～48 h 的动物体内就产生一种被称为早孕因子（EPF）的免疫抑制因子，迄今已从人及小鼠、绵羊、牛、猪、大熊猫、山羊等动物体内发现了该因子。EPF 的产生与受精卵、卵巢、输卵管、黄体等有关，还可能与精清的刺激有关。

目前测定方法是玫瑰花环抑制试验。其原理是在补体存在下，淋巴细胞可与异源红细胞形成形似玫瑰花的凝集环，而抗淋巴细胞血清（ALS）能够抑制花环的形成。EPF 也有抑制花环形成的能力。如果被检样品中含有 EPF，就能减少 ALS 的使用量而形成同样多的花环数，即花环抑制滴度升高。EPF 含量越高，花环抑制滴度也越高，因此判定出妊娠与未妊娠。

由于 EPF 在受精后数小时即出现，可作为超早期妊娠诊断和监视胎儿发育的一个指示物。限于重复性差和可行性低等原因，该法需经进一步研究才能实际应用。

（4）血或乳中孕酮水平测定法。配种后如果妊娠，在下一个发情期及其前后，血液孕酮水平较未妊娠者显著提高，可用来进行早期妊娠诊断。目前多采用放射免疫法或蛋白竞争结合法测定血浆或乳汁（或乳脂）中的孕酮含量。

出现假阴性的原因：①样本保存不当，如乳样温度过高、受紫外线照射、乳汁变质，使孕酮失活；②母体黄体功能不足，产生孕酮量少。

出现假阳性的原因：①胚胎在采样后死亡；②黄体有病变；③发情周期缩短，配种后 24 d 采样时又已发情排卵进入下一周期的黄体期，因而有大量孕酮分泌；④输精时间错误，在母牛未发情时进行输精，而输精后 24 d 采样时正好处在下一发情周期的早期或中期，仍有功能性黄体存在，故孕酮含量升高。

5. 超声波诊断法　是根据多普勒原理，利用胎体对超声波的反射，来探知胚胎的存在或胎儿的心搏动、脉搏和胎动等情况以进行妊娠诊断。该方法具有简便、迅速、结果准确、安全卫生、无副作用、重复性好的特点。

目前，用于妊娠诊断的超声波妊娠诊断仪有 3 种：①A 型超声波诊断仪；②B 型超声波诊断仪；③多普勒超声波诊断仪，简称 D 型仪。

B 型超声波诊断仪诊断结果较 A 型和 D 型仪清晰、准确。

对母猪配种后 15～18 d，准确率 92%；19～22 d，准确率 86%；23～45 d，准确率 100%，比常规检查提前 35～10 d。乳牛采用直肠探测法，对配种后 16～56 d，准确率 85.7%，其中 16～21 d，准确率为 90.24%。

6. 其他方法 该类方法中，有的操作简便、准确性低，有的虽准确性较高但操作烦琐，但其在某些条件下仍有一定应用价值或参考价值。如妊娠牛的子宫颈阴道黏液煮沸法、妊娠牛子宫颈阴道黏液相对密度测试法、尿液雌激素检查法、外源激素探试法等。

在上述诊断方法中，以外部观察法最为简便易行。外部观察法对大动物并不重要，因为有更可靠、更易于早期判定的直肠检查法。对猪和羊，触诊法和外源激素测试法则显得较为重要，阴道检查法只是在直肠检查法不能确诊时的一个辅助方法。超声波诊断法主要用于羊和猪。

实验室诊断法的准确性高，但对测试条件及技术水平要求较高，一般情况下不易采用。在孕酮测定中，由于乳汁较血液采集方便，测试容易，故条件允许时应以乳样代替血样。

展望未来，免疫学方法以其确诊时间早、准确性高等优点，必将成为一种很有发展潜力的妊娠诊断方法。此外，还须进一步研究和探索，以便找到更为简便易行而又能普及应用于各种动物的早期妊娠诊断法。

第七节　妊娠终止技术

妊娠终止是根据妊娠和分娩的调控机理，在妊娠的一定时间内，通过激素或药物等处理来人为地中断妊娠或启动分娩的技术，包括人工流产和诱导分娩。

人工流产是不以获得具有独立生活能力的幼龄动物为目的的技术，故进行越早就越容易，对雌性动物繁殖的影响就越小，流产后雌性动物子宫的恢复也就越快。一般来说，由于不易实现、有一定风险以及术后雌性动物需要照料等原因，应尽量避免在妊娠中期和后期的前阶段进行人工流产。

诱导分娩是人为诱发分娩，以生产具有独立生活能力的幼龄动物为目的。因此，一般选择在临近预产期数天进行。

表 4-6 列举了几种动物的妊娠终止方法。

表 4-6　妊娠终止的方法

动物	方　法
牛	妊娠 65～95 d 之前是结束不必要或不理想妊娠的最佳时机 在妊娠 200 d 之前，使用 $PGF_{2\alpha}$ 在妊娠第 150～250 天，对 $PGF_{2\alpha}$ 相对不敏感。到第 275 天后对 $PGF_{2\alpha}$ 敏感，注射后 2～3 d 分娩 妊娠第 265～270 天起，可使用地塞米松或氟美松，一般在处理后 30～60 h 分娩
羊	绵羊：妊娠早期对 $PGF_{2\alpha}$ 不敏感，第 141～144 天可使用 $PGF_{2\alpha}$；第 144 天后可使用地塞米松或氟美松 山羊：可使用 15-甲基 $PGF_{2\alpha}$
猪	预产期前 3 d 可使用 $PGF_{2\alpha}$，多数在 22～32 h 分娩 注射 $PGF_{2\alpha}$ 后 15～24 h 再注射催产素，数小时后分娩 先连续 3 d 注射孕酮，第 4 天使用 $PGF_{2\alpha}$，大约 24 h 分娩 妊娠 109～111 d 可使用地塞米松

（续）

动物	方　法
犬	配种后 3 d 内，雌二醇肌内注射 4 d，同时口服或肌内注射地塞米松，连续 7 d
	配种 4 d 后，可使用 $PGF_{2\alpha}$，配合应用米非司酮
	连续 10 d 注射地塞米松，每天 2 次，在妊娠第 45 天之前可引起胎儿吸收，在 45 d 之后可引起流产
	口服米非司酮，连用 5 d，3～5 d 引起流产
	妊娠第 30 天，可连续使用溴隐亭 5 d

思考题

1. 名称解释：孕体　妊娠识别　妊娠的建立　附植
2. 简述附植的过程。
3. 简述附植时间和附植部位。
4. 简述胎膜的组成。
5. 简述胎水的作用。
6. 简述胎盘的类型。
7. 简述胎盘的作用。
8. 简述不同动物的妊娠期。
9. 妊娠诊断的常用方法有哪些？各有什么特点？
10. 简述直肠检查法的应用范围。
11. 简述采用直肠检查法检查乳牛妊娠时的身体变化。

执业兽医资格考试试题列举

1. 牛的胎盘属于（　　）。
   A. 血绒毛膜胎盘（盘状胎盘）　B. 内皮绒毛膜胎盘（环状胎盘）
   C. 尿囊绒毛膜胎盘（柱状胎盘）　D. 上皮绒毛膜胎盘（分散型胎盘）
   E. 结缔绒毛膜胎盘（绒毛叶胎盘）
2. 属于弥散型胎盘的动物是（　　）。
   A. 马　B. 牛　C. 羊　D. 犬　E. 猴
3. 羊的妊娠期平均为（　　）。
   A. 110 d　B. 130 d　C. 150 d　D. 170 d　E. 190 d
4. 牛妊娠期卵巢的特征性变化是（　　）。
   A. 体积变小　B. 质地变硬　C. 质地变软　D. 有卵泡发育　E. 有黄体存在
5. 早期妊娠诊断的临床检查方法不包括（　　）。
   A. 外部检查　B. 直肠检查　C. 阴道检查　D. 妊娠脉搏触诊　E. 乳房检查
6. 具有内皮绒毛膜胎盘（环状胎盘）的动物是（　　）。
   A. 马　B. 牛　C. 羊　D. 猪　E. 犬

7. 马妊娠 3 个月时阴道出现的主要变化是（　　）。
A. 分泌物增多　B. 分泌物稀薄　C. 黏膜苍白　D. 黏膜潮红　E. 黏膜水肿
8. 孕体分泌的雌激素因子在识别过程中发挥的作用是（　　）。
A. 阻止 $PGF_{2\alpha}$ 的合成　B. 促进 $PGF_{2\alpha}$ 的合成　C. 促进雌激素的分泌
D. 维持并促进腺体分泌孕激素　E. 抑制雌激素的分泌
9. 由胚泡产生的抗溶黄体因子发生作用而使母体产生妊娠识别的动物是（　　）。
A. 马　B. 猪　C. 牛　D. 犬　E. 猫
10. 采用孕酮含量测定对牛进行早期妊娠诊断的最早时间，一般在配种后（　　）。
A. 14 d　B. 24 d　C. 35 d　D. 45 d　E. 60 d
11. 若犬在配种后第 3 天终止妊娠，可肌内注射（　　）。
A. 人绒毛膜促性腺激素　B. 雌激素　C. 马绒毛膜促性腺激素
D. 促黄体素　E. 促卵泡素
12. 牛妊娠 254 d 之前进行妊娠终止，可选用（　　）。
A. 孕酮　B. 前列腺素　C. 催产素
D. 马绒毛膜促性腺激素　E. 促性腺激素释放激素
13. 孕育胎儿的肌质器官是（　　）。
A. 卵巢　B. 输卵管　C. 子宫　D. 阴道　E. 阴道前庭和阴门
14. 妊娠中后期，由胎盘产生的孕酮发挥维持妊娠作用的动物是（　　）。
A. 马　B. 乳牛　C. 黄牛　D. 绵羊　E. 山羊
15. 猫的妊娠平均是（　　）。
A. 45 d　B. 58 d　C. 62 d　D. 75 d　E. 90 d
16. 下列哪个选项不是哺乳动物和禽类胎膜的组成结构（　　）。
A. 卵黄囊　B. 尿囊　C. 羊膜　D. 绒毛膜　E. 子宫内膜
17. 胎盘没有羊膜绒毛膜的动物是（　　）。
A. 黄牛　B. 山羊　C. 水牛　D. 马　E. 犬
18. 骨盆轴是类似直线的动物是（　　）。
A. 黄牛　B. 乳牛　C. 猪　D. 水牛　E. 乳水牛
19. 关于雌性动物骨盆的不正确描述是（　　）。
A. 入口大而圆，倾斜，耻骨前缘薄　B. 坐骨上棘高，荐坐韧带宽
C. 骨盆腔的横径大　D. 骨盆底前部凹，后部平坦宽敞
E. 坐骨弓宽，出口大
20. 下列描述不正确的是的（　　）。
A. 羊水是指尿囊内的液体　B. 羊水用来调节胎儿水分平衡
C. 羊水作为缓冲物质，对胎儿起保护作用　D. 分娩时有助于子宫颈的扩张
E. 分娩时有助于产道的润滑
21. 免疫球蛋白不能从胎盘转移的胎盘类型是（　　）。
A. 弥散型胎盘＋子宫阜型胎盘　B. 子宫阜型胎盘＋带状胎盘
C. 弥散型胎盘＋带状胎盘　D. 弥散型胎盘＋盘状胎盘
E. 子宫阜型胎盘＋盘状胎盘

22. 胚泡的附植是一个渐进过程，包括（　　）。

A. 精子运行、受精、受精卵移行三个阶段　B. 受精卵移行、附着和固定三个阶段

C. 胚泡的游离、附着和植入三个阶段　　　D. 妊娠识别、妊娠建立两个阶段

E. 胚泡的附着、游离和植入三个阶段

23. 对妊娠动物来说慎用的药物是（　　）。

A. 孕酮　B. 青霉素　C. 葡萄糖　D. 地塞米松　E. 链霉素

24～25 题共用以下答案：

A. IFN　B. 前列腺素　C. 雌激素　D. hCG　E. 孕酮

24. 乳牛妊娠识别的信号物质是（　　）。

25. 母猪妊娠识别的信号物质是（　　）。

26. 下列哪一种方法不是临诊进行妊娠诊断的方法（　　）。

A. 外部检查　B. 直肠检查　C. 阴道检查　D. 超声波诊断法　E. 孕酮含量测定法

【参考答案】

1. E　2. A　3. C　4. E　5. E　6. E　7. C　8. A　9. C.　10. B
11. B　12. B　13. C　14. A　15. B　16. E　17. A　18. C　19. B　20. A
21. A　22. E　23. D　24. A　25. C　26. C

第五章　分娩

导　学

为了保证动物的正常繁殖，有效防止分娩期和产后期疾病的发生，必须掌握：①分娩预兆（分娩前乳房的变化、分娩前软产道的变化、分娩前骨盆韧带的变化和分娩前行为与精神状态的变化）；②分娩启动（内分泌因素、机械性因素、神经性因素和免疫学因素）；③决定分娩过程的要素（产力、产道和胎儿与母体产道的关系）；④分娩的过程（分娩过程的分期、主要动物分娩的特点）；⑤接产（接产的准备工作、正常分娩的接产）；⑥产后期（恶露、子宫复旧）。

妊娠期满，胎儿发育成熟，母体将胎儿及其附属物从子宫中排出体外的生理过程称为分娩。

第一节　分娩预兆

随着胎儿发育成熟和分娩期的接近，雌性动物的全身状况、生殖器官以及骨盆部发生一系列变化，以适应胎儿的排出和幼龄动物哺乳的需要，这些变化称为分娩预兆。根据分娩预兆可以大致预测分娩的时间，以便做好接产准备工作。

（一）乳房的变化

乳房膨胀增大，底部出现水肿，从乳头中挤出少量清亮胶状液体或少量初乳，有的出现漏乳现象（数小时至 1 d 内分娩）。

母猪生产前在前几对乳头可挤出乳汁时，约在 24 h 内产仔；中间乳头可挤出乳汁时，约在 12 h 内产仔；最后一对乳头可挤出乳汁时，在 4～6 h 内产仔。但也有个别母猪产后才分泌乳汁。

根据乳头和乳汁的变化来估计分娩时间受饲养管理条件的影响很大。

（二）软产道的变化

子宫颈肿大、松软。子宫颈管的黏液在阴门外呈半透明索状。阴道壁松软，阴道黏膜潮红，黏液由浓厚黏稠变得稀薄。临近分娩前数天，阴唇逐渐柔软、肿胀、增大，阴唇皮肤上的皱襞展平，皮肤稍变红润。

（三）骨盆韧带的变化

骨盆韧带柔软松弛，位于尾根两侧的荐坐韧带后缘变得松软，与此同时荐髂韧带也变柔

软，臀部肌肉出现明显的塌陷现象。

（四）行为的变化

雌性动物在分娩前都有较明显的精神状态变化，均出现食欲不振、精神抑郁和徘徊不安，离群寻找安静地方分娩，有的动物出现衔草做窝（如猪）或扯咬胸腹部被毛做窝（如兔）等现象。

表 5-1 列出了母猪产前表现与产仔时间的关系。

表 5-1　母猪产前表现与产仔时间关系

临产前表现	距产仔时间
乳房胀大	15 d 左右
阴户红肿、尾根两侧开始下陷	3～5 d
挤出乳汁（乳汁透明）	1～2 d（从前面乳头开始）
衔草做窝	8～16 h
乳汁为乳白色	6 h 左右
每分钟呼吸 90 次左右	1 h 左右（产前 1 d 每分钟约 54 次）
躺下，四肢伸直，阵缩间隔时间逐渐缩短	10～90 min
阴户流出分泌物	1～20 min

第二节　分娩启动的机理

分娩的发生并不是由单一因素引起的，而是胎儿、激素、神经、机械性的伸张、免疫等多因素互相联系、协调，共同作用的结果，促使出现骨盆韧带及产道松弛、子宫肌肉强烈收缩和胎盘脱离等主要生理变化（图 5-1）。

1. 内分泌因素　对牛、羊，胎儿的丘脑下部-垂体-肾上腺轴对发动分娩最初起着决定性作用。

含量升高的激素：雌激素、肾上腺皮质激素（ACTH）、松弛素、催产素、$PGF_{2\alpha}$。

含量降低的激素：孕酮（黄体萎缩）。

2. 机械性因素　随着胎儿发育成熟，子宫容积、内压、张力逐渐增加，子宫肌发生机械性扩展，刺激通过神经传至丘脑下部，促使垂体后叶释放催产素，引起子宫收缩。

在妊娠后期，胎儿发育迅速，使子宫体积扩大，质量增加，对子宫压力超过其承受能力，而引起子宫反射性地收缩，发动分娩。

3. 神经性因素　胎儿的前置部分对子宫颈、阴道的刺激，通过神经传导刺激垂体后叶释放催产素，引起子宫收缩。

4. 免疫学因素　分娩时，由于孕酮浓度的下降，胎盘的屏障功能减弱，排斥胎儿的现象随之出现。

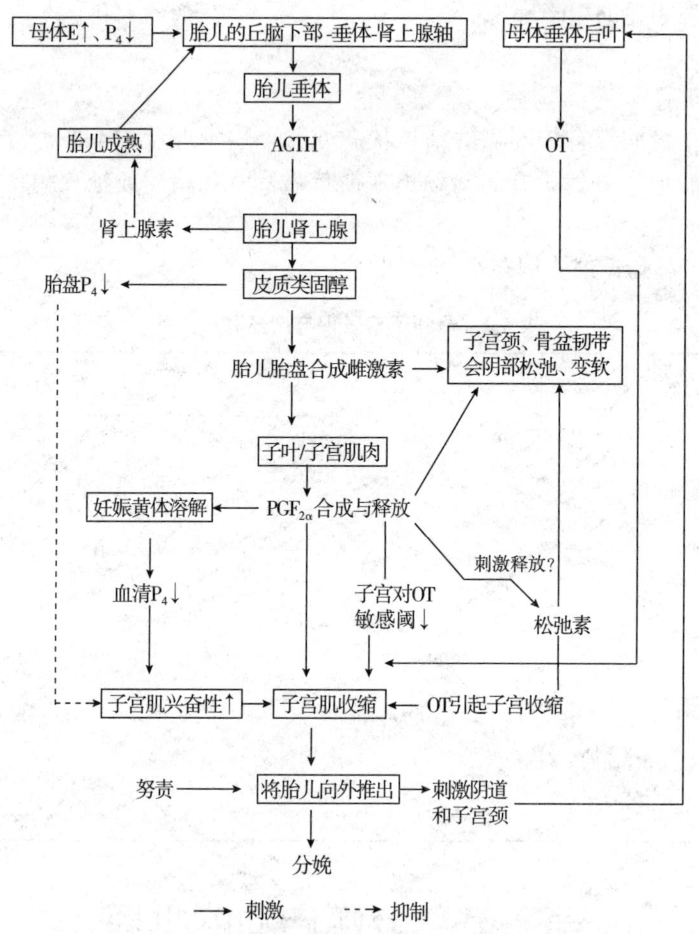

图 5-1 牛、绵羊、猪、兔分娩机理示意图
（模仿 Geoffrey H A，1996）

第三节 决定分娩过程的要素

决定分娩过程的三要素是：产力、产道和胎儿与母体产道的关系。这三个因素相互协调，促使分娩顺利进行；其中一个因素不正常，就可能造成难产。

一、产力

将胎儿从子宫排出的力量称为产力，是分娩的动力。它是由阵缩（子宫肌的收缩）和努责（腹壁肌和膈肌的收缩，伴随阵缩进行的）共同组成的。

特点：①方向性：单胎动物从子宫尖端向子宫颈方向进行，多胎动物则由靠近子宫颈的部分（胎儿之后）开始收缩；②节律性：由短暂、不规律、力量弱到持久、规律、力量强，子宫血液供应受限制；③间歇性和不弛缓性：每次间歇，子宫角不恢复到收缩之前的大小，同时子宫血液供应恢复，子宫肌除了收缩，还发生皱缩，子宫壁逐渐增厚，宫腔逐渐变小。

二、产道

产道是分娩时胎儿由子宫排出所经过的通道，其大小、形状及是否松弛直接影响分娩的过程。产道由软产道和硬产道共同构成。

1. 软产道　软产道是指由子宫颈、阴道、前庭和阴门等软组织构成的通道。分娩前必须变得松弛、柔软、扩展自由。

2. 硬产道　硬产道即为骨盆。骨盆的大小、形状、是否完全扩张是分娩是否顺利的决定要素。

（1）雌性动物骨盆特点。入口大而圆，倾斜，耻骨前缘薄；坐骨上棘低，荐坐韧带宽；骨盆腔横径大；骨盆底前部凹，后部平坦宽敞；坐骨弓宽，出口大。这些特点是雌性动物骨盆对分娩的适应。

（2）骨盆轴。是通过骨盆腔中心的一条假想线，它是入口荐耻径、骨盆垂直径和出口上下径三条线的中点，线上的各点距骨盆壁内面各对称点的距离相等。它代表胎儿通过骨盆腔时所走的路线，骨盆轴越短越直，胎儿通过就越容易。

动物种类不同，骨盆构造也存在一定差异。如牛骨盆入口呈竖长圆形、骨盆出口较小、倾斜度较小、骨盆轴曲折，故分娩较难。而猪骨盆入口近乎圆形、骨盆出口很大、倾斜度很大、骨盆轴弧形，故分娩较容易。

三、胎儿与母体产道的关系

（一）术语

1. 胎向　指胎儿身体纵轴与母体身体纵轴的关系，可分为顺产的纵向和难产的横向、竖向。

（1）纵向。胎儿身体的纵轴与母体身体的纵轴相互平行。依方向又分为正生（方向相反，头或前肢先进入骨盆腔）和倒生（方向相同，臀部或后肢先进入骨盆腔）。

（2）横向。胎儿身体的纵轴与母体身体的纵轴呈水平垂直（“十”字形垂直）。有背横向和腹横向两种。

（3）竖向。胎儿身体的纵轴与母体身体的纵轴呈竖向垂直。有背竖向和腹竖向（犬坐姿势）两种。

2. 胎位　胎儿的背部与母体的背部或腹部的关系。可分为顺产的上胎位和可能造成难产的侧胎位、下胎位。

（1）上胎位（背荐位）：胎儿俯卧在子宫内，背部向上，靠近母体的背部和荐部。

（2）侧胎位（背髂位）：胎儿侧卧在子宫内，背部位于一侧，靠近母体的侧腹壁和髂骨。

（3）下胎位（背耻位）：胎儿仰卧在子宫内，背部向下，靠近母体的腹部和耻骨。

3. 胎势　胎儿的姿势，即胎儿的头、颈、四肢在子宫和产道所呈现的姿势。

4. 前置（先露）　指胎儿的某一部分和产道的关系，哪一部分最先进入产道，就称哪一部分前置。

（二）转胎

雌性动物把妊娠期胎儿状态转变为分娩状态的过程称为转胎（图 5-2，表 5-2）。发生时期：胎儿进入骨盆腔至胎囊破裂、胎水流失之前。因此在生产实践中应注意：接产时不宜过早将产道的胎膜撕破，以免胎水过早流失，影响转胎。

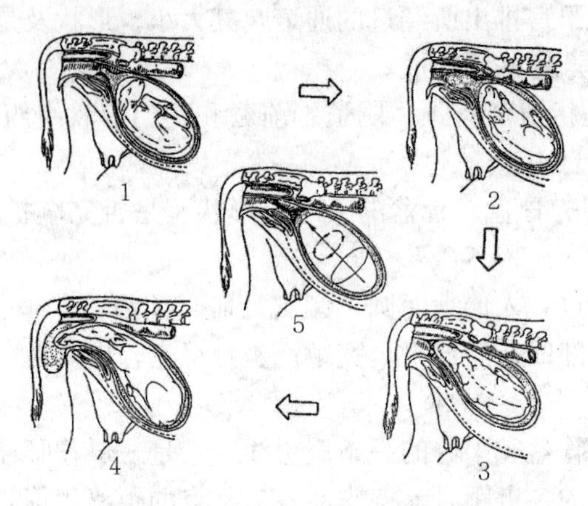

图 5-2　分娩时胎位、胎势转变示意图

表 5-2　分娩前后胎儿与母体产道关系的变化

胎儿与母体产道关系	妊娠期胎儿状态	分娩的状态
胎向	纵向	保持不变
胎位	牛侧位或上位，猪侧位，马下位	上胎位或轻度侧胎位
胎势	前期胎儿小，羊水多，易改变。后期头、颈、四肢屈曲在一起，身体呈椭圆形	正生：头、颈及两前肢伸直，头、颈置于两前肢之间或夹于其中；倒生：两后肢伸直

（三）胎儿体型与分娩的关系

胎儿有 3 个比较宽大的部分：头部、肩胛围和骨盆围。头部通过骨盆最为困难，这是因为正生时头颈置于两前肢之间或夹于其中，头部骨化完全，没有伸缩余地。肩胛围虽较头部大，但其由下向上是向后斜的，与骨盆入口比较符合，而且肩胛围的高大于宽，符合骨盆腔及其出口较易向上扩张的特点；加上胸部有弹性，可稍微伸缩变形，所以肩胛围通过较头部容易。倒生时，胎儿的骨盆围虽粗大，但伸直的后腿呈楔状伸入盆腔，且胎儿骨盆各骨之间尚未完全骨化，较头部容易通过。

第四节　分娩过程

根据临床表现可将分娩过程分为 3 个阶段，即子宫颈开张期、胎儿产出期和胎衣排出期。

一、子宫颈开张期

从子宫角开始收缩，即阵缩开始，至子宫颈完全开张与阴道之间的界限消失。特点：只出现阵缩，尚无努责。破水：羊膜绒毛膜（牛、羊）或尿膜绒毛膜（马、驴）被挤破，流出胎水。

二、胎儿产出期

从子宫颈口完全开张到胎儿产出。特点：雌性动物呈侧卧姿势，四肢伸展，胎儿进入软产道；除了阵缩，出现强烈的努责。

分娩时雌性动物卧下的原因：①卧下时，胎儿更接近并容易进入骨盆腔；②腹壁不负担内脏和胎儿重，使腹壁收缩更有力；③使附着在骨盆周围的肌肉松弛，有利于荐骨和尾椎向上活动，骨盆和出口充分扩张。

三、胎衣排出期

从胎儿排出到胎衣完全排出为止。

胎儿排出后，母体安静下来，经一段时间子宫肌重新收缩，阵缩的收缩期短、收缩力弱、间歇期较长，有时还配合轻度努责使胎衣排出。猫、犬的胎衣常随胎儿同时排出。

胎衣的排出，主要是由于子宫强烈收缩，胎盘中排出血液，使子宫黏膜腺窝的张力减小，绒毛膜上绒毛的体积缩小、间隙扩大，绒毛易从腺窝中脱落。由于各种动物胎盘组织结构不同，因而胎衣排出的快慢也有不同。

表 5-3 列举了不同种雌性动物分娩各阶段所需的时间。

表 5-3　雌性动物分娩各阶段所需时间

动物	子宫颈开张期	胎儿产出期	胎儿产出间隔	胎衣排出期
牛	6（1～12）h	0.5～4 h	—	2～8 h
水牛	1（0.5～2）h	20～30 min	—	3～5 h
马	12（1～24）h	10～30 min	—	20～60 min
猪	3～4（2～6）h	2～6 h	3～17 min	10～60 min
羊	4～5（3～7）h	0.5～2 h	5～15 min	2～4 h
骆驼	11（7～16）h	25～30 min	—	60～80 min
鹿	1（0.5～2）h	—	—	50～60 min
犬	4 h	3～4 h	10～30 min	5～15 min/仔
兔	—	20～30 min	—	—

第五节　接产

接产的目的是对分娩过程加强监视，必要时稍加帮助，以减少雌性动物的体力消耗。生产异常时则需及早助产，以免母子受到危害。一定要根据分娩的生理特点进行接产，不宜过早、过多地进行干预。

一、接产前准备及接产操作

接产前的准备主要包括产房的准备、助产器械和药品的准备和助产人员的准备。

（1）清洗外阴部，并用消毒药水进行擦洗。

（2）进行临产检查，这是预防难产的一个重要措施。检查时间：牛在胎膜露出到排出胎水后进行为合适；马、驴在尿囊破裂、尿水排出之后为合适。

（3）注意努责和产出过程是否正常。分娩是雌性动物一种正常的生理过程，一般情况下不需干预。助产人员的主要任务是监视分娩情况、护理幼龄动物。

（4）以下情况时应帮助拉出胎儿：①努责、阵缩微弱，无力产出胎儿；②产道狭窄，胎儿过大，产出滞缓；③正生时胎头通过阴门困难；④倒生时应迅速拉出。

二、对新生幼龄动物的处理

（1）擦净鼻腔的黏液并观察呼吸是否正常。

（2）处理脐带。

（3）擦干身体，注意防冻；牛羊可让雌性动物舔吸羊水。

（4）扶助幼龄动物站立，并尽快给初乳。

（5）检查胎衣是否完整。

第六节　产后期

产后期是指胎衣排出到雌性动物生殖器官恢复原状的这段时间，在这个阶段重要的是子宫内膜的再生、产后子宫的恢复和重新出现性周期。

雌性动物分娩后，子宫黏膜表层发生变性、脱落，原属于母体胎盘部分的子宫黏膜被再生的黏膜代替。对牛、羊来说，子宫阜的高度降低、体积缩小，并逐渐恢复到妊娠前的大小。在子宫黏膜发生再生时，子宫排出一些变性脱落的母体胎盘、部分血液、残留的胎水、白细胞和子宫腺体分泌物等，这些混合物称为恶露，最初是呈红褐色，以后变为淡黄色，最后为无色透明；有血腥味，但不臭。如果恶露排出时间延长，则说明子宫内可能有病理变化。

母牛分娩后，恶露排出时间为 10～12 d，如果超过 3 周仍有分泌物排出，则视为病态。马通常在分娩后 2～3 d 排尽恶露，如超过 3 d 还有分泌物排出，表示子宫内有病理变化。母羊的恶露不多，但分泌物排出需 5～6 d。山羊排尽恶露约需 2 周。母猪产后恶露很少，在产后 2～3 d 即停止排出。

雌性动物产后子宫恢复到妊娠前的状态，为重新孕育胎儿做准备，这一过程称为子宫复旧。子宫复旧的过程是渐进的，由于子宫肌纤维的回缩，子宫壁由薄变厚，容积逐渐恢复原状。产后母牛子宫复旧一般需要 30～45 d，水牛 39 d，羊 17～20 d，马 12～14 d，猪 25～28 d。

思考题

1. 名称解释：产力　产道　胎向　胎位　胎势　前置（先露）　分娩预兆　恶露　复旧

2. 简述分娩是如何发动的。

3. 简述动物转胎的过程。

4. 简述动物分娩前的预兆。

5. 如何对正常分娩的动物进行接产?

6. 雌性动物产后的护理工作包括哪些?

7. 如何做好产后监护（针对大动物)?

执业兽医资格考试试题列举

1. 提示乳牛将于数小时至 1 d 内分娩的特征征兆是（　　）。

A. 漏乳　B. 乳房膨胀　C. 精神不安　D. 阴门松弛　E. 子宫颈松软

2. 分娩中发生阵缩的肌肉是（　　）。

A. 膈肌　B. 腹肌　C. 子宫肌　D. 肋间肌　E. 臀中肌

3. 牛分娩启动过程中，母体内激素水平呈现（　　）。

A. 胎盘产生的雌激素降低　B. 松弛素与前列腺素降低

C. 松弛素与前列腺素升高　D. 松弛素升高、前列腺素下降

E. 松弛素下降，前列腺素升高

4. 母猪，妊娠 115 d，第 3 胎。分娩启动后持续努责 20 min 不见胎儿排出。阴道检查发现阴道柔软而富有弹性，子宫颈管轮廓明显，胎儿鼻端和两前肢位于子宫颈管中。出现这种现象的主要原因是（　　）。

A. 孕酮分泌不足　B. 雌激素分泌不足　C. 雌激素分泌过多

D. 前列腺素分泌不足　E. 前列腺素分泌过多

5. 马产后子宫复旧的时间一般为（　　）。

A. 3～4 d　B. 5～7 d　C. 12～14 d　D. 20～24 d　E. 30～34 d

6. 乳牛产后恶露排出时间异常的是（　　）。

A. 3～5 d　B. 6～7 d　C. 8～9 d　D. 10～12 d　E. 20 d 以上

7. 乳牛产后子宫复旧的时间一般为（　　）。

A. 2～3 d　B. 4～7 d　C. 8～15 d　D. 10～25 d　E. 30～45 d

8. 牛分娩时正常的胎位是（　　）。

A. 横向　B. 竖向　C. 侧位　D. 上位　E. 下位

9. 对乳牛启动分娩起决定作用的是（　　）。

A. 胎儿的丘脑下部-垂体-肾上腺轴系　B. 母体的丘脑下部-垂体-肾上腺轴系

C. 胎盘产生的雌激素　D. 孕胎盘产生的孕激素

E. 神经垂体释放的催产素

10. 牛分娩时正常的胎位、胎向是（　　）。

A. 上位、纵向　B. 下位、纵向　C. 侧位、纵向　D. 上位、横向　E. 下位、横向

11. 影响分娩过程的因素不包括（　　）。

A. 阵缩与努责　B. 软产道　C. 硬产道

D. 胎儿与产道的关系　E. 母体促卵泡素的水平

12. 经产乳牛，妊娠已 280 d。外阴部出现肿胀，尾根两侧臀部塌陷，乳房肿胀，乳汁呈滴状流出。该牛可能发生的是（　　）。

A. 临产征兆 B. 早产征兆 C. 胎儿浸溶征兆 D. 慢性乳腺炎 E. 小产征兆

13. 乳牛正常分娩时，胎儿的胎位是（　　）。

A. 上位 B. 侧位 C. 下位 D. 正生 E. 倒生

14. 乳牛难产，产道检查胎儿呈正生，判断胎儿是否死亡最常用的方法是（　　）。

A. 观察胎儿瞳孔反应 B. 测定胎儿体温是否下降

C. 针刺前肢，观察有无疼痛反应 D. 手指伸入胎儿肛门内，检查有无胎粪

E. 手指伸入胎儿口腔，检查有无吞咽和舌回缩反应

15. 对分娩启动无关的描述是（　　）。

A. 孕酮增加 B. 子宫压力增加 C. 雌激素增加

D. 催产素增加 E. 前列腺素增加

16. 乳牛难产做产科检查时，发现进入产道的胎儿背部与母体背部不一致是属于（　　）。

A. 胎儿过大 B. 胎向异常 C. 胎位异常 D. 胎势异常 E. 产道异常

17. 侧胎位（背髂位）是指（　　）。

A. 胎儿俯卧在子宫内，背部向上，靠近母体的背部和荐部

B. 胎儿侧卧在子宫内，背部位于一侧，靠近母体的侧腹壁和髂骨

C. 胎儿仰卧在子宫内，背部向下，靠近母体的腹部和耻骨

D. 胎儿头或前肢先进入骨盆腔 E. 胎儿臀部或后肢先进入骨盆腔

18. 下列接近母猪（4～6 h产仔）分娩预兆的是（　　）。

A. 乳房由后向前逐渐下垂，并膨大 B. 乳头呈“八”字形分开，皮肤紧张而发亮

C. 前面乳头能挤出乳汁 D. 中间乳头可挤出乳汁时

E. 最后一对乳头挤出乳汁

19. 倒生是指（　　）。

A. 胎儿与母体两者纵轴相互平行、方向相反

B. 胎儿与母体两者纵轴相互平行、方向一致

C. 胎儿与母体两者纵轴呈水平垂直

D. 胎儿与母体两者纵轴呈竖向垂直

E. 胎儿头或前肢先进入骨盆腔

20. 单胎动物分娩时，子宫收缩的方向是（　　）。

A. 从孕角尖端开始 B. 从孕角整体进行 C. 从子宫体开始

D. 从子宫颈胎儿之前开始 E. 从子宫颈胎儿之后开始

21. 产道是胎儿产出的必经之路，硬产道是指（　　）。

A. 骨盆 B. 子宫 C. 阴道 D. 阴道前庭 E. 脊柱

22. 影响胎儿分娩过程的主要因素有（　　）。

A. 产力大小 B. 产道状态 C. 胎儿形体 D. 以上都是 E. 以上都不是

【参考答案】

1. A 2. C 3. C 4. B 5. C 6. E 7. E 8. D 9. A 10. A
11. E 12. A 13. A 14. E 15. A 16. C 17. B 18. E 19. B 20. A
21. A 22. D

第六章　妊娠期疾病

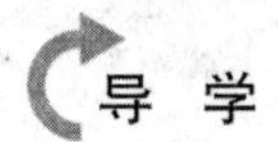

导　学

掌握流产、妊娠动物水肿、阴道脱出、妊娠毒血症（马、绵羊）、妊娠动物截瘫的病因、症状、诊断、治疗和预防。

第一节　流产

流产是指胚胎或胎儿与母体异常而导致妊娠生理过程发生扰乱，或它们之间正常孕育关系受到破坏而导致的妊娠中断。可发生于妊娠的各个阶段，但以妊娠早期较为多见。本病可见于各种动物。

一、病因

按致病因子分为传染性流产（由传染性疾病引起的流产）、寄生虫性流产（由寄生虫性疾病引起的流产）和普通流产（由普通疾病和饲养管理不当引起的流产）三类。每类流产又分为自发性流产（胎儿及胎盘发生异常或直接受致病因子作用而发生的流产）和症状性流产（是妊娠动物某些疾病的一个症状，或者饲养管理不当的结果）。

1. 传染性流产

（1）猪的传染性流产。导致自发性流产的传染性疾病有布氏杆菌病、细小病毒病、伪狂犬病、繁殖与呼吸综合征（PRRS）、衣原体病。症状性流产的传染性疾病有猪瘟、钩端螺旋体病、乙型脑炎、李氏杆菌病、链球菌病、口蹄疫等。

（2）牛的传染性流产。导致自发性流产的疾病有布氏杆菌病、牛结核病（TB）、胎儿弧菌病、衣原体病。症状性流产的疾病有钩端螺旋体病、传染性鼻气管炎、链球菌病、口蹄疫等。

2. 寄生虫性流产　容易导致自发性流产的寄生虫性疾病有马媾疫、滴虫病（牛）、弓形虫病（羊、猪）、新孢子虫感染（牛、犬、马、猫等）。容易导致症状性流产的寄生虫性疾病有梨形虫病（马、牛）、环形泰勒虫病、边缘无浆体病等。

3. 普通流产　容易导致自发性流产的有胎膜及胎盘异常、胚胎过多（猪）、胚胎发育停滞、母体和孕体之间的信号传递障碍、精液品质差等。容易导致症状性流产的有雌性动物普通疾病（如生殖器官异常、非传染性全身性疾病、生殖激素失调和胎儿发育异常）、饲养不当（维生素和矿物质缺乏、饲料霉变或含有毒物）、损伤及管理不当、利用不当（应激、机械性损伤等）和医疗错误（大剂量使用泻药、催情药等）。

二、症状

由于流产发生时期、原因及雌性动物个体差异，流产病理过程及所引起的胎儿变化和临床症状也不一样。

(1) 隐性流产。妊娠中断而无任何临床症状，常见于胚胎早期死亡。

完全隐性流产指胚胎死亡后液化，被母体吸收，子宫内不残留痕迹，死胎及其附属膜随雌性动物的粪尿排出，常不易被发现。不完全隐性流产是指多胎动物（如猪）1 个或 2 个胚胎死亡，而其他胚胎仍能正常发育。

隐性流产发生于妊娠第一个月内和胚胎附植前，猪多发生于第二阶段即妊娠 50 d 左右。

(2) 早产（产出不足月的胎儿）。

(3) 小产（排出死亡、未变化的胎儿）。

(4) 死胎停滞（延期流产）。包括：①胎儿干尸化或木乃伊化；②胎儿浸溶；③胎儿腐败（气肿胎）。

三、诊断

诊断包括流产类型和病因的确定。病因的确定需要参考流产的临床症状、发病率、雌性动物生殖器官及胎儿的病理变化，怀疑可能的病因并确定检测内容。通过详细的临床资料调查与实验室检测，最终做出病因学诊断。

隐性流产的诊断：临床检查、早孕因子检测、孕酮分析以及其他。

临床性流产的诊断：何种流产诊断容易，但病因诊断复杂。包括临床检查、材料调查、病理检查和血清学检查。

四、治疗

首先分析流产的原因、性质和类型，检查现症，确定属于何种流产以及妊娠能否继续进行，然后在此基础上确定治疗原则。

1. 安胎与保胎　适用于先兆性流产（若妊娠动物出现腹痛、起卧不安、努责、阴门有分泌物排出、呼吸和脉搏加快等临床症状）和习惯性流产（连续 3 次以上在妊娠相同时间的流产）。方法有：①肌内注射孕酮；②使用镇静剂；③禁止进行直肠检查和阴道检查。

2. 催产、助产和人工引产　①大剂量雌二醇，外加催产素、麦角新碱；②氯前列烯醇，一般注射后 60～70 h 排出胎儿；③地塞米松，有 85%左右的概率有引产效果。

3. 流产后雌性动物的治疗和护理　①对滞留胎衣的处理；②对体温升高的处理；③对子宫不净的处理。

第二节　妊娠动物水肿

妊娠动物水肿是指妊娠末期妊娠动物腹下及其附近区域（如四肢）等处发生水肿。症状轻，是妊娠末期的一种生理现象；水肿面积大，症状重剧，则是病理状态。

本病多发生于乳牛，水肿在分娩前 1 个月开始出现，产前 10 d 左右特别明显，分娩 2 周后多能自行消失。

一、病因

主要是综合性因素。

（1）子宫中胎儿增大，压迫后躯静脉，使淋巴循环和血液循环障碍，引起淤血及毛细血管壁通透性增强，血液中水分渗出增多，在组织间隙积聚引起水肿。

（2）妊娠动物运动不足，加重后躯和腹下的静脉血回流缓慢。

（3）妊娠动物血液总量增加，使血浆蛋白质浓度下降，造成血液的渗透压降低，使水分积留在组织中。

（4）妊娠动物的加压素、抗利尿激素、醛固酮及雌激素含量升高，使肾小管远端对钠的重吸收增强，水和钠潴留在组织中。

（5）乳牛水肿与遗传因素有关。

二、症状

（1）多发于躯体下部：腹下、乳房向前至胸前及阴门部，后至后肢。

（2）水肿部位扁平状，左右对称，触诊捏粉样，有指压痕，无痛，有冷感，毛少部位的皮肤紧张有光泽。

（3）一般无全身症状。若水肿来势猛烈，波及范围较广，可出现食欲减退，精神沉郁，头低耳垂的现象。

三、治疗

（1）改善管理，减少多汁饲料，适当限制食盐和饮水，适当进行运动。

（2）症状明显者可选用强心利尿剂如克尿噻注射液、安钠咖注射液。

第三节　阴道脱出

阴道脱出是阴道壁发生松弛形成皱襞，发生套叠，部分突出阴门（部分脱出）或者整个阴道壁翻转脱出阴门（全部脱出）。多发生于妊娠末期的舍饲牛和羊。牛常在分娩前 2～3 个月，羊在分娩前 2～3 周发生。犬阴道脱出（阴道增生）则常见于发情期。

一、病因

主要是固定阴道的组织松弛、腹内压升高和努责过强所造成的。犬阴道脱出（阴道增生）与遗传及雌激素分泌过多有关。

二、症状

1. 部分脱出　主要发生在产前，多见于牛。当卧下时，可见前庭及阴道下壁形成拳头大的粉红色瘤状物夹在阴门中，起立时自行缩回。

2. 全部脱出　根据程度不同分为中度和重度脱出。可见阴门中突出一排球大、表面光滑、粉红色的囊状物，在其末端还可见黏液塞，往往排尿不畅。若长时间无缩回，黏膜淤血，呈紫红色，水肿干裂，常受摩擦及粪尿污染，糜烂坏死。

三、治疗

1. 部分脱出　以防止脱出部分继续增大为原则。①使用前低后高的牛床，不能站立者垫高后躯；②尾拴于一侧，以免刺激阴道；③适当增加运动时间；④给予易消化的饲料；⑤对便秘、腹泻、前胃疾病要及时治疗。

2. 全部脱出 迅速整复，固定，防止复发。①保定，麻醉（大动物荐尾或后海穴，小动物全麻）；②局部清理：用0.1%高锰酸钾溶液或新洁尔灭溶液充分洗净，除去坏死组织，黏膜水肿者，用2%明矾水进行冷敷或3% H_2O_2溶液使水肿减轻，黏膜发皱；③整复；④固定：阴门双内翻缝合并缝合固定阴道侧壁与臀部皮肤；⑤在阴门两侧深部组织注入乙醇20～40 mL；⑥加强管理。

第四节 妊娠毒血症

一、绵羊妊娠毒血症

绵羊妊娠毒血症是妊娠末期母羊由于糖类和脂肪酸代谢障碍而发生的一种以低血糖、酮血症、酮尿症、虚弱和失明为特征的代谢病。主要发生于妊娠最后1个月，多在分娩前10～20 d发生。

1. 病因 主要是母羊怀多羔，胎儿消耗大量营养物质，而补充不足；天气寒冷、营养不良和运动不足也有一定关系。

2. 症状 精神沉郁，食欲减退，运动失调，呆滞凝视，卧地不起，头向后仰或弯向一侧，甚至昏迷。死亡率70%～100%。

血液检查：低血糖、酮血症、总蛋白减少、游离脂肪酸增多，淋巴细胞和嗜酸性粒细胞减少。尿酮体阳性。

3. 治疗 为了保护肝功能和供给机体所必需的糖原，可静脉注射10%葡萄糖、维生素C或肌内注射泼尼松龙、复合维生素B，口服乙二醇、葡萄糖和注射钙、镁、磷制剂。

二、马属动物妊娠毒血症

马属动物妊娠毒血症是驴、马妊娠末期的一种代谢性疾病。主要特征是产前顽固性食欲渐减，忽有忽无，或者突然、持续地完全不吃不喝。主要发生在怀骡驹的驴和马，驴较马多发。发病多在产前数天至1个月，多在10 d以内发病。膘情好、妊娠后不使役、不运动的驴、马易发病。

1. 病因 胎儿过大是主要原因，与缺乏运动及饲养管理不当密切相关。怀骡驹的驴新陈代谢和内分泌系统的负荷加重，需要从母体摄取大量营养物质，母体动用机体储备的营养物质，导致代谢机能障碍。

2. 症状 产前顽固性食欲渐减，忽有忽无，或者突然、持续地完全不吃不喝。血液检查可见血清或血浆呈乳白色；低血糖、总蛋白减少、酮血症、血脂高。尿酮体阳性。

3. 治疗 促进脂肪代谢、降低血脂，保肝、解毒疗法。

第五节 妊娠动物截瘫

妊娠动物截瘫是妊娠后期雌性动物既无导致瘫痪的局部症状，又没有明显的全身症状，而后肢不能站立的一种疾病，具有地域性，猪和牛多见。

一、病因

对本病的病性尚未完全认识清楚。根据截瘫动物的发病情况、主要临床症状及病理变化特点，认为钙、磷与维生素不足可能是主要原因。雌性动物妊娠后所摄取的矿物盐，不但要维持本身代谢的需要，还要负担胎儿的发育，尤其在妊娠后期，胎儿的体躯和骨骼迅速增长，若饲料缺乏钙，或维生素D不足，或给以过多浓厚饲料，致磷酸盐或植酸盐过多等，均可产生钙的负平衡，引起甲状旁腺机能亢进，使母体骨骼中所含的钙大量流失，轻者站立困难、运步障碍，重者卧地不起。

本病与妊娠后期后肢负重增加及骨盆韧带松弛也有一定关系。此外，经产老龄雌性动物、饲料不足所致的营养不良及缺乏铁、铜、钴等也都可发生产前的起立困难。

二、症状

此病多半是在产前1个月左右逐渐发生的。病初妊娠动物喜卧，站立时后躯摇晃无力，后肢经常交换负重，运步谨慎，步态不稳，卧下时起立困难。以后逐渐增重，终于卧地不能起立。

一般情况下，精神、食欲均正常，也无局部变化。但是，应与骨盆骨折、髋关节脱臼、后躯肌肉麻痹、后肢关节韧带及肌肉断裂、腰椎扭伤等加以鉴别。

猪多在产前几天至数周发病，最初的临床症状是卧地不起，站立时四肢强拘，系部直立，行动困难。和牛不同的是，最先一前肢跛行，以后波及四肢。驱赶时行走不敢迈步，疼痛嘶叫，甚至两前肢跪地爬行。异食癖，消化紊乱，粪便干燥。

轻型的产前截瘫及发病时间距分娩较近的，预后良好。重症者由于长期卧地极易发生褥疮，有时甚至继发败血症，预后谨慎。

三、治疗

1. 加强饲养和护理 给予易消化的饲料，在消化机能良好时还要补给骨粉或石粉，每日可用200 g混于精料内喂给。患病动物不能站立时，应多铺垫草，经常翻动，防止褥疮、阴道脱出等并发症。

2. 药物疗法 常用的是补钙。钙制剂主要为氯化钙和葡萄糖酸钙。为了调整机体酸碱平衡，防止酸中毒，可适时应用5%碳酸氢钠注射液。为了缩短疗程，防止继发症（如蹄叶炎）、减轻四肢的疼痛，除补钙外，还可配合采用封闭疗法，如掌（跖）部神经封闭或指（趾）动脉封闭。

3. 兴奋神经

（1）百会、后海穴注射复合维生素B注射液。

（2）士的宁增减疗法。

思考题

1. 简述流产的病因、临床症状、发病机理、诊断和防治措施。
2. 简述阴道脱出的病因、临床症状、发病机理、诊断和防治措施。

3. 简述妊娠动物水肿的病因、临床症状、发病机理、诊断和防治措施。

4. 简述妊娠动物截瘫的病因、临床症状、发病机理、诊断和防治措施。

执业兽医资格考试试题列举

1. 猪阴道脱出发生的主要机制是（　　）。

A. 子宫弛缓　B. 会阴松弛　C. 骨盆松弛　D. 阴门松弛　E. 固定阴道的组织松弛

2. 乳牛，离分娩尚有1月余。近日出现烦躁不安，乳房胀大，临床检查心率90次/min，呼吸30次/min，阴门内有少量清亮黏液。最适合选用的治疗药物是（　　）。

A. 雌激素　B. 黄体酮　C. 前列腺素
D. 垂体后叶素　E. 马绒毛膜促性腺激素

3. 犬阴道脱出多发生在（　　）。

A. 发情期　B. 妊娠期　C. 子宫开口期　D. 胎儿产出期　E. 胎衣排出期

4. 属于自发性流产的是（　　）。

A. 胚胎发育停滞　B. 生殖器官疾病　C. 生殖激素失调
D. 饲养性流产　E. 非传染性全身性疾病

5. 母猪，交配后经过一个性周期未见发情，表现妊娠，但过了一些时间后又发情，一般可诊断为（　　）。

A. 先兆流产　B. 隐性流产　C. 延期流产　D. 胎儿浸溶　E. 胎儿干尸化

6. 母猪，妊娠已3个月，突然发现乳房膨大，阴唇肿胀，有清凉分泌物从阴道流出。提示可能发生的疾病是（　　）。

A. 流产　B. 妊娠毒血症　C. 轻度乳腺炎　D. 乳房水肿　E. 阴道炎

7. 乳牛，离预产期尚有数日。发现整个乳房体积增大，乳房皮肤发红、有光泽，无热无痛，指压留痕。该乳牛最可能发生的疾病是（　　）。

A. 乳房水肿　B. 乳房血肿　C. 乳房气肿　D. 乳房坏疽　E. 急性乳腺炎

8. 乳牛，6岁，努责时阴门流出红褐色难闻的黏稠液体，其中偶有小骨片。主诉，配种后已确诊妊娠，但已过预产期半个月。

（1）最可能的推断疾病是（　　）。

A. 阴道脱出　B. 隐性流产　C. 胎儿浸溶　D. 胎儿干尸化　E. 排出不足月胎儿

（2）该病例最可能伴发的其他变化是（　　）。

A. 慕雄狂　B. 子宫颈关闭　C. 卵泡交替发育
D. 卵巢上有黄体存在　E. 阴道及子宫颈黏膜红肿

（3）如要进一步确诊，最简单直接的检查方法应是（　　）。

A. 阴道检查　B. 直肠检查　C. 细菌学检查　D. 心电图检查　E. 血常规检查

9. 乳牛，正常妊娠至8个月时，腹部不再继续增大，超出预产期45 d仍无分娩预兆。阴道检查子宫颈口关闭，临床上无明显症状。

（1）该牛最可能发生的是（　　）。

A. 胎儿干尸化　B. 子宫破裂　C. 胎儿气肿　D. 胎儿浸溶　E. 子宫捻转

（2）确诊该病需要进行（　　）。

A. 血常规检查 B. 血液生化检查 C. 直肠检查 D. 阴道检查 E. 孕酮检查

（3）治疗该病时，首先应注射（ ）。

A. 黄体酮与催产素 B. 前列腺素与黄体酮 C. 黄体酮与钙制剂

D. 前列腺素与雌激素 E. 催产素与雌激素

10. 乳牛，距预产期 10 d，步态强拘，食欲减退，腹部至前胸和后肢皮下水肿，质地如面团感，指压留痕，精神、体温未见异常。

（1）该牛最可能发生的是（ ）。

A. 肾功能不全 B. 腹壁蜂窝织炎 C. 妊娠动物水肿

D. 心功能衰竭 E. 食盐中毒

（2）与该病发生无直接关系的因素是（ ）。

A. 腹内压增高 B. 饲料中蛋白质不足

C. 机体衰弱，运动不足 D. 雌激素、醛固酮等分泌较少

E. 钠盐、钾盐摄入不足

（3）预防该病的措施之一是（ ）。

A. 给予富含蛋白质的饲料 B. 减少饲料中蛋白质的用量

C. 增加青绿饲料 D. 补充盐分 E. 限制运动

11. 乳牛，已妊娠 7 个月。近期发现精神沉郁，弓背，努责，阴门流出红褐色难闻黏稠液体。阴道检查发现子宫颈口开张，阴道及子宫颈黏膜红肿。

（1）该牛最可能发生的疾病是（ ）。

A. 胎儿干尸化 B. 胎儿浸溶 C. 子宫积脓 D. 子宫内膜炎 E. 胎盘脱落

（2）进行直肠检查，卵巢上可能（ ）。

A. 既有妊娠黄体存在，又有卵泡发育 B. 有妊娠黄体存在，无卵泡发育

C. 无妊娠黄体存在，有卵泡发育 D. 无妊娠黄体存在，无卵泡发育

E. 有囊肿黄体

（3）最理想的处理方法是（ ）。

A. 剖宫产 B. 注射黄体酮 C. 通过产道取出胎儿

D. 注射前列腺素 E. 注射催产素

12. 某舍饲乳牛在分娩前 2 个月，卧下时，可见前庭及阴道下壁形成拳头大的粉红色瘤状物夹在阴门中，起立时自行缩回。

（1）该牛最可能患（ ）。

A. 子宫内膜炎 B. 阴道炎 C. 部分阴道脱出

D. 全部阴道脱出 E. 子宫脱出

（2）推测该病的发生与下列什么因素无关（ ）。

A. 骨盆腔的局部解剖生理 B. 固定阴道的组织松弛

C. 老龄、经产、衰弱及运动不足 D. 腹内压升高

E. 努责过强

（3）除了什么措施之外均可应用（ ）。

A. 尾拴于一侧，以免刺激阴道 B. 给予易消化的饲料

C. 适当增加运动时间 D. 对便秘、腹泻、前胃疾病要及时治疗

E. 采用前高后低的牛床

13. 某乳牛妊娠 4 个月时突然出现阴唇、阴门稍微肿胀，腹痛、起卧不安、呼吸和脉搏加快。

(1) 最可能的疾病是（　　）。

A. 流产　B. 子宫内膜炎　C. 阴道炎　D. 胚胎死亡　E. 妊娠毒血症

(2) 该病牛处理的原则是（　　）。

A. 人工引产　B. 阴道检查　C. 安胎　D. 溶解黄体　E. 直肠检查

(3) 如要进行治疗，最有可能首选的药物是（　　）。

A. LH　B. 雌二醇　C. 催产素　D. $PGF_{2α}$　E. 孕酮

14. 动物发生先兆性流产禁止采取措施是（　　）。

A. 使用 hCG　B. 直肠检查和阴道检查　C. 使用镇静剂

D. 肌内注射孕酮　E. 保持环境安静

15. 治疗马属动物妊娠毒血症的首选药物是（　　）。

A. 碳酸氢钠　B. 青霉素　C. 链霉素　D. 12.5％肌醇注射液　E. 前列腺素

【参考答案】

1. E　2. B　3. A　4. A　5. B　6. A　7. A　8. (1) C (2) D (3) B

9. (1) A (2) C (3) D　10. (1) C (2) E (3) A　11. (1) B (2) C (3) C

12. (1) C (2) A (3) E　13. (1) A (2) C (3) E　14. B　15. D

第七章　分娩期疾病

掌握难产的检查（病史调查、雌性动物的全身检查、产道检查、胎儿检查和术后检查）；掌握助产手术（牵引术、矫正术、截胎术、剖宫产术和外阴切开术）的适应证、手术方法和注意事项；掌握产力性难产（子宫弛缓、子宫痉挛）、产道性难产（子宫颈开张不全，阴道、阴门及前庭狭窄，骨盆狭窄，子宫捻转）和胎儿性难产（胎儿过大、双胎难产、胎儿畸形难产、胎势异常、胎位异常、胎向异常）的病因、症状、诊断、治疗和预防。掌握难产的预防，如预防难产的饲养管理措施、预防临产动物难产的几点注意事项和手术助产后的护理。

分娩是雌性动物的一种生理过程，这一过程能否正常进行，将取决于产力、产道和胎儿三因素的相互关系。在一般情况下，三者总是互相制约又互相适应的，因此绝大多数情况下，分娩均能顺利进行；在特殊情况下，即三种因素之一发生反常时，便能使胎儿的产出过程迟延或受阻，于是就造成了难产（dystocia，即分娩时胎儿不能自母体阴道顺利产出的统称）。所谓分娩期疾病主要就是指难产，难产可发生于各种动物。

第一节　难产的检查

临床实践证明，难产越是早发现并及时合理处置，效果越好。关于由胎儿异常所引起的难产，如能在胎儿产出受阻的初期阶段发现，只要稍加处置，往往能消除异常而使难产转为顺产；相反，难产拖延过久和经过粗暴助产之后，通常会变成重剧或复杂的难产。此时胎儿往往死亡或腐败气肿，雌性动物即使存活下来，也常因发生生殖器官疾病而易导致不妊娠。因此，早期发现和正确处置难产动物是非常重要的。

当临产雌性动物进入了胎儿产出期，在下列情况下须立即进行难产的临床检查：①强烈的分娩动力作用下，久不见胎囊露出和破水（牛 4 h，绵羊和山羊超过 2 h，马超过 20 min，猪、犬和猫 2～4 h）；②胎囊已破、胎水流失，而胎儿迟迟不露出阴门（尿膜囊破 2 h，羊膜囊破 1 h）；③只能露出胎儿的某些部分而在阵缩与努责的推动下产出毫无进展时，通常即可怀疑发生了难产（胎膜露出 2 h 无阵缩，肢体在阴门露出 0.5 h 以上）；④分娩开口期牛超过 12 h，马超过 4 h，犬、猫和猪超过 6～12 h。

至于临床上前来就诊的难产病例，多半拖延时久，不仅严重，且较复杂，更需要进行临床检查，以查明可能出现的各种情况，便于采取相应措施。

一、病史调查

1. 预产期　若妊娠雌性动物尚未到预产期，则可能是早产或流产，这时胎儿一般较小，容易拉出；此时在马属动物为下胎位，矫正比较容易。若预产期已过，胎儿可能较大，在牛、羊可能胎儿干尸化，矫正及牵引都较为困难。

2. 年龄和胎次 初产雌性动物的分娩过程较缓慢，发生难产的可能性也较大。

3. 产程 根据病畜不安和努责的时间、努责的频率及程度、胎水是否已经排出、胎儿及胎膜是否露出及露出的时间、已露出部分的状况等进行综合分析，就可判断是否发生难产。

若预产期超过正常时限，努责强烈，已见胎膜及胎水露出而胎儿久久不能排出，则可能发生了难产，这在马、驴及经产动物尤其常见。有时由于努责无力，子宫颈开张不全，胎儿通过产道时比较缓慢。在牛和羊，若阵缩及努责不太强烈，胎盘血液循环未发生障碍，短时间内胎儿尚有存活的可能。由于马、驴、驼正常的产程很短，而且尿膜绒毛膜很容易与子宫内膜脱离，胎儿排出期一旦延长，则胎儿很快就会发生死亡。一般在强烈努责开始后超过30 min，胎儿很少能挽救下来。

在胎儿露出以前，其胎向、胎位及胎势仍有可能是正常的。但在正生时，如一侧或两侧前腿已经露出很长而不见唇部，或唇部已经露出而不见一侧或两侧蹄尖；倒生时只见一后蹄或尾尖，都表示已发生了胎势异常。

任何难产病例，如果发病超过 24 h，努责已明显停止，则大多数情况下胎儿已经死亡，胎水流失，子宫肌动力耗竭，胎儿开始出现气肿。这种情况预后应特别谨慎，尤其是多胎动物，若子宫中仍然有几个胎儿时则预后更差。

4. 既往繁殖史 除了解雌性动物产科或繁殖疾病病史外，还应了解雄性动物的情况，因为有些雄性动物的后代体格较大，易发生难产。

5. 既往病史 重点了解过去是否发生对胎儿排出有阻碍作用的疾病，如阴道脓肿、阴门创伤、骨盆骨折及腹部外伤等。

6. 胎儿产出情况 若为多胎动物，尚须了解是否有胎儿产出及已产出的胎儿数量，两胎儿产出间隔时间、努责的强弱及胎衣是否已经排出等。如果分娩突然停止，则发生了难产。综合分析上述情况，可以确定是继续等待，还是立即催产或采用手术方法助产。

7. 是否进行助产，采用方法、经过和结果 助产的目的是确保雌性动物的健康和繁殖的机能，根据情况尽力挽救胎儿生命。如果事前已经对难产雌性动物进行过助产，须问明助产之前胎儿的异常情况，存活或已经死亡；助产方法如何，如使用什么产科器械，用在胎儿的哪一部分，如何拉胎儿及用力多大；助产结果如何，对雌性动物有无损伤，是否注意消毒等。助产方法不当，可能会造成胎儿死亡，或加重其异常程度，并使产道水肿，增加手术助产的困难。若不注意消毒，则可使子宫及软产道受到感染；如操作不慎，则可使子宫及产道发生损伤或破裂。了解这些情况有助于针对手术助产的效果做出正确预后。对预后不良的病畜，应告知畜主并及时确定处理方法，对产道受到严重损伤或感染者，即使痊愈，也常继发生殖器官疾病，这些情况在处理难产时必须加以重视。

二、雌性动物全身状况的检查

目的是借以了解雌性动物的全身状况，以作为选择助产方法、确定全身综合治疗方案及判断预后的有力参考。

（1）询问病史。

（2）检查雌性动物的体温、脉搏、呼吸，可视黏膜、精神状况，能否站立等一般项目。

（3）分娩预兆是否出现。通过视诊，主要检查乳房、骨盆韧带、阴门及其周围区域、阴道分泌物、腹肋部及腹部的状况。若上述部位没有出现正常分娩时的变化，则说明为流产或早产。如果发现阴门外露有胎儿或胎膜，则应注意其干湿程度。如果很湿润，则说明露出的时间不长，如果胎膜干燥且颜色变暗，则说明发生难产的时间已久。阴门中有分泌物时，应检查其性状，分泌物中混有血液时，说明可能发生了产道损伤，如果有恶臭的暗棕色分泌物，则说明发生难产的时间已久。

三、产科检查

目的是确定产道和胎儿的状况及难产的原因。

（一）阴道检查

目的是检查产道是否具备分娩征状。

（1）查明软产道的松软和滑润程度，是否干燥，有无损伤、水肿和狭窄，并要注意产道内液体的颜色及气味。

（2）子宫颈是否松软和开张程度，有无损伤或瘢痕。

（3）骨盆腔是否狭窄及有无畸形、肿瘤等。

（4）检查产道中液体的性状如颜色、气味，其中是否含有组织碎片等，以帮助判断难产发生时间的长短及胎儿是否死亡或腐败。如果产道液体中含有脱落的胎毛，液体混浊恶臭，则说明发生了胎儿气肿或腐败。如果发现阴道空虚，应检查子宫颈是否开张。如子宫颈尚未开张，其中充满黏稠的液体，则胎儿产出期可能尚未开始，此时可等待一段时间，但有时也可能是发生了子宫捻转，此时则需仔细判断。如果胎囊已破，应该检查胎儿的位置和状况。

（二）胎儿检查

（1）胎膜已破。须将手通过破口伸入胎膜囊内进行触摸。

（2）胎膜未破。应隔着胎膜用手触摸胎儿。

切忌过早地人为撕破胎膜，以免妨碍胎势、胎位的改变及子宫颈的扩张而人为地造成难产。

胎儿检查的目的：①查明胎儿大小、进入产道的程度；②确定是正生还是倒生，根据前后肢的解剖特征进行判定（表 7-1）；③确定胎势、胎位、胎向是否正常，胎儿是否畸形；④确定胎儿的死活（对助产方法的选择有决定意义）以及是否发生了气肿或腐败，并据此选择相应的助产方法。

表 7-1　根据前后肢的解剖特征进行正生还是倒生判定

状态	蹄底方向	关节屈曲方向（上数第二关节）	关节形状	结果
正生（前肢）	↓	（腕关节）↓	圆	方向一致
倒生（后肢）	↑	（跗关节）↓	突起	方向相反

判断胎儿死活的方法，正生时：①术者可将手指伸入胎儿口腔，注意有无吸吮动作；②轻拉舌，注意是否收缩；③以手指轻压眼球，注意有无搏动；④牵引、刺激前肢，注意有

无向相反方向的退缩；⑤触诊颌外动脉或心区，检查有无搏动。倒生时：①触诊脐带是否有动脉搏动；②牵引、刺激前肢，注意有无反射活动；③将食指轻轻伸入肛门，检查有无收缩反射，肛门外有胎粪的，则表明胎儿活力不强或已死亡。只要检查到了上述各项中某一项生理性活动，即可确定胎儿是活的。

胎毛大量脱落，皮下发生气肿，触诊皮肤有捻发音，胎衣和胎水的颜色污秽，有腐败气味，都说明胎儿已经死亡。

（三）直肠检查

主要用于检查子宫捻转的方向及程度、子宫的张力和收缩力以及胎儿的死活。

在治疗难产时，究竟采用什么手术方法助产，检查后应正确、及时而果断地做出决定，以免延误时机，并造成经济上的损失。例如，母牛的全身状况良好，矫正及截胎有困难时，可以采用剖宫产，这时母牛也能存活。反之，如果母牛的全身状况不佳，并且矫正和截胎比较容易，就不要采用剖宫产，以免手术促使雌性动物状况恶化。又如，治疗胎头侧弯，是先选用矫正术进行矫正还是立即施行颈部截断，或剖宫取出胎儿，均可通过检查，根据雌性动物的全身状况、胎儿的死活，并结合器械设备条件，决定采用哪一种方法。如果在检查中不能做出正确而果断的决定，该矫正而不矫正，或该剖宫产而不施行剖宫产，术中多次改变方法，常常造成很大损失，甚至导致母子死亡。总之，全面细致的检查可以给手术助产方法及其预后提供可靠的分析依据。

四、术后检查

目的是判断子宫内是否还有胎儿，及时发现雌性动物在助产过程中所受到的损伤并使其可以得到及时的诊断和治疗，有利于雌性动物早日康复。

检查内容包括判断子宫内是否还有胎儿，子宫和软产道是否损伤，子宫有无内翻，雌性动物能否站立和全身状况，对预后做出判断。

1. 雌性动物全身状况的检查

2. 生殖道检查 利用产道检查、超声检查或X线检查（犬、猫）、腹部触诊等判断子宫内是否还有胎儿；若有明显努责，检查是否有胎儿或子宫角是否内翻；检查术后子宫和产道损伤时，注意黏膜是否水肿、损伤、出血等；术后雌性动物卧地不起，注意检查骨盆部骨骼、关节或神经等。

五、难产的预后

一般来说，难产发生的时间越久，其预后越差。由于助产技术、环境等因素的影响，对产道的损伤、刺激及污染越严重，则预后越谨慎。

就不同动物而言，牛的胎儿大多在努责开始后6～12 h死亡，24～36 h后发生气肿；犬的胎儿在努责开始后6～8 h死亡，24～36 h后气肿。猪的第1个胎儿多在努责开始后4～6 h死亡，其他的可存活24～36 h。羊的情况基本与牛相同。马由于胎儿多在分娩开始后30～40 min死亡，因此预后比其他动物谨慎。而且马的骨盆腔较深，胎儿四肢较长，因此矫正更为困难；母马努责的力量强大，使得胎儿更容易楔入骨盆腔，容易引起产道损伤及血管破裂。另外，马对生殖道损伤、刺激、感染及炎症比其他动物更为敏感，因此，如马努责达24 h

且胎儿已经发生气肿，则一般来说较难挽救母马的生命。虽然这些情况在其他动物也基本如此，但预后略好。

对难产病例的治疗，除根据病情，还应考虑挽救母体生命的价值及其以后的繁殖能力，乳用、肉用及役用价值；动物主人对挽救雌性动物或胎儿的选择，尤其是伴侣及观赏动物，也应考虑它们的情感价值、助产费用；雌性动物及胎儿的死亡危险；术后母体恢复其乳、肉、役用价值及人工及饲料费用。只有综合考虑这些因素，详细进行检查之后，与动物主人讨论，权衡利弊，才能选择合适的助产手术。

第二节　助产手术

一、难产手术助产的基本原则

（1）保护产道，严格消毒，预防感染。手术助产过程中，术者手臂和器械要多次进出产道。由于既要保护雌性动物的生殖道不受损伤和感染，又要防止术者被感染，因此，所有器械、阴门附近、胎儿露出部分以及手臂等均需严格消毒。

（2）手术助产及早发现，果断处理。难产病例均按急诊处理，处理越早越好。

（3）进行详细的产科检查，选择合适的助产方法，制定周密、细致的方案。根据检查结果，结合设备条件，慎重考虑方案的每个步骤。

（4）根据难产雌性动物的全身状态和施术过程中可能出现的异常情况，积极采取综合治疗和预防措施。

（5）向产道及子宫内灌注润滑剂。

（6）大动物的助产最好对其站立保定。雌性动物保定的好坏，与手术助产顺利与否有很大关系。术者站立操作，比较方便省力，所以雌性动物的保定以站立为宜，并且后躯高于前躯（一般可使雌性动物站在斜坡上），使胎儿及子宫向前，不至于阻塞在骨盆腔内，这样便于矫正及截胎。在羊，为了操作方便，可由助手用腿夹住羊的颈部，将后腿倒提起来。

但在难产时，尤其是难产经过的时间较长时，雌性动物往往难以站立，因而常常不得不在雌性动物卧着的情况下操作。雌性动物应以侧卧为好。不可使雌性动物俯卧，以免腹部受压，内脏将胎儿挤向骨盆腔，妨碍操作。保定时，确定雌性动物卧于哪一侧的原则是：要进行矫正或截除的胎儿身体部分，不能受其自身的压迫，以免影响操作。例如，在正生时，如果胎头侧弯于左侧，雌性动物应左侧卧。另外，术者如趴在地上，难以用力，因此，最好使雌性动物卧于高处。一般在养殖场可采用垫草、门板或拉运病畜的车辆，支成斜面，使雌性动物侧卧其上。在少数情况下，如头向下弯、正生时前腿压在腹下、倒生时后腿压在腹下等，仰卧或半仰卧保定雌性动物对矫正胎儿的反常部分更为方便。但因动物不习惯仰卧，常强烈挣扎，因此应在需要矫正时，再将雌性动物仰卧或半仰卧，且要求操作迅速。总之，要随时注意保定雌性动物的方法，以便操作。

二、手术助产的基本方法

用于难产胎儿的手术有牵引术、矫正术及截胎术。

用于难产雌性动物的手术主要是剖宫取胎术、剖宫助产术、外阴切开术、子宫切除术和骨盆联合切除术（后两种方法因手术费用高、护理麻烦，使用少，故不介绍）。

(一) 牵引术

牵引术是通过外力牵引胎儿的前置部位而解救难产的基本助产方法，是最常用的助产方法。

1. 适应证 ①胎儿过大；②轻度产道狭窄；③阵缩和努责微弱；④胎位的轻度异常和某种姿势异常而胎儿又较小时；⑤胎儿反常经矫正后；⑥施行截胎术后；⑦倒生。

2. 基本方法 徒手操作，可以牵拉胎儿的四肢和头部（握住下颌或掐住胎儿眼窝；猪捏住两侧上犬齿、鼻梁或掐住眼窝）。

借助产科器械如产科绳、产科链、产科钩和产科钳等进行助产。

施行牵引术时，应注意：①在术者统一组织下，密切配合，牵拉的人数一般不能超过4个，切不可拔河式地强拉；②牵拉胎儿时需符合雌性动物的骨盆轴线；③胎头通过阴门时，要保护阴唇，以免撑裂；④牵引配合雌性动物努责进行；⑤牵引时当胎体进入狭窄部，两侧牵拉要错开；⑥使用产科钩时，可选择天然孔道如下颌骨体、眼眶、鼻后孔、硬腭等，必须钩紧，防止滑脱；⑦为了避免引起产道损伤，牵引时生殖道必须开张完全；⑧以下情况慎用：坐骨神经麻痹，产道严重损伤或狭窄，子宫颈狭窄，子宫紧包胎儿和胎位、胎势严重异常。

(二) 矫正术

矫正术是将异常的胎势、胎向、胎位矫正为正常，以解除胎儿性难产的最常用的一种手术助产方法。

1. 适应证 正常分娩时，单胎动物的胎儿呈纵向（正生或倒生）、上位，头、颈及四肢伸直，与此不同的各种异常情况均适用。

多胎动物即使胎儿的四肢屈曲或折叠于体侧或体下，多可顺产，但有时也发生难产，此时必须进行矫正。

2. 基本方法 基本动作有推动、拉出、翻转和旋转等，实现对胎势、胎向、胎位的矫正。

(1) 矫正姿势。基本手法是推动和拉出两个方向彼此相反的动作，它们是同时进行，即推动的同时牵拉矫正，或先推后拉。

在大动物，术者自己用一只手矫正异常部分，同时用推拉梃推胎儿，边向前推边矫正。在推的过程中，用手保护梃叉部，以避免滑脱时损伤子宫。在羊和猪等，用手臂推回胎儿，犬和猫则仅用手指推。应使雌性动物站立或抬高其后躯，若雌性动物卧地不起时，行侧卧（反刍动物左侧卧）位，四肢尽量伸展。在向前推的瞬间，术者或助手牵拉屈曲的部分，使其得以矫正。

(2) 矫正位置。矫正位置是指将胎儿在其纵轴上转动，变成正常的上位。常用的手法是翻转。牛、羊、马胎儿出生时的正常位置是上位，异常胎位多引起难产。翻转大动物胎儿时可用一些器械如扭正梃，将胎儿推回子宫，然后进行翻转。在羊和猪可直接用手臂，犬和猫可用手指或产科钳将胎儿推回子宫，再行矫正。

胎儿处于侧位时，术者的手在产道内翻转胎儿，并向后向下牵引胎儿。如果胎儿是下位，则应将其推回子宫，由2名助手交叉牵引两肢，术者的手臂在胎儿的臀部或身体之下，以骨盆为支撑点，将胎儿抬高到接近耻骨前缘的高度，向左或向右斜着推胎儿，这样随着向外牵引可矫正成上位或轻度侧位。

（3）矫正方向。使胎儿在横轴上旋转，把横向或竖向矫正成正生或倒生时的纵向。

横向时，一般是胎儿的一端距骨盆入口近些，另一端远些。矫正时向前推远端，向骨盆入口内拉近端，即将胎儿绕其纵轴水平旋转约 90°。如身体的两端与骨盆入口的距离大致相等，则应尽量向前推前躯，向骨盆入口拉后躯，矫正成倒生纵向。

竖向时，主要见到的是头、前肢及后肢一起先出的腹部前置的竖向（腹竖向）和臀部靠近骨盆入口的背部前置的竖向（背竖向）。腹竖向时，矫正的方法是尽可能将后蹄推回子宫，或者在胎儿不过大时将后腿拉直伸于自身腹下，然后拉出胎儿。背竖向时可围绕着胎儿的横轴转动胎儿，将其臀部拉向骨盆入口，变为坐生，然后再矫正后腿拉出。

施行矫正术时，应注意：①必须在子宫内进行，最好在子宫松弛时操作；②产道必须润滑，且减少对产道的刺激；③注意器械的保护；④动作小心谨慎；⑤在推动和矫正胎儿之前，胎儿前置部分需用绳固定。⑥推回应在雌性动物努责的间歇期进行。

（三）截胎术

应用截胎器械，肢解难产胎儿，以克服矫正或拉出时的障碍，或者缩小体积，用于解救难产，主要应用于牛、马，有时也用于羊。

1. 适应证　①不仅用于矫正无效的难产，在临床实践中，对死胎往往须截除胎儿的某一部分，以便为下一步矫正和拉出胎儿创造必要的条件；②胎儿畸形；③胎儿腐败而高度气肿时，在通过子宫壁、腹壁创口拉出很困难时，也需通过截胎术的辅助才能得到解决。

进行截胎术助产时，必须在雌性动物生殖道发生水肿之前进行。

2. 基本方法

（1）皮下法（覆盖法）。在截除胎儿骨质部分之前，首先把皮肤剥开，截除后，皮肤留在躯体上，盖住骨质断端，避免损伤母体。同时还可以用来拉出胎儿。

（2）开放法（经皮法）。由皮肤直接把胎儿某一部分截掉，不留皮肤，断端为开放状态。因操作简便，应用较为普遍，可用线锯、绞断器等器械进行。

3. 常见胎儿异常的截胎术

（1）头部缩小术。适用于脑腔积水、头部过大及其他颅腔异常引起的难产。

（2）头骨截除术。适用于胎头过大。

（3）下颌骨截除术。适用于胎头过大。

（4）头部截除术。适用于胎头已伸至阴门外，矫正困难的难产。

（5）头颈部截除术。适用于矫正无效的胎儿头颈姿势严重异常（头颈侧弯、下弯、上仰）。

（6）前肢截除术。包括肩部和腕部的截除，适用于胎儿前肢姿势严重异常（如肩部前置、腕部前置），或矫正头颈侧弯等异常胎势时需截除正常前置前腿等情形。

（7）后肢截除术。包括坐骨前置时的后腿截除术、正常前置后腿的截除术和跗关节的截除术。适用于倒生时后肢姿势异常及骨盆过大。

（8）胸腔缩小术。包括胸腔缩小术和肋骨破坏术，适用于胎儿胸部体积过大而不能通过母体骨盆腔造成的难产。

（9）截半术。适用于胎向异常（竖向和横向）且矫正困难的难产。

4. 注意事项

（1）严格掌握截胎术适应证。建议在确定胎儿死亡后进行截胎。

（2）尽可能站立保定。如果雌性动物不能站立，应将雌性动物后躯垫高。

（3）产道中灌入大量润滑剂。

（4）应在子宫松弛、无努责时施行截胎术。随时防止损伤子宫及阴道，注意消毒。

（5）残留的骨质断端尽可能短，在拉出胎儿时将其断端用皮肤、纱布或手等覆盖。

（四）剖宫产术

剖宫产术是经过腹壁及子宫壁切口取出胎儿，以解救难产的一种手术。

1. 适应证 ①无法矫正的子宫扭转；②骨盆狭窄、畸形及肿瘤；③子宫颈狭窄与闭锁；④软产道高度水肿；⑤胎儿过大、胎儿畸形；⑥无法矫正或无法施行截胎术的各种姿势异常的难产；⑦排出干尸化胎儿，子宫破裂需要进行缝合，或者生命垂危而须剖宫以抢救幼龄动物时，也可行此术。

2. 手术部位 手术部位的确定原则是胎儿在哪里摸得最清楚，就靠近哪里做切口。

（1）牛。腹下切开法：可选择的切口部位有5处：①乳房前中线；②中线与右乳静脉之间；③中线与左乳静脉之间；④乳房和右乳静脉右侧5～8 cm；⑤乳房和左乳静脉左侧5～8 cm。

腹侧切开法：多用于子宫破裂、胎儿干尸化。

左侧腹肋部切口的优点是，瘤胃能够挡住小肠而不至于使其从切口脱出；若手术过程中发生瘤胃鼓气，切开的左侧肋部可以减轻对呼吸的压迫，也可在此处为瘤胃放气。

（2）猪。左右侧均可，髋结节之下约10 cm处，膝关节皱襞之前，向下向前做一与腹内斜肌纤维方向相同的切口。

（3）犬和猫。仰卧保定，选在距腹白线1～2 cm的两侧，从最后一个或倒数第一或第二乳头之间做长10～15 cm的切口。

3. 手术的主要过程及注意事项

（1）场地选择。

（2）保定。

（3）麻醉。切口局部浸润麻醉＋腰旁传导麻醉（犬全麻）。

（4）手术的步骤。①切开腹壁；②拉出子宫：隔着子宫壁握住胎儿的某一部位拉出子宫，在切口和子宫之间填塞灭菌大块纱布；③切开子宫：切口要选在子宫大弯，避开子叶和大血管，剥离创口周围的胎衣，然后撕破胎膜，尽量排出胎水；④拉出胎儿：缓慢，同时助手要控制腹压，防止腹压骤降而引起休克，注意子宫壁切口长度是否适当，对气肿胎的胎儿如通过切口有困难时，可进行截胎；⑤胎衣处理：不能强剥，但切口游离部分应剪去，对胎儿腐败或产道助产时间过久，感染严重时，应进行冲洗，并放置抗生素；⑥缝合子宫；⑦缝合腹壁；⑧术后护理：精心护理，控制感染，促进子宫收缩。

总之，要做到：①施术对象选的对；②施术时间早；③做到消毒严、止血好、缝合牢、护理周到；④手术方案全面，密切配合；⑤一丝不苟；⑥保证母畜生产性能和继续产仔的能力。

（五）外阴切开术

外阴切开术是在解救难产时，为了避免会阴撕裂而采取的一种扩大阴道出口而有利于胎儿娩出的手术方法。

1. 适应证　①阴门明显阻止胎儿排出；②阴门明显妨碍矫正或牵引；③胎儿绝对过大；④阴门发育不全；⑤阴门损伤而扩张不全。

2. 基本方法　①麻醉：阴门切口局部浸润麻醉。②手术部位：阴唇背侧面，距背联合部 3～5 cm 且拉得很紧的游离缘。③拉出胎儿后，马上清洗伤口，褥式缝合。

第三节　产力性难产

一、子宫迟缓

子宫迟缓是指子宫肌的收缩次数少、时间短和强度低，以至胎儿不能排出。发病率随年龄增长和胎次增加而升高。

1. 病因　分为原发性和继发性。

（1）原发性。发病率相对低，可见于妊娠动物体内激素失调、年老体弱、胎儿过大、胎水过多使子宫肌纤维过度伸张、子宫肌菲薄、子宫与周围脏器粘连、低血钙、流产等。

（2）继发性。子宫肌过度疲劳。

2. 症状

（1）原发性。阵缩、努责微弱的病例，其妊娠期满，而分娩预兆却往往不明显。进入产出期时，雌性动物的阵缩及努责力弱，持续时间短，或者阵缩或努责不明显，有时甚至不易发觉其分娩已经开始，分娩期大为延长。

当进行产道检查时，可发现子宫颈黏液塞已软化，但子宫颈扩张不够充分。通过子宫颈可以摸到胎囊及胎儿，或胎囊及胎儿进入子宫颈和产道，但由于分娩力弱而长时间不能排出胎儿。

（2）继发性。阵缩及努责微弱的动物，在其刚进入产出期时阵缩及努责均正常，并且逐渐增强，但由于某种原因造成难产而长时间不能娩出胎儿，因而致使雌性动物过度疲劳，阵缩及努责也就随之逐渐减弱或停止。此时，经临床检查往往可发现胎儿异常，有时也会发现产道异常。

3. 治疗　药物催产，牵引术、截胎术或剖宫产。

二、子宫痉挛

子宫痉挛是分娩时子宫肌的收缩时间长、间隙短、力量强烈，或子宫肌痉挛性不协调收缩，形成狭窄环，导致胎膜破裂过早，胎水流失。

1. 病因　①产道狭窄；②临产前受到刺激；③过量使用宫缩药等。

2. 症状　阵缩、努责频繁，胎膜破裂过早，胎水流失或子宫破裂。

3. 治疗　减缓努责；若子宫颈开放，使用牵引术；若子宫颈未开放，胎膜未破裂，使用镇静剂。

第四节　产道性难产

一、子宫捻转

子宫捻转是指整个妊娠子宫的一侧或子宫角的一部分围绕着自己的纵轴发生扭转。牛颈后捻转多于颈前捻转，向右多于向左；马多为颈前捻转。

1. 病因

（1）母牛较其他动物多发，这和生殖器官的局部解剖特点及牛的起卧有关，是子宫存在围绕自身纵轴发生扭转的内因。

（2）凡是能使妊娠动物自身纵轴发生急剧转动的某些意外动作（如跌倒、爬坡等），过度而强烈的胎位改变都可成为子宫捻转的直接原因。

2. 症状

（1）外部表现。临产前的子宫捻转，妊娠动物存在分娩预兆，但看不到胎膜和胎水。外阴部两侧阴唇皱缩不对称，一侧内陷（与捻转同侧），捻转严重时，另一侧水肿。

（2）阴道和直肠检查。

子宫颈后捻转。阴道检查表现：阴道壁紧张，阴道腔越向前越狭窄，呈漏斗状，阴道壁有螺旋状皱褶。根据阴道壁螺旋状皱褶的走向，可确定捻转的方向：将右手背平贴阴道上壁向前伸，管腔是向前向下并向右走向的，或者随着腔的弯曲使拇指转向上，即为向右捻转；管腔是向前并向左走向的，或者拇指转向下，即为向左捻转。根据阴道前端的宽窄和螺旋状皱褶的大小，可确定捻转的程度：小于 90°时整个手可通过阴道前端；达 180°时，只能通2～3 指；这两种情况在阴道前端的下壁上可摸到一个较大的皱褶，并且由此向前管腔即弯向一侧；捻转 180°时手不能伸入；捻转 360°时完全不通。

子宫颈前捻转。阴道检查变化不明显，诊断依据是直肠检查。表现为：①子宫壁紧张，子宫体有捻转的皱褶；②一侧子宫阔韧带比较紧张；③阔韧带上的血管怒张，搏动异常强烈。当扭转严重时（360°），血管闭锁而无搏动。胎儿则因循环终止而迅速死亡，久之子宫坏死。

现将子宫捻转的程度与方向辨别方法归纳于表 7-2。

表 7-2　子宫捻转程度与方向辨别

捻转部位和程度		阴道和直肠检查		捻转方向
		子宫阔韧带	阴道和子宫颈口	
子宫颈前捻转	≤180°	下方韧带紧张	不明显	向紧张侧捻转
	180°～360°	双侧韧带紧张	不明显	向下侧方捻转
	360°	双侧韧带紧张	子宫颈口封闭	
子宫颈后捻转	≤90°	交叉，下方韧带紧张	阴道前方稍窄，有螺旋状皱褶	右手背平贴阴道上壁向前伸，管腔是向前向下并向右走向的，或者随着腔的弯曲使拇指转向上，即为向右捻转。反之则为向左捻转
	90°～180°	交叉，双侧韧带紧张	阴道螺旋状皱褶明显，手能勉强伸入	
	180°～360°	交叉，双侧韧带紧张	阴道螺旋状皱褶细小，手不能伸入	
	360°	交叉，下方韧带紧张	阴道螺旋状皱褶细小，阴道拧闭	

3. 助产

（1）产道矫正。仅用于分娩过程中发生的扭转。分娩时扭转程度不超过 90°，而胎儿前置部挤在阴道皱襞内、通过子宫颈能握住胎儿肢体的，使动物站立保定，必要时行荐尾或尾椎麻醉，然后握住胎儿前置部，向子宫扭转的相反方向扭转胎儿，只要扭正子宫，即可拉出胎儿。

（2）直肠矫正。只能是扭转程度较小、向右扭转时，用右手伸至右侧子宫下侧方向上向左侧翻转；同时，一助手用肩部顶在右侧腹下向上抬；另一助手在左侧肷部在向上抬时向下快速施加压力。

（3）翻转母体。右侧转，右侧卧，右侧翻；左侧转，左侧卧，左侧翻。

（4）剖宫产术处理。

二、子宫颈开张不全

主要见于子宫颈平滑肌十分发达的牛、羊。

1. 病因　阵缩过早，产出提前，各种原因导致雌激素及松弛素分泌不足、子宫颈不能充分浸软、松弛，因而不能达到完全扩张的程度。

2. 症状　雌性动物妊娠期满，具备了全部分娩预兆。进入产出期后，雌性动物阵缩及努责甚为强烈，但经久不见胎囊及胎儿露出于阴门之外。产道检查可触摸到开张不充分的子宫颈外口，根据开张程度不同，分为 4 度，1 度为轻，4 度为重。

3. 治疗　对子宫颈扩张不全的病例，在阵缩、努责不强，胎囊未破时，应稍加等待。在等待期肌内注射己烯雌酚，再注射催产剂，以扩张子宫颈，或机械向子宫颈管内注入温水，以促使子宫颈组织松软、松弛和子宫颈管扩张。当子宫颈管扩张到一定程度、胎囊或胎儿的一部分已进入子宫颈管时，可向其内注入润滑剂，再慢慢地试着拉出胎儿。

实行宫颈切开术。此术只适用于子宫颈的中、后部狭窄。当子宫颈前部狭窄而行切开术有困难时，应施行剖宫取胎术。

三、阴道、阴门及前庭狭窄

主要发生在青年雌性动物。

1. 病因　发育不良；产道因黏膜水肿、肿瘤、脓肿、周围组织脂肪沉积等狭窄；产道瘢痕等。

2. 症状　胎儿长时间没有露出阴门之外，阴道检查有明显狭窄部位。

3. 助产　阴门切开术；剖宫取胎术。

四、骨盆狭窄

骨盆腔大小和形态异常，而妨碍胎儿娩出，统称为骨盆狭窄。

1. 病因　生理性骨盆狭窄多见于配种过早而分娩时骨盆发育尚未完全的雌性动物。骨盆骨折、骨裂愈合后所致的骨盆变形或骨赘以及骨软症所引起的骨盆变形均可造成骨盆狭窄。

2. 症状　阵缩、努责正常或强烈，但不见胎儿排出。产道检查可触知胎儿个体并不过大，只是骨盆腔窄小，或者变形（有时外部视诊即可看出），或者有骨赘突出于骨盆腔。

3. 助产　应按胎儿过大的助产方法，行牵引术试行拉出胎儿；有困难时，应选择剖宫取胎术或截胎术。

第五节 胎儿性难产

一、胎儿过大

胎儿过大是指胎儿体格相对过大和绝对过大，与母体大小或骨盆大小不相适应。胎儿相对过大表示胎儿大小正常而母体骨盆相对较小，绝对过大是指母体骨盆大小正常而胎儿体格过大。

1. 临床症状 分娩开始时雌性动物的阵缩、努责正常，有时见到胎儿两蹄尖露出阴门外，但排不出胎儿。产道、胎势、胎位、胎向均正常，只是胎儿大小与产道不适应。

2. 助产 最好使用牵引术。若是牵引 5 min 无进展，胎儿在处理过程中死亡，应该使用截胎术；胎儿仍然存活，使用剖宫取胎术。

二、双胎难产

两个胎儿同时进入产道，或其中一个胎儿异常，子宫过度扩张而发生子宫迟缓所致的难产。

1. 临床症状 两个胎儿均为正生，产道可发现 2 个头及 4 条前腿；若为倒生，见有 4 条后腿；发现有 3 条腿以上的，注意鉴别是两个胎儿同时嵌入产道，还是一个胎儿的四肢嵌入产道。也要将双胎与裂体畸形、连体畸形、胎儿竖向和胎儿横向相区别。

2. 助产 推回一个，拉出一个。

三、胎儿畸形难产

（1）胎儿全身性水肿。

（2）裂腹畸形。

（3）先天性假佝偻。

（4）胎头积水。

（5）重复畸形。

（6）先天性歪颈。

助产时尽可能弄清畸形的部位及程度，估计胎儿的大小及通过产道的可能性，避免胎儿的异常部位损伤产道。若无法弄清畸形的情况时，首先考虑剖宫产术。采用牵引术无效，则可采用截胎术或剖宫产术。因畸形严重、胎儿过大、胎向不规则、畸形引发难产使用截胎术难于奏效的，则用剖宫产术。

胎儿水肿明显，应先放水后试行牵引术；裂腹畸形先摘除内脏，再行牵引术、截胎术或剖宫产术；先天性假佝偻和先天性歪颈，施行截胎术或剖宫产术；胎头积水先消除积水，再行截胎术或剖宫产术；重度畸形则施行剖宫产术。

四、胎势异常

（一）头颈姿势异常

通常是由于分娩开口期，胎儿活力不强；子宫收缩急剧，胎膜过早破裂，胎水流失，子宫壁直接裹住胎儿，胎头未能以正常姿势伸入子宫颈内；阵缩微弱，未引起胎儿足够的反应；助产错误等引起的。

头颈姿势异常包括：头颈倾弯（最为常见，约占胎儿姿势异常所造成难产的50%左右）、头向后仰、头向下弯和头颈捻转。

1. 头颈倾弯　头颈倾弯的临床症状：胎儿的两前腿伸入产道，而头弯于躯干一侧，没有伸直。这种难产不发生于猪（猪较少发生的原因是：①胎儿头颈短；②四肢短而柔软；③仔猪相对较小，体重仅为母体的1/90。但在胎儿大、正生肘部屈曲及倒生时坐骨前置则可造成难产），但在其他动物常见。

（1）症状。分娩过程延迟；胎儿的两前肢自腕部以下伸出阴门外，一长一短（胎头侧向的一侧短）；产道检查可触到侧弯的颈部。

（2）助产。依症状轻重而采用不同的助产方法。

a. 用手握住前颌骨、下颌骨体或眼眶，稍向内推动时，便可拉正侧弯的颈部。

b. 推后拉直。在推的同时：①用手握住前颌骨、下颌骨体；②先用力向对侧压迫胎头，后拉直；③绳以活结套住下颌骨体，用手握住眼眶或唇部向对侧压迫胎头，拉绳扳正；④产科钩钩住眼眶、耳道或下颌骨体，配合拉出。

c. 截断胎头或施以剖宫产术。

2. 头向后仰　触诊胎儿时，摸到气管位于颈部的上面。

3. 头向下弯　包括额部前置、枕部前置和颈部前置。

4. 头颈捻转　胎儿头颈部绕其纵轴发生捻转。头颈部捻转90°时，头部成侧位；捻转180°时，头部成下位、下颌朝上，颈部也因捻转而显著变短。

（二）前腿姿势异常

通常是由于胎儿对分娩缺乏应有的反应，子宫颈未充分开张而阵缩过强所引起的。前腿姿势异常包括腕部关节前置（最常见）、肘关节屈曲和肩关节前置。

1. 腕部关节前置　腕部关节前置的特点：前腿没有伸直，腕关节屈曲而前置。腕关节屈曲必然伴发肩关节、肘关节弯曲，以致前腿折叠，肩胛围增大。

（1）症状。①两侧性，在阴门口上什么也看不到；②一侧性，可看到一个前蹄；③产道检查可摸到一条或两条前腿屈曲的腕关节位于耻骨前缘附近，或楔入骨盆腔内。

（2）助产。①徒手矫正法：术者可用手推胎儿肩颈部，使其进入子宫，然后手握住异常肢的掌部，全力高举并前推，手趁势下滑，转握蹄底高举并后拉，常可拉直该肢。②器械矫正法：将产科梃顶在异常肢的肩颈部之间，助手向前推胎儿的同时，术者的手握住异常肢的掌部，全力高举并前推，手趁势下滑，转握蹄底，高举并后拉；或者用产科绳系于异常肢的系部，术者的手握住异常肢的掌部，全力高举的同时，由助手配合拉绳。

2. 肘关节屈曲　胎儿肘关节未伸直，呈屈曲姿势，肩关节也同时屈曲，使胎儿在胸部位置的体积增大，并由此引起难产。临床检查可在阴门处触摸到胎儿的唇部，肘关节屈曲侧的前肢仅伸至下颌处。

助产：先转化为腕部关节前置，再按腕部关节前置处理。

3. 肩关节前置（又称肩关节屈曲）　胎儿一侧或两侧肩关节屈曲朝向产道，肩关节以下部分伸于自身躯干之旁或腹下，使胎儿在胸部位置的体积增大，并由此引起难产。临床检查发现阴门处仅有胎儿唇部露出（两侧肩关节前置）或唇部与一前蹄同时露出（一侧肩关节前置）。产道检查可触摸到屈曲的肩关节。

助产：先转化为肘关节屈曲，再转化为腕部关节前置，最后按腕部关节前置处理。

（三）后肢姿势异常

后肢姿势异常包括跗部前置和坐骨前置。

跗部前置的特点是：后腿没有伸直即进入产道，跗关节屈曲，向着盆腔。跗关节屈曲必然伴随髋关节、膝关节屈曲，后腿折叠，后躯无法通过盆腔。

坐骨前置（又称髋关节屈曲）的特点是：胎儿的髋关节屈曲，后腿伸于自身躯干之下，坐骨向着骨盆。两侧都发生称为坐生，产道检查可以触摸到胎儿的臀部、尾、肛门和伸于自身躯干下的后肢。一侧坐骨前置，阴门内可见一后肢，蹄底朝上。

助产：矫正后牵引。矫正困难且胎儿死亡，则行截胎术。

五、胎位异常

1. 症状

（1）正生时的侧位和下位。胎儿侧位时产道检查发现两前肢及头部伸入骨盆腔，下颌朝向一侧；或两前肢和头颈屈曲、侧卧在子宫内，背部或腹部朝向母体侧腹部。下位时，胎儿仰卧在子宫内，背部朝下，两前肢和头颈位于盆腔入口处，或前肢伸直进入盆腔，蹄底向上，头颈侧向弯曲在子宫内。

（2）倒生时的侧位及下位。侧位时两后肢屈曲或伸入产道，蹄底朝向一侧（侧位）。下位时两后肢屈曲在子宫内。检查胎儿时，借跗关节可以确定是否为后腿；继续向前触诊，可以摸到臀部向着侧面或位于下面。

2. 助产　正生时，先把一前腿拉直伸入产道，然后用手钩住胎儿鬐甲部向上抬，使它变为侧位。再钩住下前肢的肘部向上抬，使胎儿基本变为上位。用手握住下颌骨，把胎头转正拉入骨盆腔，最后把另一前腿拉入骨盆腔。在发生侧位的活胎儿，有时用拇指及中指掐住两眼眶，借助胎儿的挣扎就能把头和躯干转正。如果雌性动物不站立，则侧卧保定，前低后高，将胎儿的一前腿变成腕部前置后术者紧握掌部固定。然后，将雌性动物向一侧迅速翻转。产道干燥时，翻转前灌入大量润滑剂。至于雌性动物卧于哪一侧好，应视胎儿头的位置而定，如头在自身左方，让雌性动物左侧卧保定，翻转为右侧卧。

倒生时，先将两后腿拉直进入盆腔。胎儿两髋结节间的长度较雌性动物骨盆的垂直径短，通过盆腔并无困难，可不矫正，缓慢拉出。倒生下位，牵拉位置在上的一条后腿，同时抬位置在下的髋关节，使骨盆先变成侧位，然后再继续矫正拉出。如胎儿已死，而跖部已露出阴门之外，可在两跖部之间放一粗棒，用绳把它们一起捆紧，缓慢用力转动粗棒，将胎儿转正、拉出。

六、胎向异常

胎向异常包括横向异常（腹横向、背横向）和竖向异常（腹竖向、背竖向，每种类型又分为头部向上和臀部向上）。

所有胎向异常的难产均难于救治。若胎儿活时，宜尽早施行剖宫产术；若胎儿死亡，则宜尽早施行截胎术。

第六节 难产的防治

一、防治的措施

①做好育种工作，避免近亲繁殖，因近亲繁殖易出现生殖道畸形；②不宜配种过早；③合理喂养；④适当运动；⑤适宜环境，减少应激。

二、防治难产的方法

施行临产前检查，对分娩正常与否做出早期诊断，可以使某些刚发生的难产，通过矫正后转化为顺产。

检查的时间：从胎膜露出至排出胎水的这一段时间（这正是胎儿前置部分刚进入骨盆腔的时间）。

思考题

1. 简述难产的临床检查内容。
2. 简述难产时手术助产的基本原则。
3. 简述牵引术的适应证和手术的注意事项。
4. 简述矫正术的适应证和手术的注意事项。
5. 简述截胎术的适应证和手术的注意事项。
6. 简述剖宫取胎术的适应证和手术的注意事项。
7. 雌性动物异常引起的难产有哪几种？简述每种疾病的症状和助产方法。
8. 简述头颈倾弯、腕部关节前置的症状和助产方法。
9. 如何进行难产的防治？

执业兽医资格考试试题列举

1. 引起猪继发性子宫迟缓的主要原因是（　　）。
   A. 体质虚弱　B. 胎水过多　C. 身体肥胖　D. 子宫肌疲劳　E. 催产素分泌不足
2. 治疗牛临产时发生子宫捻转不宜采用的方法是（　　）。
   A. 翻转母体　B. 剖宫矫正　C. 产道内矫正　D. 直肠内矫正　E. 牵引术矫正
3. 牵引术助产的适应证是（　　）。
   A. 子宫捻转　B. 骨盆狭窄　C. 原发性子宫弛缓
   D. 继发性子宫弛缓　E. 子宫颈开放不全
4. 乳牛难产做产科检查时，发现进入产道的胎儿背部与母体背部不一致是属于（　　）。
   A. 胎儿过大　B. 胎向异常　C. 胎位异常　D. 胎势异常　E. 产道异常
5. 乳牛剖宫产术侧卧保定合理的切口是（　　）。
   A. 左肷部前切口　B. 右肷部前切口　C. 左肋弓下斜切口

D. 右肋弓下斜切口　　E. 平行左乳静脉白线旁切口

6. 难产可造成雌性动物一系列疾病，不属于难产继发症状的是（　　）。

A. 妊娠毒血症　　B. 弥散性血管内凝血　　C. 休克

D. 腹膜炎　　E. 子宫及产道损伤

7. 引起子宫痉挛的原因多见于（　　）。

A. 雌性动物肥胖　　B. 妊娠期缺乏运动　　C. 分娩前受到惊吓

D. 不正确助产　　E. 胎儿死亡

8. 乳牛，分娩时持续强烈努责 1 h，仅见两前蹄露出阴门外，产道检查发现胎儿头颈左弯。首选的助产方法是（　　）。

A. 矫正术　B. 牵引术　C. 截肢术　D. 剖宫产术　E. 翻转母体术

9. 乳牛剖宫产手术，子宫壁切口的缝合方法是（　　）。

A. 浆膜肌层连续内翻缝合　　B. 浆膜肌层间断外翻缝合

C. 子宫壁全层连续内翻缝合　　D. 子宫壁全层间断内翻缝合

E. 全层水平纽扣缝合

10. 乳牛分娩，持续努责 1.5 h 仍未产出胎儿。检查发现胎膜已经破裂，一前蹄露出阴门外，口鼻位于阴道内，另一前肢腕关节屈曲，抵于耻骨前缘，胎儿尚活。处理该难产的首选方法是（　　）。

A. 直接矫正屈曲的腕关节

B. 将头部推回子宫腔，矫正屈曲的腕关节

C. 将露出的前肢推回子宫腔，矫正屈曲的腕关节

D. 推回屈曲的肢体，向外牵拉头部和露出的前肢

E. 截除屈曲的腕关节，再向外牵拉头部和露出的前肢

11. 经产母猪，分娩时排出 4 个胎儿后停止努责，30 min 后仍无努责迹象。产道检查发现有一胎儿位于骨盆腔入口处，两蹄部和鼻端位于子宫颈处。该猪最可能发生的疾病是(　　)。

A. 继发性子宫迟缓　　B. 原发性子宫迟缓　　C. 子宫颈狭窄

D. 骨盆腔狭窄　　E. 胎势异常

12. 乳牛，已妊娠 276 d。后肢踢腹，脉搏 93 次/min。阴道检查发现阴道壁紧张，阴道腔深部狭窄，出现螺旋状旋转，子宫颈口不明显。该牛最可能发生的疾病是（　　）。

A. 子宫颈后右侧捻转　　B. 子宫颈后左侧捻转　　C. 子宫颈前右侧捻转

D. 子宫颈前左侧捻转　　E. 子宫痉挛

13. 犬，分娩努责 2 h 未见胎儿排出。阴道检查发现其骨盆入口处摸到胎儿的背侧朝向产道，头部朝向母体的背侧。该犬发生难产的原因是（　　）。

A. 胎儿下位　B. 胎儿侧位　C. 胎儿上位　D. 胎儿背竖向　E. 胎儿腹横向

14～15 题共用以下答案：

A. 纵向、倒生、上位　　B. 横向、正生、侧位　　C. 横向、倒生、上位

D. 纵向、正生、侧位　　E. 纵向、倒生、下位

14. 小尾寒羊，5 岁，难产。产道检查见胎儿两后肢进入产道且伸直，胎儿的背部靠近母体的下腹部。分娩时胎儿的胎向、胎位是（　　）。

15. 母马分娩，努责强烈，未见胎儿产出。产道检查见两前肢和胎头已进入产道且伸直，胎儿的背部靠近母体的侧腹壁。分娩时胎儿的胎向、胎位是（　　）。

16. 妊娠母牛，突然出现腹痛、起卧不安、呼吸和脉搏加快等临床症状。

（1）预示将要发生（　　）。

A. 先兆流产　B. 隐性流产　C. 延期流产　D. 胎儿浸溶　E. 胎儿干尸化

（2）处理该病的原则是（　　）。

A. 注射前列腺素　B. 早孕因子的测定　C. 孕酮分析
D. 兴奋子宫收缩药催产　E. 抑制子宫收缩药安胎

（3）对该病错误的治疗措施是（　　）。

A. 肌内注射孕酮　B. 肌内注射硫酸阿托品　C. 肌内注射溴剂
D. 肌内注射 $PGF_{2\alpha}$　E. 肌内注射氯丙嗪

（4）经上述处理后病情仍未稳定，阴道排出物继续增多，起卧不安加剧，子宫颈口已经开放，胎囊已进入阴道并破水，应尽快采取的措施是（　　）。

A. 人工助产　B. 截胎术　C. 肌内注射前列腺素、雌激素
D. 剖宫产手术　E. 子宫摘除手术

（5）若胎儿已经死亡，牵引、矫正有困难，采取的措施是（　　）。

A. 人工助产　B. 截胎术　C. 肌内注射前列腺素、雌激素
D. 剖宫产手术　E. 子宫摘除手术

（6）如子宫颈管开张不大，手不易伸入，采取的措施是（　　）。

A. 人工助产　B. 截胎术　C. 肌内注射前列腺素、雌激素
D. 剖宫产手术　E. 子宫摘除手术

（7）如子宫颈口仍不开放，胎儿不易取出，采取的措施是（　　）。

A. 人工助产　B. 截胎术　C. 肌内注射前列腺素、雌激素
D. 剖宫产手术　E. 子宫摘除手术

17. 母猪，3.5 岁，体格偏瘦。妊娠 114 d 时分娩，产出 8 个胎儿后努责微弱，40 min 后仍不见胎儿产出。B 超检查可见子宫后部有多头活胎。

（1）该猪难产最可能的原因是（　　）。

A. 继发性子宫迟缓　B. 原发性子宫迟缓　C. 子宫痉挛
D. 胎儿过大　E. 阴道狭窄

（2）首选的助产药物是（　　）。

A. 前列腺素　B. 雌激素　C. 催产素　D. 麦角新碱　E. 葡萄糖酸钙

（3）首选的手术助产方法是（　　）。

A. 牵引术　B. 矫正术　C. 截胎术　D. 剖宫产术　E. 子宫颈扩张

18. 乳牛，已妊娠 285 d，表现不安，后肢踢腹，脉搏 96 次/min。阴道检查发现阴道腔深部狭窄，阴道壁的前端呈顺时针螺旋状旋转，子宫颈口开张不明显。

（1）该病首选治疗方案是（　　）。

A. 右侧卧保定，然后迅速仰翻为左侧卧

B. 左侧卧保定，然后迅速仰翻为右侧卧

C. 仰卧保定，左右侧呈 45°角晃动 10 min

D. 仰卧保定，左右侧呈 60°角晃动 10 min

E. 仰卧保定，然后迅速翻转为右侧卧

（2）【假设信息】如果经过几次翻转处理无效，选择手术矫正，适宜的切口部位是（　　）。

A. 腹白线右侧切口　　B. 腹白线左侧切口　　C. 右侧肋弓下斜切口

D. 左肷部中下切口　　E. 右肷部中切口

19. 接产时，必须帮助拉出胎儿，除了（　　）之外。

A. 努责和阵缩微弱，无力产出胎儿　　B. 产道狭窄，胎儿过大，产出滞缓

C. 努责和阵缩正常，胎儿的方向、位置、姿势正常

D. 正生时胎头通过阴门困难　　E. 倒生时应迅速拉出

20. 某乳牛最后发情的配种时间是 2015 年 5 月 10 日。在 2016 年 2 月 15 日晚上，该母牛出现羊膜囊破 1 h 后，胎儿的两前肢自腕部以下伸出阴门外，一长一短。

（1）如要进一步确诊，最必要的检查内容是（　　）。

A. 腹部听诊　B. 腹部触诊　C. 直肠检查　D. 产道检查　E. 剖腹探查

（2）上述检查最有诊断意义的结果是（　　）。

A. 触到侧弯的颈部　　B. 触到屈曲腕关节　　C. 触摸屈曲肘关节

D. 触摸肩关节前置　　E. 触摸前置肩关节

（3）最可能的诊断是（　　）。

A. 腕部前置　　B. 屈曲肘关节　　C. 头颈侧弯

D. 肩关节前置　　E. 肘关节前置

21. 牵引术不能用于（　　）。

A. 子宫松弛助产　　B. 胎儿较大助产　　C. 胎儿倒生助产

D. 截胎胎儿取出　　E. 横向胎儿助产

22～25 题共用以下答案：

A. 牵引术　　B. 矫正术　　C. 截胎术

D. 翻转母体术　　E. 剖宫取胎术

22. 雌性动物个体小、骨盆狭窄，胎儿绝对过大的难产，宜采用的助产方法是（　　）。

23. 经产大动物由于年龄偏大、体质较弱，分娩时产力不足，检查胎儿状况和产道正常，宜采用的助产方法是（　　）。

24. 分娩雌性动物努责强烈、产道松弛，由胎位、胎势、胎向不正导致的难产，宜采用的助产方法是（　　）。

25. 分娩雌性动物心功能不良，遇胎儿畸形或严重胎儿状态异常无法矫正的难产，宜采用的助产方法是（　　）。

【参考答案】

1. D　2. E　3. C　4. C　5. D　6. A　7. C　8. A　9. A　10. B
11. A　12. A　13. D　14. E　15. D　16. （1）A（2）E（3）D（4）A（5）B（6）C（7）D　17. （1）A（2）C（3）A　18. （1）A（2）A　19. C
20. （1）D（2）A（3）C　21. E　22. E　23. A　24. B　25. C

第八章　产后期疾病

导　学

掌握产道损伤（阴道及阴门损伤、子宫颈损伤）、子宫破裂、子宫脱出、胎衣不下、乳牛生产瘫痪、犬产后低钙血症、乳牛产后截瘫、产后感染、子宫复旧延迟等的病因、症状、诊断、防治。

第一节　产伤

产伤是指母畜的产道受到损伤的现象。产伤主要发生在分娩期，其他时间也可能发生。根据损伤的解剖部位不同，产伤可分两种：一种是软产道损伤，即阴门、尿生殖前庭、阴道和子宫（子宫颈、子宫体和子宫角）等的损伤；另一种是硬产道的损伤，包括骨盆韧带和神经的损伤以及骨盆腔骨折等。

临床上常见的产伤有阴道及阴门损伤、子宫颈损伤、子宫破裂及穿孔、产后截瘫等。

常见产伤的原因有：①分娩时胎儿擦伤黏膜；②胎儿过大强行拉出胎儿；③胎位、胎势不正，未完全矫正而强行拉出胎儿；④使用助产器械操作不当；⑤产道干燥，阴门较小或子宫颈未完全开张；⑥不正确使用催产素或阵缩和努责过强；⑦不正确剥离胎衣；⑧胎儿的头和蹄异常导致损伤。此外，由于人工授精配种或治疗生殖器官疾病时操作不当、管理不善如滑跌、角斗、畜舍及运动场有尖物突起等，也会导致损伤的产生。

一、阴道及阴门损伤

分娩和难产时，阴道及阴门损伤最容易发生。常见撕裂口边缘不整齐、出血、肿胀，阴门黏膜紫红色并有血肿。雌性动物极度疼痛，骚动不安，拱背并频频努责。根据病史、结合临床症状即可诊断。按照外科方法处理，处理不及时，容易造成细菌感染。

二、子宫颈损伤

若子宫颈黏膜轻度损伤，可自行愈合；若子宫颈撕裂口深，多发生在胎儿排出期。阴道检查可发现损伤的部位及出血情况。若子宫颈环状肌发生严重撕裂，会影响子宫颈闭锁，可通过阴门进行缝合，并做好止血和抗感染工作。

三、子宫破裂

子宫破裂分不完全破裂（子宫壁黏膜层或黏膜层和肌肉层发生破裂，而浆膜层未破裂）和完全破裂（子宫壁三层组织发生破裂，子宫腔与腹腔相通）。子宫完全破裂的破口很小时，称为子宫穿孔。

根据创口的深浅、大小、部位、动物种类以及裂口感染与否，动物的临床症状有所不同。根据破裂的位置与程度，采取局部处理配合抗感染。

四、产后截瘫

产后截瘫是指在分娩过程中由于后躯神经受损，或由于钙、磷及维生素D不足而导致母畜产后后躯不能站立。

1. 临床症状 乳牛多发生神经受损性的产后截瘫：体温、呼吸、脉搏及食欲、反刍等均无明显异常；皮肤痛觉反射也基本正常；后肢不能站立，或后肢站立困难，行走有跛行症状；起卧和姿势异常依发生部位和程度而异。①一侧闭孔神经受损：可站立，但向患侧倾斜，患肢外展，不能负重；行走时患肢外展，膝部向外前伸，膝关节不能屈曲，跨度比正常大，易跌倒。②两侧闭孔神经受损：不能站立，两后肢强直外展，出现两后肢呈蛙泳式俯卧。③臀神经麻痹：卧下后站立困难，抬起能站立，运动时明显跛行。④坐骨神经麻痹：一侧时后肢站立困难，行走有明显跛行；两侧时完全不能站立。⑤荐髂关节韧带剧伸：后肢跛行或不能站立。⑥骨盆腔骨折或髋关节脱位：卧下后不能站立。

母猪多发生产后营养性截瘫，表现为运动障碍，四肢僵硬，行走时拱腰，出现独特的踏步动作；个别母猪有兴奋症状；长时间卧地，饲喂时虽挣扎站起，但行走困难，或前肢跪地爬行；强迫行走，痛苦嚎叫；有异食癖，消化扰乱，食欲减退，粪便干燥。

预后：症状轻及时治疗，效果较好；症状严重，不能站立，预后慎重。

2. 治疗 治疗及护理方法基本上和产前截瘫相同。治疗产后截瘫要经过很长时间才能看出效果，所以护理特别重要。

如能勉强站立，或一侧性闭孔或臀神经麻痹，每天可将患牛多抬几次，帮助站位。抬牛的方法是在胸前及坐骨粗隆之下围绕其四肢，捆上一条粗绳，由数人在病牛两侧，用力抬绳，只要牛的后肢能站立，就能把牛抬起来。

对缺乏钙质者，可静脉注射葡萄糖酸钙注射液200～400 mL，隔日一次，有良好效果。为了促进钙质吸收，可肌内注射骨化醇（维生素D）注射液10～15 mL，或维生素A和维生素D每日一次，还可肌内注射维丁胶性钙。在其他矿物质（如镁、磷）缺乏时，在静脉输液时加入15%硫酸镁及15%磷酸钠溶液各200 mL。

涂擦刺激剂。使用10%樟脑乙醇涂擦腰荐部和四肢，每日2～3次，或用柔软的干草或沙垫在四肢，也可热敷、电疗和红外线照射等，以促进血液和淋巴循环及组织内的新陈代谢，加速病理产物的吸收，以利于受损组织的痊愈。

针灸。针灸和电针治疗可选择百会，另外，皮下或穴位注射士的宁或维生素B_1注射液，也有一定疗效。

在用上述方法的同时，再用糖皮质激素药物。肌内注射地塞米松或氢化可的松配合5%葡萄糖静脉注射，能加速恢复。在饲料中加入鱼肝油、钙盐和磷盐，有时可收到一定效果。对已发生的褥疮应进行治疗，加强护理。如有消化不良、便秘等，可对症治疗。

第二节 产后感染

分娩及产后生殖器官发生剧烈变化，正常排出或手术取出胎儿，可能在子宫造成损伤；

另外产后子宫颈开张，子宫内滞留恶露以及胎衣不下等，都给微生物的侵入和繁殖创造了良好条件。

引起产后感染的微生物很多，主要有链球菌、葡萄球菌、化脓棒状杆菌及大肠杆菌。

产后感染的途径有二：一是外源性的，如助产者的手、器械及雌性动物外阴部消毒不严格；产后外阴部松弛，使黏膜外翻与粪尿、褥草及尾根接触；胎衣不下、阴道及子宫脱出等；二是内源性的。

产后感染的病理过程是受侵害的部位或邻近器官发生各种急性炎症、化脓和组织坏死，或局部感染扩散，引起的全身感染。

一、产后急性阴门炎及阴道炎

在正常情况下，雌性动物的阴门关闭，阴道黏膜将阴道腔封闭，阻止外界微生物的侵入。在雌激素发生作用时，阴道黏膜上皮细胞内储存大量糖原，在阴道杆菌作用及酵解下，糖原分解为乳酸，使阴道保持弱酸性，能抑制细菌的繁殖，因此阴道有一定的防卫机能。当这种防卫机能受到破坏时，如阴门及阴道擦伤、上皮剥脱和黏膜发生损伤时，则为细菌的侵入开放了门户，细菌侵入阴门及阴道组织，引起炎症。

二、急性子宫内膜炎

急性子宫内膜炎是发生在分娩后数天之内的子宫内膜的急性炎症。若治疗不及时，炎症易于扩散，引起子宫浆膜层和子宫周围组织的炎症，最终导致不妊娠。

胎衣不下是引起产后子宫感染的主要原因之一。究其原因主要是胎衣不下的患病动物的子宫颈口较长时间的开张为细菌侵入提供了较大的可能性；同时胎衣不下时，子宫内腐败组织的存在有利于微生物的繁殖；由于不下的胎衣阻碍子宫排出恶露致使子宫复旧延迟，子宫的防御机能降低，影响子宫消除感染的能力。

1. 临床症状　全身状况轻者无异常，重者可见体温升高、食欲减退和泌乳降低。从阴门中流出黏液性或黏液脓性分泌物，为污红色或褐红色的恶臭味的液体，内含灰白色黏膜小块，卧下或努责时排出的数量较多，阴门周围及尾根部常附有这种分泌物及其干燥后所结成的痂。

（1）阴道检查。子宫颈口略微开张，有时可以看到子宫内炎性分泌物从子宫颈口流出。阴道肿胀、充血。

（2）直肠检查。可以发现一侧或两侧子宫均增大，子宫壁增厚或粗糙，触诊时子宫收缩反应弱，如果子宫内有渗出物积聚，还可感到波动。

2. 治疗　治疗的原则是制止感染扩散，清除子宫腔内的渗出物和促进子宫收缩。

（1）冲洗子宫。

（2）投放抗生素。

（3）注射缩宫剂。

体温升高和全身症状明显的子宫内膜炎，应禁止冲洗子宫，宜使用大剂量抗生素（子宫投药和全身注射），配合钙制剂及其他营养制剂全身用药，以便有效地抗菌消炎，迅速地制止感染扩散。

清除子宫腔内的渗出物和促进子宫收缩可选用催产素和麦角新碱，不宜使用雌激素，因可造成子宫血液循环加速，可加快毒物的吸收而使病情加重。

三、产后败血症和产后脓毒败血症

产后败血症和产后脓毒败血症都是局部化脓性炎症扩散到全身而发生的严重的全身性疾病。

产后败血症的特点是化脓菌侵入血液，在其内繁殖并释放出毒素。

产后脓毒败血症的特点是化脓灶的脓毒和静脉血栓软化，随血液进入其他器官和组织中而形成迁移性化脓灶或脓肿。

第三节　胎衣不下

各种动物在产出胎儿后，超过胎衣排出期而仍不排出胎膜的，称为胎衣不下。一般胎衣排出期：牛 3～8 h、水牛 4～5 h、羊 0.5～2 h、猪 0.5 h、犬 10～15 min。各种动物都可发生，但最常见于乳牛。特征是胎儿胎盘不能从母体胎盘腺窝中分离出来。

1. 病因　正常胎衣的脱离过程：①临近分娩时，胎盘中的结缔组织胶原化，子宫阜腺窝上皮开始展平；②开口期时由于阵缩，伴随交替出现的局部缺血和充血，胎儿胎盘绒毛表面积也发生相应变动，促使绒毛与腺窝的结合松动；③胎儿排出及脐带脱离后，绒毛血管收缩，绒毛上皮表面积和体积减小；④子宫的回缩复旧，使得胎膜与子宫分离。

下列因素均可干扰或阻碍上述过程的某一环节而致病。①产后子宫乏力：如营养不足、循环障碍、激素失调、低钙血症等代谢病、慢性疾病、难产、运动不足等，均可导致子宫乏力，过早停止阵缩；子宫阵缩乏力则不能使子宫的血液迅速减少，不利于腺窝的张力下降。②胎盘不成熟。③绒毛水肿：如子宫捻转、剖宫产牛、绒毛水肿导致脱离困难。④妊娠期延长，胎盘结缔组织增生，阻止胎盘分离。⑤胎盘充血。⑥内分泌失调：雌激素下降孕酮上升。⑦与母牛的胎盘结构有关。⑧其他：子宫颈收缩过早，妨碍胎衣排出；产后子宫套叠，胎衣被夹住等。

2. 临床症状　胎衣不下分为部分不下及全部不下两种。

3. 治疗　治疗原则是尽早采取治疗措施，防止胎衣腐败吸收，促进子宫收缩，局部和全身抗菌消炎，适时剥离胎衣。方法有药物疗法和手术剥离两类。

（1）药物疗法。①促进子宫收缩，肌内注射垂体后叶素、催产素或麦角新碱，在产后 2 h 以内注射效果好，注意催产素与麦角新碱不能联用；灌服羊水；使用加减生化汤：当归、川芎、桃仁和炮姜。②促进胎盘分离。子宫内注射 5%～10%高渗盐水，但注意之后要尽可能排出。③预防胎衣腐败及子宫感染：子宫投放广谱抗生素粉或栓剂。

（2）手术剥离。适用于大动物。

a. 剥离时间。产后 20～24 h 进行，夏季可适当提早；或药物治疗无效时（牛不超过 72 h、马不超过 24 h），在子宫颈管缩小到手不能通过之前进行剥离。

b. 剥离原则。能剥就剥，不可强行剥离；患急性子宫内膜炎或体温升高的需剥离。胎盘是否剥离的依据：剥离的子叶表面粗糙，与胎膜不相连；未剥离的子叶表面光滑，与胎膜相连。

c. 要求。快（20 min 内剥离完）、净（无菌操作，剥离干净）、轻（动作要轻，不可粗暴)，严禁损伤子宫内膜。

d. 基本方法（图 8-1)。①准备：外阴部及周围常规消毒，注入 10% NaCl 1～2 L；②左手握住胎衣，同时稍用力捻转并向外拉紧，右手沿胎衣进入子宫，触摸未分离的胎盘；③剥离的顺序：由近到远，逐个逐圈进行，螺旋式前进，先剥一角再剥另一角；④投放广谱抗生素粉或栓剂。

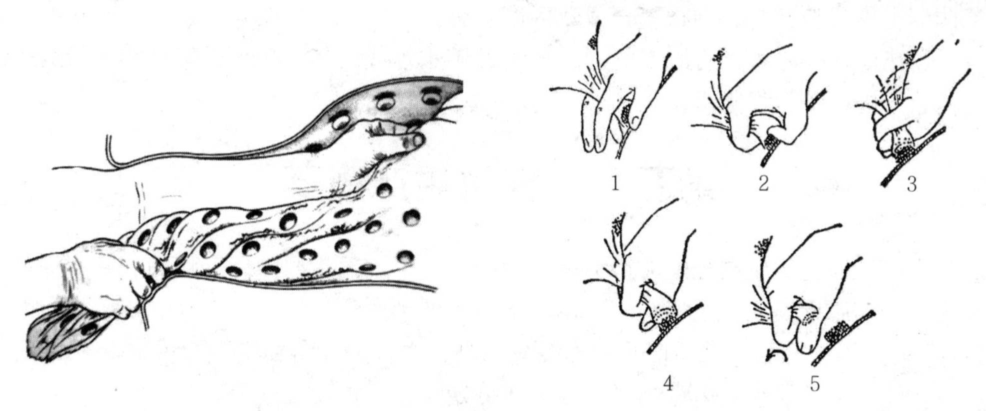

图 8-1　牛胎衣剥离方法示意图

e. 注意：①消毒必须严格，操作细致，不应损伤黏膜或摘掉子叶；②尽可能不一个一个单独撕下；③检查每个子叶是否剥离完全；④按剥离的顺序进行，不可随意剥离。

4. 预防　①妊娠期要饲喂维生素丰富的饲料；适当增加运动；产前一周要减料。②让母畜舔吮胎儿身上羊水和服用红糖益母草汤。③分娩后立即注射垂体后叶素或麦角新碱。④在精料中加有机硒盐或产前注射亚硒酸钠。⑤用剪刀剪断胎衣下垂部的脐带断端，使脐血管的血液流出，这可促使母子胎盘之间的联系松弛，使胎衣排出。⑥禁止拴重物以促使胎衣排出。

第四节　子宫内翻和脱出

子宫角前端的一部分翻入子宫腔或阴道内的，称为子宫内翻（套叠）；子宫角全部翻出阴门之外，则称为子宫脱出。这两者是同一病理过程的两种表现，仅发生的程度不同。

此病多发生在分娩之后数小时内，这是因为子宫尚未收缩，子宫颈仍在扩张的缘故。此病乳牛、羊多发，猪和犬也可发生。

1. 病因　子宫脱出是产后努责强烈、外力牵引、子宫肌紧张性降低和弛缓所致。

2. 临床症状　牛从阴门外看到不规则的长椭圆形袋状物，往往下垂至跗关节上方。一般是一个子宫角脱出或双角同时脱出。脱出的子宫还附着部分未脱离的胎衣，黏膜表面可见紫红色的子叶。

猪脱出的子宫角很像两条肠管，但较粗大，且黏膜表面血管很多，颜色紫红，上有横皱襞。全身症状明显，卧地不起，精神沉郁，很快出现虚脱。

犬脱出的子宫露出阴门外，黏膜淤血或出血或部分坏死，一侧或两侧脱出。

3. 治疗　对子宫脱出的病例，必须及早施行整复。子宫脱出的时间越长，整复越困难，所受外界刺激越严重，康复后不妊娠率越高。对犬、猫和猪的病例，必要时可进行手术整复子宫。

(1) 及时整复并加以固定。必须检查子宫腔中有无肠管和膀胱，若有，应先将肠管压回腹腔、导出膀胱中尿液，再行整复。①保定：最好使动物为前低后高的姿势，牛最好横卧；猪保定在梯子或木板上，后躯抬高。②清洗：用无刺激性或刺激性小的温热消毒药液（如0.1%高锰酸钾、0.05%新洁尔灭或0.1%依沙吖啶溶液；水肿严重时，用2%明矾进行冷敷。③麻醉：硬膜外腔麻醉法。④整复。⑤整复后应在子宫内放入抗生素，肌内注射缩宫素。⑥阴门上做袋口缝合、圆枕缝合或双内翻缝合。

(2) 脱出子宫切除术。对脱出时间久、送回困难，或损伤、坏死严重，整复后会引起全身感染的，可施行子宫切除术。

第五节　乳牛生产瘫痪

乳牛生产瘫痪是母牛在分娩前后突然发生的一种严重的代谢障碍性疾病。其特征是意识和知觉丧失，四肢瘫痪，消化道麻痹，体温下降和低钙血症。

以5～9岁（3～6胎）的经产且营养良好的高产牛多发，多发生于产后12～48 h时大量挤乳以后；娟姗牛最易感；治愈的母牛在下次分娩时还可再度发病。

一、病因

1. 低钙血症　是本病发生的主要原因。促使血钙降低的因素可能是一种或几种因素共同作用的结果。这些因素有：①分娩前后大量血钙进入初乳且动用骨钙的能力降低，引起血钙下降；②分娩前后从肠道吸收钙量减少，引起血钙下降；③由于胎儿骨骼发育的消耗，机体中储存的钙量减少，分娩前后机体甲状旁腺激素的分泌处于抑制状态，动员钙的能力下降，不能维持血钙平衡；④机体血镁降低时，从骨骼动用钙的能力降低。

2. 大脑皮层缺氧　分娩后为了满足泌乳的需要，乳房迅速增大，机体血量的20%以上流经乳房；泌乳期肝代谢功能增强，体积增大，储血量增多，可比正常条件下多20%以上，来满足将消化道吸收物质转化为生成乳汁的原料的需求；排出胎儿后腹腔压力下降，内脏器官被动充血。正是这些因素共同作用，机体血流量被重新分配造成一时性脑贫血、缺氧，脑神经兴奋性降低。临床表现出短暂的兴奋（不易观察到）和随之而来的功能丧失的症状。这些症状的出现与该病的发展过程极其吻合。

二、临床症状

1. 典型症状　多发生在产后的12～72 h。病程发展很快，整个过程不超过12 h。乳牛依血钙降低的程度不同，可分三个阶段：①食欲不振，反应迟钝，呈嗜眠状态，体温不高，耳发凉；②后肢僵硬，肌肉震颤，站立不稳，运步失调，多数于1～2 h内俯卧而不能站立，头颈弯向胸腹壁的一侧，若强行拉直则松手后又弯向原侧，这为示病症状；③呈昏迷状态：意识和知觉丧失，反射减弱或消失，瞳孔扩大；咽、喉、胃、肠道麻痹，常出现瘤胃鼓气，排粪排尿停止；心音减弱，速率增快达80～120次/min；脉搏微弱，呼吸深慢，听诊有啰音；体温下降至35～36 ℃。若不及时发现，常在昏迷中死亡。

2. 非典型症状　多发生于分娩前或分娩后数日至数周。表现为轻度不安，全身无力，步态不稳；精神沉郁，食欲不振，反刍和泌乳下降或停止。病畜俯卧时，颈部呈现一种不自然的姿势，即所谓S状弯曲。

猪多发生于产后数小时至2～5 d。病初不安，食欲减退，体温正常；随即卧地不起，处于昏睡状态，反射消失，泌乳大减或停止。

三、诊断

诊断依据：①3～6胎的高产牛；②多发生于产后12～48 h时大量挤乳以后，并出现特征性症状；③血钙浓度低于1.5 mmol/L，多数为0.5～1.25 mmol/L；④乳房送风和钙剂疗法有疗效。

非典型生产瘫痪必须与乳牛酮血症、产后截瘫进行鉴别诊断。

四、治疗

静脉注射钙制剂或乳房送风是治疗生产瘫痪最有效的方法，治疗越早，疗效越好。

1. 钙剂疗法　最好选用硼葡萄糖酸钙（加入4%硼酸的作用是提高葡萄糖酸钙的溶解度和溶液的稳定性）。剂量：可按每50 kg体重1 g纯钙的剂量注射钙剂。10%葡萄糖酸钙静脉注射，牛800～1400 mL，猪200 mL。钙剂疗法的良好反应：嗳气，肌肉震颤，特别是肋部，并常扩展至全身，脉搏减慢，心音增强，鼻镜湿润，排干硬粪便，多数在4 h后站立。

治疗过程应注意问题：①剂量：过大可使心率加快、心律失常，甚至死亡；不足则不能站立或再度复发。剂量的使用应根据个体大小、病情轻重、血钙高低和心脏状况来确定。因此临床上注射钙剂时，应密切监视心脏情况，尤其当注射最后的1/3量时。注射到一定量时，心率下降，可由100～120次/min降至70～90次/min，其后又逐渐回升至原来的心率，此时表明用量最佳，应停止注射。对原心率改变不大或出现心率加快、心律不齐即停止注射。②掌握注射速度。一般500 mL溶液至少需要10 min的时间，注射时剂量过大或注射的速度过快，可引起心率增快和节律不齐，严重时还可引起心传导阻滞而发生死亡。③注射后6～12 h如不起反应者，可重复注射，但最多不得超过三次；因注射三次仍不见效，证明钙剂疗法无效，而且继续应用可能发生不良反应。④对反应不佳的病例，或怀疑有血磷及血镁不足时，在第二次治疗时，可同时静脉注射15%磷酸钠溶液200 mL或5%磷酸二氢钠200 mL及25%硫酸镁溶液50～100 mL。⑤在一次治愈后，为防止复发，通常在1～2 d内注射维持量，维持量为首次量的1/3～1/2。

2. 乳房送风　适用于发病早期，对钙制剂反应不佳或复发的病例。

作用机理：①注入空气，刺激乳腺末梢神经，提高大脑皮层的兴奋性，解除抑制状态；②提高乳房内压，减少乳房血流量，以制止血钙的进一步降低，并通过反射作用使血压回升。

操作过程注意：①消毒抗感染，可先向乳区注射青霉素；②4个乳区均送风；③以乳房皮肤紧张，乳基部边缘轮廓清楚，用手轻叩乳房呈鼓音为适宜；④用宽纱布扎住乳头，经1～2 h解开；⑤一般在注入10 min后有反应，30 min即恢复。

存在问题：可因消毒不严而使乳腺发生感染，及机械性损伤乳腺。

3. 饲养管理注意事项　保温；要有专人护理，多加垫草；在疾病痊愈后1～2 d内，挤出的乳以够喂犊牛为度，以后才可逐渐将乳挤净；病牛侧卧的时间过长，要设法使其转为俯卧，或每天将牛翻转3～4次，防止褥疮和异物性肺炎的发生；病牛初期起立时，仍有困难或者站立不稳，必须注意加以扶持，避免跌倒损伤。

五、预防

①干乳期，尤其是产前 2～4 周应避免钙摄入过多。②分娩前后，最重要的是保持旺盛的食欲，并于分娩前 1 d 或产后数天内，每天投喂 150 g $CaCl_2$，增加钙摄入量。也可在产犊前 4 周在饲料中加 $CaCl_2$、$Al_2(SO_4)_3$、$MgSO_3$ 等，使饲料变为酸性，以促进钙吸收。③产前 3～4 d，每天饲喂维生素 D。④产前 4 周至产后 4 周，每天补喂 $MgCl_2$ 60 g。

第六节　子宫复旧不全

雌性动物产后子宫恢复到妊娠前状态的过程延迟称为子宫复旧不全，本病多见于体弱、年老和营养不良的经产动物，尤其是牛。

子宫的复旧是渐进的，由于子宫肌纤维的回缩，子宫壁由薄变厚，容积逐渐恢复原状。产后母牛子宫复旧一般需要 30～45 d，水牛子宫复旧需要 39 d，羊产后子宫复旧比母牛快，基本复旧是在产后 17～20 d，猪的子宫复旧要在产后 25～28 d。

1. 症状　产后恶露排出时间延长（牛正常为 10～12 d，羊 5～6 d，猪 2～3 d）。一般无全身症状，但经产牛可见渐进性消瘦。阴道检查：子宫颈口开张，产后 7 d 仍可伸入一个手掌，产后 14 d 还能通过 1～2 指。直肠检查：子宫体积大（比产后同期），下垂，壁厚而软，收缩反应弱，有的病例还可摸到未完全萎缩的子叶。

2. 治疗　促进子宫收缩和增强抗感染能力，促使恶露排出，防止发生慢性子宫内膜炎。①使用缩宫剂如垂体后叶素、雌激素、麦角新碱和 $PGF_{2\alpha}$（子宫内注射，4 mg）。②冲洗子宫：10%食盐水、0.05%～2%高锰酸钾溶液、0.1%～0.2%利凡诺溶液、0.01%～0.05%新洁尔灭溶液。注意：冲洗量依子宫大小而定，不可过多；不宜施加压力，以免冲洗液通过输卵管进入腹腔；每次治疗冲洗 2～3 次，待排出冲洗液后加入抗生素。

第七节　犬产后低钙血症

犬产后低钙血症（也称产后癫痫、产后子痫或产后痉挛等）是以低血钙和运动神经异常兴奋而引起的以肌肉痉挛为特征的严重代谢性疾病。多发于产后 1～3 周的产仔数较多或体型较小的母犬。

1. 病因　母犬妊娠前中期，日粮中缺少含钙的食物和维生素 D。妊娠阶段，随着胎儿的发育，骨骼形成过程中母体的钙被胎儿大量利用。哺乳阶段，血液中大量的钙质进入母体的乳汁中，大大超出母体的补偿能力，从而使肌肉兴奋性增高，出现全身性肌肉痉挛症状。

2. 临床症状　根据病情的轻重缓急和病程长短，可分为急性和慢性两种。

（1）急性型。犬病初步态蹒跚，共济失调，很快四肢僵硬，后肢尤为明显。表现不安，全身肌肉强直性痉挛。站立不稳，随后倒地，四肢呈游泳状，口角和颜面部出现肌肉痉挛等。重症者狂叫，全身肌肉发生阵发性抽搐，头颈后仰，体温 41.5 ℃以上，脉搏 130～145 次/min。呼吸急促，眼球上下翻动，口不断开张闭合，甚至咬伤舌面，唾液分泌量明显增加，口角附着白色泡沫或唾液不断流出口外。

(2) 慢性型。有的病犬后肢乏力，迈步不稳，难以站立，呼吸略急促，流涎。有的肌肉轻微震颤，张口喘气，乏食，嗜睡；有的伴有呕吐、腹泻，体温在38～39.5℃。

3. 诊断 主要根据犬的病史，结合临床症状进行诊断，确诊需要在实验室检查血液中钙的含量。如果血清钙含量在7 mg/100 mL以下（正常为9～11.5 mg/100 mL），则可诊断为患本病。

4. 治疗 本病的治疗原则是尽早补充钙剂，防止钙质流失，对症治疗。

静脉缓慢注射10%葡萄糖酸钙是十分有效的疗法。一般在滴注钙的一半量后大部分病犬的症状可得到缓解，输入全量钙后症状即可消除。

用10%葡萄糖酸钙20～40 mL及25%硫酸镁2～5 mL溶于200 mL生理盐水或林格氏液中缓慢静脉滴注。为防止继发感染可用氨苄西林1～3 g静脉注射。体温高者可用安乃近2～4 mL肌内注射。母犬发病后应尽早隔离幼犬，施行人工哺乳，以改善母犬营养，促进恢复，防止复发。

思考题

1. 简述产伤的原因和类型。
2. 简述产后感染的原因和类型。
3. 简述胎衣不下的病因。
4. 简述胎衣不下的处理方法及应注意的事项。
5. 简述子宫套叠及脱出的治疗原则和方法。
6. 简述生产瘫痪的病因。
7. 简述生产瘫痪的临床诊断标准。
8. 简述生产瘫痪的治疗方法及应注意的事项。
9. 简述子宫复旧不全的临床症状和治疗方法。

执业兽医资格考试试题列举

1. 高产乳牛顺产后出现知觉丧失、不能站立，首先应考虑（　　）。
   A. 酮病　B. 产道损伤　C. 产后截瘫
   D. 生产瘫痪　E. 母牛卧地不起综合征
2. 牛子宫全脱整复过程中不合理的方法是（　　）。
   A. 荐尾间硬膜外麻醉　B. 子宫腔内放置抗生素　C. 牛体位保持前高后低
   D. 皮下或肌内注射催产素　E. 对脱出子宫进行清洗、消毒、复位
3. 抢救母犬产后低钙血症最有效的药物是（　　）。
   A. 钙片　B. 维生素D　C. 维丁胶性钙
   D. 葡萄糖酸钙注射液　E. 甲状旁腺激素注射液
4. 与其他动物相比，牛胎衣不下发生率较高的主要原因是（　　）。
   A. 肥胖　B. 瘦弱　C. 内分泌紊乱
   D. 饲养管理失宜　E. 胎盘组织构造特点

5. 乳牛，2.5 岁，产后已经 18 h，仍表现弓背和努责，时有污红色带异味液体自阴门流出。治疗原则为（　　）。

A. 增加营养和运动量　B. 剥离胎衣、增加营养　C. 抗菌消炎和增加运动量
D. 促进子宫收缩和抗菌消炎　E. 促进子宫收缩和增加运动量

6. 产后脓毒血症的热型是（　　）。

A. 双相热　B. 稽留热　C. 间歇热　D. 弛张热　E. 回归热

7. 高产乳牛生产瘫痪的主要原因是（　　）。

A. 低血糖　B. 低血钙　C. 难产
D. 后躯神经损伤　E. 高血酮

8. 山羊，7 岁，产后 6 h，出现拱背、努责，随着努责流出少量污红色液体和组织碎片，治疗该病适宜的药物是（　　）。

A. 雌二醇、土霉素　B. 雌二醇、催产素　C. 孕酮、土霉素
D. 孕酮、雌二醇　E. 前列腺素、孕酮

9. 胎衣不下发生率较高的动物是（　　）。

A. 马　B. 山羊　C. 猪　D. 乳牛　E. 犬

10. 牛胎衣不下时最常用的检查方法是（　　）。

A. X 线检查　B. 直肠检查　C. 阴道检查　D. 血液生化检查　E. B 超检查

11. 已产 4 胎的高产乳牛，分娩后 1 d 突然发生全身肌肉震颤，但很快出现全身肌肉松弛无力，四肢疼痛、位于腹下，头向后弯于胸侧，神志昏迷等症状，各种感觉反射降低或丧失，体温降低，心跳快弱，治疗该病的特效方法是（　　）

A. 补葡萄糖　B. 静脉补充足够的钙　C. 补充维生素
D. 乳房送风　E. 强心

12. 某母牛体质比较差，分娩时发生难产，经有效助产后产出一活胎，但母牛产后喜卧少站立，第 2 天从阴门内露出拳头大小的红色筒状物，该物第 3 天呈篮球大小的圆形、暗红色、有弹性的瘤状物。诊断最大可能的疾病是（　　）。

A. 子宫脱出　B. 直肠脱出　C. 阴道肿瘤　D. 阴道脱出　E. 膀胱脱出

13. 因子宫捻转导致的乳牛难产属于（　　）。

A. 产道性难产　B. 产力性难产　C. 胎位性难产
D. 胎向性难产　E. 胎势性难产

14. 与发生牛子宫脱出无关的因素是（　　）。

A. 子宫弛缓　B. 助产时急速拉出胎儿
C. 胎儿排出后母牛努责强烈　D. 产后子宫生理性收缩
E. 应用牵引术助产时产道干涩

15. 母猪，产后 2 d 体温升高，食欲下降，从阴门流出灰褐色液体，内含胎衣碎片，治疗应选择的药物组合是（　　）。

A. 抗生素、雌激素与催产素　B. 人工盐与前列腺素　C. 抗生素与孕酮
D. 孕酮与催产素　E. 雌二醇与孕酮

16. 乳牛，分娩正常，产后当天出现不安、哞叫、兴奋，不久出现四肢肌肉震颤、站立不稳、精神沉郁、感觉丧失，体温 37 ℃。

（1）最可能发生的疾病是（　　）。

A. 酮血病　B. 产后截瘫　C. 生产瘫痪　D. 胎衣不下　E. 产后败血症

（2）发病的主要原因是（　　）。

A. 低血钾　B. 低血钙　C. 后躯神经受损

D. 子宫收缩无力　E. 产道及子宫感染

（3）最适宜的治疗原则是（　　）。

A. 抗菌消炎　B. 补充钙剂　C. 补充葡萄糖　D. 注射催产素　E. 补充电解质

17. 博美犬，分娩后第 4 天早晨出现震颤，瘫痪，吠叫，呼吸短促，大量流涎。体温 42 ℃，血糖 5.5 mmol/L，血清钙 1.2 mmol/L。

（1）该犬所患疾病是（　　）。

A. 酮病　B. 低血糖　C. 子宫套叠　D. 胎衣不下　E. 产后子痫

（2）治疗该犬首选的药物是（　　）。

A. 氯化钠　B. 氯化钙　C. 氯化钾　D. 葡萄糖　E. 碳酸氢钠

（3）该病治疗药物的首选给药途径是（　　）。

A. 皮内注射　B. 皮下注射　C. 肌内注射　D. 静脉注射　E. 腹腔注射

18. 有一乳牛，分娩后第 2 天突然发病，最初兴奋不安，食欲废绝，反刍停止，四肢肌肉震颤，站立不稳，舌伸出口外，磨牙，行走时步态踉跄，后肢僵硬，左右摇晃。很快倒地，四肢屈曲于躯干之下，头转向胸侧，强行拉直，松手后又弯向原侧；以后闭目昏睡，瞳孔扩大，反射消失，体温下降。

（1）该牛可能患的是（　　）。

A. 产后败血症　B. 脑炎　C. 中毒　D. 低血糖症　E. 生产瘫痪

（2）如果进行实验室检查确诊，最必要的检查内容是（　　）。

A. X 线检查　B. 血象检查　C. 心电图检查

D. 电解质检查（血钙检测）　E. 血糖检测

（3）该病最有效的治疗方法是（　　）。

A. 抗菌消炎，防止败血　B. 补糖补钙，乳房送风　C. 输血输氧，补充能量

D. 利尿，消除脑水肿　E. 解痉镇静，消除肌肉痉挛

19～20 题共用以下答案：

A. 阴道炎　B. 胎衣不下　C. 子宫捻转　D. 子宫脱出　E. 子宫颈炎

19. 对母牛进行阴道炎检查时，发现阴道呈螺旋状褶皱。该病的诊断是（　　）。

20. 对母牛进行阴道检查时，发现子宫颈外口充血肿胀，子宫颈外褶凸出，有黏脓性恶臭分泌物。该病的诊断是（　　）。

21. 经产乳牛，5 岁，顺产一牛犊，产后当日精神、食欲、泌乳未见异常；产后第二天突发食欲废绝，精神委顿，嗜睡，四肢不能站立，卧地时头弯向左侧胸部。检查发现体温 37 ℃。

（1）进一步确诊该疾病的检查方法是（　　）。

A. 血常规检查　B. 尿常规检查　C. 血液生化检查

D. X 线检查　E. B 超检查

（2）与该病发生最相关的因素是（　　）。

A. 分娩状态　B. 产犊数　C. 繁殖率　D. 产乳量　E. 产犊季节

（3）防止该病发生的有效方法之一是在妊娠期给予（　　）。

A. 高钙高磷饲料　B. 低钙高磷饲料　C. 富含钙、铁饲料
D. 富含磷、镁饲料　E. 富含维生素 A 饲料

22. 某动物，难产，经人工助产后，雌性动物发生右后肢外展，运步缓慢，步态僵硬，X 线检查未见骨和关节异常，全身症状不明显。

（1）该病最可能的诊断是（　　）。

A. 坐骨神经麻痹　B. 闭孔神经麻痹　C. 股二头肌转位
D. 骨神经麻痹　E. 椎间盘脱出

（2）该病多发的动物是（　　）。

A. 乳牛　B. 马　C. 羊　D. 猪　E. 犬

（3）【假设信息】如两侧均发生损伤，则该动物呈（　　）。

A. 站立姿势　B. 侧卧姿势　C. 蛙坐姿势　D. 后方短步　E. 前方短步

23. 高产乳牛，已产 3 胎，此次分娩后 2 d，出现精神沉郁，食欲废绝，卧底不起，体温 37 ℃。眼睑反射微弱，头弯向胸部一侧等症状。

（1）该病最可能的诊断是（　　）。

A. 产后截瘫　B. 生产瘫痪　C. 胎衣不下　D. 股骨骨折　E. 产后感染

（2）治疗该病有效的方法是（　　）。

A. 子宫冲洗　B. 坐骨神经封闭　C. 抗菌消炎
D. 乳房送风　E. 静脉补糖

（3）【假设信息】如进一步确诊该病，可采用的方法是（　　）。

A. 直肠检查　B. 阴道检查　C. 血常规检查
D. 血液生化检查　E. 心电图检查

24. 高产乳牛生产瘫痪临诊主要表现为（　　）。

A. 全身肌肉无力　B. 知觉丧失　C. 四肢瘫痪
D. 体温下降　E. 以上都是

【参考答案】

1. D　2. C　3. D　4. E　5. E　6. B　7. B　8. B　9. D　10. C　11. B　12. D　13. A　14. D　15. A　16. （1）C（2）B（3）B　17. （1）E（2）B（3）D　18. （1）E（2）D（3）B　19. C　20. E　21. （1）C（2）D（3）B　22. （1）B（2）A（3）C　23. （1）B（2）D（3）D　24. D

第九章　雌性动物的不育

导　学

掌握雌性动物不育的原因和分类；掌握先天性不育（如生殖系统畸形、卵巢发育不良、异性孪生母犊不育）、饲养管理及利用性不育（如营养性不育、管理利用性不育、繁殖技术性不育、环境气候性不育和衰老性不育）、免疫性不育（如抗精子抗体性不育、抗透明带抗体性不育）、疾病性不育（如卵巢功能不全、卵巢囊肿、持久黄体、慢性子宫内膜炎、犬子宫蓄脓、子宫颈炎和阴道炎等导致的不育）的病因、临床症状、诊断、防治；掌握防治不育的综合措施。

第一节　概述

不育是指已达到配种年龄的雌性动物或雄性动物暂时性或永久性不能繁殖。一般雌性动物的不育称为不孕症。

不育与空怀的关系：空怀是动物繁殖计划中未完成的百分率。空怀率＝（本年度终能繁殖的雌性动物数－本年度终受胎的雌性动物数）/本年度终能繁殖的雌性动物数。这就说明有空怀的存在，必有不育；有不育的存在，不见得有空怀存在。

一、不育的标准

目前尚未统一。

（一）以生产周期为指标

（1）以乳牛年繁殖1胎（妊娠期平均280 d、配种期85 d，则365 d）为标准。出现以下情况为不孕：①育成牛20月龄未孕（18月龄配种）；②产后85 d不孕（这要求产后4个发情周期里必须配种受胎）；③高产母牛（产乳量在10 000 kg以上）120 d不孕。

（2）以猪年胎次2.23（妊娠期平均114 d，哺乳期35 d，断乳发情配种时间164 d，则年胎次为2.23）为标准。出现以下情况为不孕：①断乳后15 d未发情的母猪；②初生母猪：地方品种6～8月龄（体重70～80 kg）未孕；外来品种8～10月龄（体重90～100 kg）未孕。

（二）以生育力为标准

生育力（fertility）是动物繁殖和产生后代的能力。人们制定各种标准或在正常情况下应该达到的指标，这类指标也作为判断畜群不育的指标。

（1）牛。第一次发情期配种的受胎率高于60％，年繁殖率高于85％，受胎的配种次数平均在 1.5～1.7 次，产犊间隔时间为 12～13 个月，产后至第一次发情配种的间隔时间为 65 d 以内，85%以上的母牛于产后 60 d 时出现发情；产犊到受胎的空怀期小于 100 d；繁殖淘汰率低于 8%；产后 12 h 内不能排出胎衣的母牛低于 8%；流产率：妊娠 45～270 d 低于 8%，妊娠 120 d 低于 2%；犊牛死亡率：青年母牛低于 8%，成年母牛低于 6%。

后备母牛平均初产年龄为 24～25 月龄（开配年龄为 13～14 月龄），受胎的配种次数平均在 1.4 次，第一次发情期配种的受胎率高于 80%。

（2）猪。母猪群平均胎次为 3.5 胎；发情期受胎率一般在 75%～80%；总受胎率 85%～90%；分娩率 85%以上；断乳母猪体况≥2.5 分；断乳后母猪发情率分别是 3 d 20%、5 d 60%、7 d 95%。每头母猪年上市商品猪数量≥20.0 头；母猪群年产胎次≥2.15；母猪群平均窝产活仔数≥10.5 头；仔猪初生重≥1.5 kg。

实际反映到生产成绩为：每头母猪每年生产断乳仔猪（PSY）≥22 头或母猪的非生产天数（NPDS，指任何一头生产母猪没有妊娠、没有哺乳的天数）低于 39 d。

二、不育的原因及分类

1. 不育的原因 ①生殖器官先天性缺陷或后天性疾病；②饲养管理利用等生活条件失调和周围环境改变；③繁殖技术不当或错误。

2. 不育的分类 ①先天性不育；②饲养性不育；③管理利用性不育；④繁殖技术性不育；⑤环境气候性不育；⑥衰老性不育；⑦疾病性不育。

在生产实践中的不育往往不是由单一因素引起，而是两种或两种以上的因素综合作用的结果（如饲养性加利用性加疾病性不育、饲养性加利用性加技术性不育、疾病性加技术性不育、疾病性加饲养性不育）。因此，在诊治不育动物时，必须进行多方面的调查、研究和综合分析，从中找出主要原因，采取相应措施才能达到防治的目的。

三、不育的诊断

（一）病史的收集

应尽可能详细，尤其是繁殖史。主要包括：①不孕雌性动物的数目；②雌性动物的来源、系谱和适配年龄；③雌性动物的饲养、管理、利用情况；④雌性动物过去的繁殖成绩（上次分娩时间、产后首次发情时间、最近一次配种时间、配种后是否发情、每次受胎配种次数和产仔间隔等）；⑤雌性动物的体况（年龄、胎次，尤其是生殖道分泌物是否正常）；⑥近期雌性动物的疾病发生状况；⑦雄性动物的基本情况。

（二）临床检查

逐个进行检查，这能够为诊断提供各种确实的材料，同时对做出预后判定、提出相应的治疗方案有积极意义。

1. 重点检查的对象 ①产后 60 d 仍不发情者（牛）；断乳后 12～15 d 仍不发情者（母猪）；②阴道排出异常分泌物者；③发情周期不正常者；④产后发生胎衣不下、子宫脱出者；⑤发生流产、难产者；⑥屡配不孕者。

2. 外部检查 通过视诊检查雌性动物的外貌、体态、行为、被毛、皮肤及营养状况。重点检查：①后躯和外生殖器官；②乳房和乳头的大小。

3. 阴道和直肠检查　可以直接通过视诊或触诊检查生殖器官的变化，对诊断不孕症起着决定作用。

阴道检查特别是黏膜的颜色，是否有肿胀、溃疡和损伤；子宫颈的位置、大小、形状、颜色、颈口开张程度，有无分泌物等；必要时检查所处发情周期的阶段。

直肠检查：子宫的位置、大小、形状、质地、内容物、是否游离以及子宫对触诊的收缩反应；卵巢的位置、大小、形状、质地。

4. 乳汁孕酮的测定　乳汁孕酮水平的高低与黄体的机能密切相关，因此，可根据乳汁孕酮的测定进行妊娠诊断并监测其生育力。

（1）在配种后 20～25 d 采样进行孕酮的测定，其妊娠诊断的标准是：孕酮低于 2 ng/mL，无黄体，未妊娠；孕酮高于 11 ng/mL，有黄体，已妊娠；孕酮 2～11 ng/mL，有或无黄体，需进一步检查。

（2）产后母牛生殖机能状态的监测：在产后 40 d 采样，进行孕酮的测定，若孕酮高于 8 ng/mL，说明卵巢内有黄体存在，应溶解黄体诱导母牛发情。

5. 阴道子宫的内容物检查

第二节　先天性不育

先天性不育是指雌性动物的生殖器官发育异常，或卵细胞、精子和合子有生物学缺陷，而使雌性动物丧失繁殖能力。

一、生殖系统畸形

1. 缪勒管发育不全　牛的缪勒管发育不全与其白色被毛有关，是由一隐性连锁基因与白色基因联合而引起的，也称白犊病。在正常情况下，牛胚胎发育到 5～15 cm 时（胚龄 35～120 日龄），缪勒管融合形成生殖道。

本病发生的表现：阴道前段、子宫颈或子宫体缺失，剩余的子宫角呈囊肿状扩大，内有黄色或暗红色液体。阴道短或狭窄，或阴道后端膨大，内有黏液或脓液。单子宫角。

2. 子宫颈发育异常　以牛最为多见，常见的有以下几类：①子宫颈扩张，充满黏稠的液体（是缪勒管发育不全引起的。采用金属棒探测子宫颈口，结合直肠检查即可判断）；②子宫颈短，缺少环状结构，子宫颈严重歪曲；③双子宫颈。

3. 阴道及阴门畸形

二、卵巢发育不全

卵巢发育不全是指一侧或两侧卵巢的部分或全部组织中无原始卵泡所致的一种遗传性疾病，为常染色体单隐性基因不完全透入所引起。依病情不同分为单侧性、双侧性。患病动物可能生育力低下或根本不能生育，以牛、马多见。

三、异性孪生母犊不育

异性孪生母犊不育是指雌雄两性胎儿同胎妊娠，母犊的生殖器官发育异常，丧失生育能力。特点是具有雌雄两性的内生殖器官，有不同程度向雄性转化的卵睾体，外生殖器官为雌性。

1. 发病机理 目前比较认可的有2种解释。

（1）激素学说。同胎雄性胎儿产生的激素，可能通过融合的胎盘血管达到雌性胎儿，使雌性胎儿的性腺雄性化。也有人认为雄性胎儿分泌的缪勒管抑制因子随吻合支进入雌性胎儿，从而抑制雌性胎儿的生殖器官发育或使雌性胎儿的生殖器官雄性化。

（2）细胞学说。在两个胎儿之间存在着相互交换成血细胞和生殖细胞的现象。由于在胎儿期间就完成了这样的交换，因此，孪生胎儿具有完全相同的红细胞抗原和性染色体嵌合体（XX/XY），XY细胞则导致雌性胎儿的性腺异常发育。

2. 诊断依据 ①有明显突出的阴蒂和阴门下联合的一簇长毛；②阴道的长度为正常（22～28 cm）的1/3，生产上可用体温计测量；③阴门狭小且位置较低。

第三节 饲养管理及利用性不育

一、营养性不育

营养性不育是指营养物质缺乏（如饲料数量不足，或蛋白质、维生素、矿物质、微量元素不足或比例失调）或过剩而引起动物生育力降低或者停止的现象。

营养物质缺乏对生殖机能的直接作用是通过下丘脑或垂体前叶，干扰FSH或LH的合成和释放；有些营养物质则直接影响性腺，如引起黄体组织的生成减少、孕酮含量下降，从而使繁殖出现障碍；营养失衡还会引起卵细胞和胚胎死亡。

营养缺乏对繁殖影响的表现：①初情期延迟；②排卵率和受胎率降低；③胚胎或胎儿死亡；④产后发情延长等。营养过剩则表现为：①大量脂肪在卵巢沉积，临床上表现不发情；②妊娠早期则引起血浆孕酮浓度下降（这是因为营养水平增高，流向肝的血量增加，孕酮的清除率升高），妨碍胚胎发育或胚胎死亡。

临床特点：①发病慢，发病率高，都是成群成批发生，局限于某地区或某区域；②营养素缺乏或不足的临床症状相类似，特异性差（表9-1），而且不同营养素可能表现出相同的临床症状和病理变化，给诊断造成一定的困难；③大部分都处于亚临床状态，不表现出临床症状，但不能正常繁殖和生长发育，造成巨大的经济损失，往往不易被察觉；④条件性或继发性缺乏：如饲料中不饱和脂肪酸含量高，则维生素E不足；Mo过多，则Cu、Zn、Se不足；⑤补饲营养素大部分都可恢复或起到预防作用。

表9-1 各种营养性不育的原因和症状

不育的症状	营养素	症状
伴有胎衣不下，子宫炎，卵泡囊肿的子宫复旧延迟	Se、Cu、I、维生素E（不足）	胎衣不下
	维生素A（不足）	孕期缩短、流产、死胎、子宫炎、胎衣不下
	维生素D（不足）	分娩轻瘫
	Ca（过量）	分娩轻瘫
	蛋白质（过量）	干乳期粗蛋白高于15%
不伴有子宫炎的子宫复旧延迟	Ca、Co（不足）	

（续）

不育的症状	营养素	症状
卵巢功能降低和不发情	能量（不足）	LH 和孕酮水平下降
	P（不足）	卵泡囊肿
	Ca、维生素 D、Cu（不足）	卵巢功能降低、流产
	Co（不足）	不规律发情
	Mg（不足）	排卵延迟、卵泡囊肿、黄体功能损伤
	I（不足）	发情、不排卵
	β-胡萝卜素（不足）	黄体功能损伤
	K（过量）	超过干物质的 5%
流产、死胎、弱仔	维生素 A、I、Mg、蛋白质（过量）	干物质缺乏
屡配不妊娠和胚胎早期死亡	能量（不足）	高产乳量和低摄入量
	蛋白质（不足）	长期
	蛋白质（过量）	粗蛋白含量高于 18%
	P、Cu、Co、Mg、Zn、I、β-胡萝卜素（不足或比例失调）	

二、管理利用性不育

使役过度或泌乳过多引起的最为常见。

1. 病因　使役过度：雌性动物使役过重，过度疲劳，其生殖激素的分泌及卵巢机能就会降低。

泌乳性乏情（是指在应该发情的时间内不出现发情）：由于过度泌乳（包括断乳过迟，不正确催乳），催乳素作用很强，而催乳素抑制因子（PIF）作用很弱。任何限制 PIF 分泌的因素都能抑制 GnRH 的分泌，从而使 LH 的分泌减少，因而卵泡不能最后发育成熟，也不能发情和排卵。同时由于高产雌性动物消耗营养物质多，而供给生殖系统的营养物质不足。

2. 临床症状　雌性动物不发情或发情微弱，且不排卵。直肠检查：母牛有持久黄体；马属动物卵巢缩小，质地坚实或表面高低不平。

3. 治疗　减轻使役强度，或者更换工种；供给营养丰富的饲料；母猪可及时断乳。

三、繁殖技术性不育

影响动物生育能力的因素有雌性动物、雄性动物、发情鉴定的准确率和配种技术等。繁殖技术性不育是指由于发情鉴定、配种技术和妊娠检查等技术环节不当引起的不育症。

针对此类不育症，首先提高繁殖技术水平，制定并严格遵守发情鉴定、配种技术和妊娠检查的制度和操作规程，做到不漏配（做好发情鉴定和妊娠检查）、不错配（不错过适当的配种时间，不盲目配种），检查技术熟练、准确，精液检查规范，精液品质符合要求，输精配种准确、适时。

四、环境气候性不育

环境因素（如季节、日照、气温、湿度、饲料的突然改变、动物原产地的改变以及外界因素等）可以通过对雌性动物全身生理因素、内分泌及其他方面产生作用而对繁殖性能产生明显的影响。

尤其是在南方，热应激、天气剧烈转变对雌性动物影响很大。因此，要创造适宜的环境条件，加强饲养管理，及时检查发情，尤其是夏天要做好防暑降温措施。

五、衰老性不育

衰老性不育是指未老先衰，生殖机能过早衰退。生产上失去利用价值，建议淘汰。

对于正常周转的种猪场建议每年的种猪淘汰、更新率要达到30%以上。猪场理想的母猪群胎次结构是：第一胎母猪占20%；第二胎占18%；第三胎占17%；第四胎占15%；第五胎占14%；第六胎占10%；第七胎以上占6%。

第四节　免疫性不育

免疫性不育是指动物在繁殖过程中，机体对繁殖的某一个环节产生自发性免疫反应，从而导致受胎延迟或不受胎的现象。直接影响生殖而成为免疫性不育的包括机体对睾丸、卵巢及其生发细胞等产生的自身免疫，主要包括抗精子抗体性不育和抗透明带抗体性不育。

一、抗精子抗体性不育

1. 病因　①生殖道有损伤时，交配或输精后精液很快能刺激机体产生相应抗体；②多次反复输精（类似重复接种）；③生殖道有炎症时，如子宫颈炎、阴道炎时，抗体形成可增加2倍，子宫内膜炎抗体效价升高到1∶200，因炎症可使组织机能发生障碍，导致吞噬作用和抗体形成。

2. 机理　高浓度的抗精子抗体的作用：①直接作用于精子本身，引起精子凝集；②破坏精子的代谢作用，或精子在抗体作用下，精子细胞膜膨胀及渗透性改变，而引起精子死亡；③引起宫颈痉挛性收缩，而阻碍精子在生殖道内的运行；④干扰精子的获能和顶体反应；⑤限制精子与卵细胞透明带的黏附、阻止精子与卵细胞结合而干扰受精过程；⑥使精子在生殖道内能量消耗过多，造成衰竭而死亡；⑦加强吞噬细胞对精子的吞噬能力，使精子在生殖道内存留时间缩短；⑧抗精子抗体与卵细胞成分交叉，可封闭精子受体，干扰精子与卵细胞透明带结合或使透明带变硬，即使受精，也因透明带不能脱落而影响早期胚胎的附植；⑨干扰胚胎的附植和影响胚胎的存活。

3. 标准　①不育期超过1年，配种在5次以上；②已排除不育的其他原因；③用可靠的检测方法（目前认为ELISA具有敏感、特异、客观等优点）证实体内特别是生殖道局部存在有抗生育免疫反应；④具有抗生育免疫干扰精卵结合的直接证据。

4. 预防　①对有生殖道损伤或炎症、经配种5次以上而生殖器官正常的未妊娠母牛，不宜进行输精，宜停止3～4个发情期；②子宫深部输精；③免疫抑制疗法：在配种前使用高剂量甲泼尼龙，使机体免疫作用受到最大程度的抑制。

二、抗透明带抗体性不育

产生高浓度的抗透明带抗体可影响以下几方面而导致不育：①封闭精子受体，干扰或阻止同种精子与透明带结合及穿透，发挥抗受精作用；②使透明带变硬，即使受精，也因透明带不能从受精卵表面自行脱落而影响受精卵着床；③抗透明带抗体在透明带表面与其相应抗原结合，形成抗原-抗体复合物，从而阻止精子通过透明带，使精子与卵细胞不能结合而干扰受精过程。

第五节　疾病性不育

一、卵巢功能不全

卵巢功能不全是指包括卵巢机能减退、组织萎缩、卵泡萎缩及交替发育等在内，由卵巢机能紊乱所引起的各种异常变化。

1. 病因　饲养管理及使用不当（过度哺乳、长期饥饿、使役过重）。饲养管理不当包括饲料量不足、饲料单纯和品质不良、使用非全价饲料或缺乏某些营养素。此外还有气候（炎热、寒冷、变化无常）、内分泌（LH、PGs、雌激素下降，PRL 升高）、衰老、运动不足等因素。

2. 临床症状

（1）卵巢机能减退、不全。①发情周期延长或者长期不发情，发情征象不明显，或出现发情，但不排卵。②直肠检查：卵巢的形状、质地没有明显变化，也摸不到卵泡或黄体。

（2）卵巢萎缩。久不发情，卵巢的质地硬实，体积缩小，表面光滑。由于雌激素急剧而长期低下，子宫内膜逐渐萎缩，乳腺的分泌活动减弱，子宫收缩活动也减弱。本病通过间隔 7～10 d 两次以上的直肠检查或间隔 3～4 d 测定孕酮可以做出诊断。

（3）卵泡交替发育。雌性动物发情期延长，卵巢上卵泡发育到一定阶段即停滞乃至萎缩，而另一侧卵巢中又有新的卵泡发育，但不等到成熟又开始萎缩，此起彼落，交替不止。但最后总有一个卵泡成熟并排卵。外表发情征状时强时弱，连续或断续发情。

（4）安静发情。卵泡发育时，需要有上一次遗留下来的黄体分泌少量孕酮作用于中枢神经，使之能接受雌激素的刺激，而表现发情。故缺乏适量的孕酮是安静发情的原因之一。因此牛、羊的初情期，羊在发情季节的首次发情以及牛产后第一次发情均是安静发情。此外每天挤乳 3 次的母牛，常发生安静发情。

安静发情也是卵巢机能不全的一种表现。卵巢有卵泡发育，并能成熟排卵，而无发情的外部表现，可用雄性动物试情而查出。

（5）排卵延迟。卵泡的发育和发情的外部表现均和正常发情一样，只是发情持续期延长，但最后一定会排卵。

（6）卵泡萎缩。发情时卵泡的大小和外部征状跟正常相似，但是卵泡发育进展慢，一般到卵泡成熟期时停止发育，保持原状 3～5 d，以后逐渐缩小，外部发情征状也随之消失，不排卵，卵巢上无黄体形成。

3. 治疗

（1）加强饲养管理，增强和恢复卵巢机能。

（2）刺激雌性动物生殖机能常采用的方法有：①生物学刺激法；②断乳催情法；③理化

疗法；④激素疗法；⑤激光疗法；⑥电针疗法；⑦中药疗法。

二、卵巢囊肿

当卵巢内长期存在有比成熟卵泡大（直径大于 2.5 cm）而含有液体的结构时，统称为卵巢囊肿。可分为卵泡囊肿和黄体囊肿。卵泡囊肿发病率为 70%，黄体囊肿为 30%。

1. 病因 卵巢囊肿与内分泌机能失调有关，LH 分泌不足和 FSH 分泌过多，使排卵机制和黄体正常发育受到干扰。

下列因素可能影响排卵机制：①饲养管理不当；②内分泌机能失调；③生殖系统疾病；④在卵泡发育过程中，气候突然改变；⑤遗传因素。

2. 临床症状

（1）卵泡囊肿。是发育过程中的卵泡上皮变性、卵泡壁结缔组织增生变厚、卵细胞死亡，卵泡液未被吸收或增多而形成的。

临床特征：不规律地频繁发情或持续发情，甚至出现慕雄狂。直肠检查：子宫松软，一侧或两侧卵巢有一个或多个直径在 3～7.5 cm 的囊肿，壁薄，容易破裂。

（2）黄体囊肿。黄体囊肿包括病理性的黄体化囊肿和一般可自行恢复的囊肿黄体。黄体化囊肿是未排卵的卵泡壁上皮的黄体化。囊肿黄体是正常排卵后黄体化不足，在黄体内部形成空腔，腔内聚积液体而形成的。

临床特征：雌性动物长期不发情。直肠检查：卵巢体积增大，有一个带波动的囊肿，壁厚而软，不那么紧张，触压有轻微疼痛表现。

3. 治疗 卵泡囊肿治疗原则是促进囊肿黄体化。选择激素有 LH、hCG、LRH 类似物、孕酮等。黄体囊肿治疗原则是促进黄体囊肿溶化，选择 $PGF_{2\alpha}$、催产素等。

三、持久黄体

妊娠黄体或周期黄体超过正常时间而不消失，仍对机体产生作用的黄体称为持久黄体。这种黄体虽是一种病理性黄体，但在组织结构和对机体产生的作用方面与妊娠黄体或周期黄体一样，会持续分泌孕酮，抑制卵泡发育，使发情周期循环停止，雌性动物不发情，因而导致不育。

此病多见于母牛，占不育母牛数 20%～25%。

1. 病因及发病机制 饲养管理不当、泌乳过度（营养物质消耗过多造成不平衡，使卵巢机能减退，干扰内源性溶黄体物质的产生和释放）和子宫疾病（损害子宫黏膜，减少催产素受体）等因素干扰了 $PGF_{2\alpha}$的产生和释放。

2. 症状及诊断

（1）发情周期停止循环，长时间不发情。

（2）直肠检查。子宫稍增大，松软，收缩反应微弱或无，一侧或两侧卵巢增大，卵巢有圆锥状或蘑菇状物突出于卵巢表面，硬度比卵巢实质硬。

（3）阴道检查。阴门收缩呈三角形，并有明显皱纹，黏膜苍白。

超过发情时间而不发情，间隔 10～14 d，经过 2 次以上的直肠检查，在卵巢的同一部位触到同样的黄体，即可诊断为持久黄体。

3. 治疗 ①使用 PGs 及其类似物（如氟前列酚、氯前列烯酚），促进持久黄体消退，使用后绝大多数雌性动物在 2～3 d 内发情，配种可受胎；②使用催产素；③使用促性腺激素、

PMSG、雌激素等。

四、慢性子宫内膜炎

子宫内膜炎是不孕症的重要原因之一。

1. 病因　病原微生物的感染是直接病因。病原微生物经阴道和子宫颈进入子宫内。胎衣不下，难产，阴道和子宫脱出，产后子宫颈开张，输精、助产消毒不严，阴道炎等都为病原微生物侵入子宫创造了条件。

2. 临床症状　慢性子宫内膜炎由于炎症性质的不同，可分为隐性、黏液性（卡他性）、黏液脓性、脓性等几种（表 9-2）。

慢性卡他性子宫内膜炎、慢性脓性子宫内膜炎可发展为子宫积液、子宫积脓（表 9-2、表 9-3）。

表 9-2　慢性子宫内膜炎的临床症状

类型	临床症状	阴道检查	直肠检查	发展的结局
隐性子宫内膜炎	发情周期正常，但屡配不妊娠 发情时分泌物较正常多，分泌物为透明或稍混浊的液体	无任何变化	无任何变化	
慢性卡他性子宫内膜炎	发情周期不正常或正常，但屡配不妊娠或妊娠后胚胎早期死亡 卧下或发情时，排出较多分泌物，混浊或透明而带有絮状物	有带絮状物的黏液，子宫颈肿胀、充血、稍开张	子宫角变粗，子宫壁厚或厚薄不均	当子宫封闭时而子宫腔内蓄积有大量分泌物，可发展为子宫积液
慢性卡他性脓性子宫内膜炎	发情周期不正常，往往因有黄体而不发情，有时发情微弱	阴门流出灰白色或黄褐色的稀薄脓液或黏稠脓性分泌物，排出物可污染尾根及后躯，形成干痂		全身症状轻微，食欲下降，精神不振
慢性脓性子宫内膜炎	阴门流出脓性分泌物，排出物可污染尾根及后躯，形成干痂		子宫增大，壁厚而软，反应微弱	可发展为子宫积脓。但与积液不同的是：积液时子宫壁薄，波动明显

表 9-3　乳牛正常妊娠 3～4 个月子宫与类似妊娠的患病子宫的鉴别诊断

症状种类	直肠检查	阴道检查	阴道排出物	发情周期	全身症状	重复检查时子宫的变化
正常妊娠	子宫壁薄而柔软；妊娠 3～4 个月后可以触到子叶，大部分可以摸到胎儿；两侧子宫中动脉有不同程度的妊娠脉搏，卵巢上有黄体	子宫颈关闭，阴道黏膜颜色比平时稍淡，分泌物黏稠，有子宫颈塞	无	停止循环	全身状况良好，食欲和膘情有所增进	间隔 20 d 以上重复检查时，子宫体积增大
子宫积液	子宫增大，壁很薄，触诊波动明显；整个子宫大小与妊娠 1.5～2 个月的子宫相似，分叉清楚；两角大小相等，卵巢上有黄体	有时子宫颈阴道部有炎症	不定期排出分泌物	紊乱	无	子宫增大，有时反而缩小；两子宫角的大小比例可能发生变化

（续）

症状种类	直肠检查	阴道检查	阴道排出物	发情周期	全身症状	重复检查时子宫的变化
子宫积脓	子宫增大，两角大小相等，与妊娠2～4个月的子宫相似；子宫壁厚，但各处厚薄不均，感觉有硬的波动；卵巢上有黄体，有时有囊肿；子宫中动脉有类似妊娠的脉搏，且两侧强度相等	子宫颈及阴道黏膜充血及微肿，往往积有脓液	偶尔发情或子宫颈黏膜肿胀减轻时，排出脓性分泌物	停止循环，患病久时，偶尔出现发情	一般无明显变化，有时体温略微升高，出现轻度消化紊乱症状	子宫形状、大小和质地大多无变化
胎儿干尸化	子宫增大，形状不规则，坚硬，但各部分硬度不一致，无波动感，卵巢上有黄体	子宫颈关闭	无	停止循环	无	无变化
胎儿浸溶	子宫增大，形状不规则；表面高低不平，无波动感，内容物较硬，但各部分硬度不一致，挤压时有骨片摩擦音	子宫颈和阴道黏膜有慢性炎症，子宫颈口略开张，有时可看到小骨片，阴道内有污秽液体	有时排出黑褐色液体和小骨片	停止循环	体温略微升高，反复出现轻度消化紊乱症状	无太多变化，有时略缩小

3. 治疗 治疗原则：抗菌消炎，促进炎性产物的排出和子宫机能的恢复。

（1）子宫冲洗疗法。冲洗子宫是治疗子宫内膜炎的有效方法之一。

（2）子宫内灌注疗法。

（3）全身治疗。①激素疗法；②抗菌疗法；③免疫和微生态制剂疗法；④激光疗法；⑤中药疗法。

五、犬子宫蓄脓

犬子宫蓄脓是指母犬子宫内感染后蓄积有大量脓性渗出物，并不能排出的病症。该病是母犬生殖系统的一种常见病，多发于6岁以上的老龄犬，尤其是未生育过的老龄犬，特征是子宫内膜异常并继发细菌感染。

1. 病因 本病是因生殖道感染、长期使用类固醇药物以及内分泌紊乱所致，并与年龄有密切关系。

（1）年龄。子宫蓄脓是一种与年龄密切相关的综合征，多发于6岁以上，尤其是未生育过的老龄犬。老龄犬一般先产生子宫内膜囊性增生，后继发子宫蓄脓；发生常与运用雌激素防止妊娠有关。

（2）细菌感染。子宫蓄脓多发生在发情后期，而发情后期是黄体大量产生孕酮的阶段，此时的子宫对细菌感染最为敏感。过量的孕酮诱发子宫腺体的增生并大量分泌，产生有利于细菌繁殖的环境。

（3）生殖激素。犬子宫蓄脓除了与细菌感染有相关性，更重要的是与母犬的激素特点有关。母犬排卵后形成的黄体与其他动物相比不同的是，在50～70 d内可以产生大量孕酮。在这种孕酮水平很高的情况下，如果再长期注射或内服黄体激素或使用合成黄体激素以抑制发情，则很容易形成严重的子宫蓄脓。

2. 临床症状 临床症状与子宫颈的实际开放程度有关，按子宫颈开放与否可分为闭锁型和开放型两种。该病的症状多在发情后 4～10 周较为明显。

(1) 闭锁型。子宫颈完全闭合，阴门无脓性分泌物排出，腹部异常膨胀，呼吸、心跳加快，严重时呼吸困难，腹部皮肤紧张，腹部皮下静脉怒张，喜卧。

(2) 开放型。子宫颈管未完全关闭，从阴门不定时流出少量脓性分泌物，呈乳酪样，乳黄色、灰色或红褐色，气味难闻，常污染外阴、尾根及飞节。犬阴门红肿，阴道黏膜潮红，腹围略增大。

3. 诊断　根据病史、临床症状及血常规检验［白细胞数升高至（20～100）$\times 10^9$个/L；核左移显著，幼稚型白细胞达 30%以上；发病后期出现贫血，血红蛋白含量下降］、血液生化检查（总蛋白、球蛋白、尿素氮升高）等做出初步诊断。X 线检查见其腹腔后部出现一液体密度的管状结构，或 B 超检查见子宫腔充满液体，子宫壁由薄增厚，有时甚至能看到增厚的子宫壁上有一些无回声囊性暗区即可确诊。

4. 治疗

(1) 闭锁型。闭锁型子宫蓄脓的犬毒素很快会被自身吸收，因此立即进行卵巢、子宫切除是很理想的治疗措施。在手术前后和手术过程中必须补充足够的液体。术前和术后 7～10 d 连续给予广谱抗菌药物。

(2) 开放型。开放型子宫蓄脓或留作种用的闭锁型子宫蓄脓的种犬，可以考虑保守治疗。治疗的原则是：促进子宫内容物的排出及子宫的恢复，控制感染，增强机体抵抗力。①静脉补液，治疗休克，纠正脱水和电解质及酸碱异常，同时使用广谱抗菌药物。②用 1%聚维酮碘溶液冲洗子宫。③使用前列腺素治疗。此方法对开放型子宫蓄脓的母犬效果较好，但对闭锁型子宫蓄脓的效果不佳，存在比手术更大的危险。

注射 $PGF_{2\alpha}$的副作用：气喘、不安、腹泻、瞳孔扩大、呕吐、排大小便等。在给药后 30 s 后发生，1 h 后消退。

六、子宫颈炎

子宫颈炎通常继发于子宫炎，更多见的是继发于异常分娩（如流产、难产）或阴道脱出，尤其是在施行牵引术或截胎术造成严重损伤的子宫颈。子宫颈外口的炎症可继发于阴道及阴门损伤，细菌或病毒引起的阴道感染常可诱发子宫颈炎。

1. 病因　常由于感染引起，通常为混合性病原，感染子宫及阴道的任何病原均可成为引起子宫颈炎的原因。

2. 临床症状　子宫颈炎症时，其外口通常充血肿胀，子宫颈外褶脱出。子宫颈黏膜呈红色或暗红色，有黏脓样分泌物。直肠检查：发生炎症的子宫颈体积增大，感觉子宫颈变厚实。

单纯的子宫颈炎对受胎率没有大的影响，但伴发子宫内膜炎的病例可能导致不育。大多数子宫颈炎的预后良好，随着子宫炎和阴道炎的治愈多数可以自愈，但只要存在上述疾病，不可能自然康复。

3. 治疗　在子宫炎及阴道炎同时伴发子宫颈炎的病例，必须对整个生殖道进行处理。治疗时，可用温和的消毒液冲洗阴道，冲洗之后，可向子宫颈及子宫中注入抗生素，帮助消除感染。

七、阴道炎

阴道炎是指各种原因引起的阴道黏膜的炎症。

1. 病因 原发性阴道炎通常是在配种或分娩时受到损伤或感染而发生的。衰老瘦弱的雌性动物最易发生。继发性阴道炎多数是由胎衣不下、子宫内膜炎、子宫炎、子宫颈炎以及阴道和子宫脱出引起的；病初为急性，病久即转为慢性炎症。

2. 临床症状 根据炎症的性质，慢性阴道炎可分为慢性卡他性炎、慢性化脓性炎和蜂窝织炎 3 类。

3. 治疗 可用消毒收敛药液冲洗。冲洗之后可在阴道中放入浸有磺胺乳剂的棉塞。每天 1 次，连续 3～5 次。

第六节　防治不育的综合措施

动物不育的防治是一项综合工程，它涉及动物品种、饲养管理、自然环境、繁殖技术、雌性动物生殖系统疾病和机体其他疾病等多方面的因素。因此，在防治不育时首先必须精确查明不育的原因，弄清它在群体中的发生和发展规律，然后根据实际情况，制订出切实可行的计划，采取具体有效的措施，才能控制或消除不育。现提出防治不育的综合措施是总原则，要结合生产实际进行详细、可行的计划。

一、重视雌性动物的日常管理及定期检查

防治雌性动物不育时，首先应该有目的地向饲养员、配种员或挤乳员调查了解雌性动物的饲养、管理、使役、配种情况；有条件时还可查阅繁殖配种记录和病例记录。在此基础上，对雌性动物进行全面检查，不仅要仔细检查生殖器官，而且要检查全身情况。

（1）病史调查内容尤其是繁殖史，应尽可能获得详尽、完整的资料。

（2）临床检查内容。应仔细检查雌性动物的全身情况，尤其是生殖道的状况，必要时可配合特殊诊断或实验室检查。

（3）重视重点阶段的检查，关注检查时可能发生的问题以及采取相应治疗措施。如在乳牛重点跟踪产后 7～14 d、产后 20～40 d、产后 45～60 d、产后 60 d 以后、输精后 30～45 d 时的情况。

二、建立完整的繁殖记录

每一动物应该有完整准确的繁殖记录，佩戴的标记应该清楚明了，以便远距离观察。建立繁殖记录时，表格应该简单实用，使一般饲养人员也可就观察到的情况及时进行记录。一般来说，作为繁殖记录，应该包括生育史、分娩或流产的时间、发情及发情周期的情况、配种及妊娠情况、生殖器官的检查情况、父母代的有关资料、后代的数量及性别、雄性动物信息、预防接种、药物使用以及其他有关的健康情况。

大型饲养场，管理人员应该准备日常报表，记录分娩、配种及其他有关的异常或处理方法。现在可以使用软件进行数字化管理，随时掌握生产、繁殖的状况，及时采取措施，做到防患于未然。

三、完善管理措施

由于管理不善引起雌性动物的不育常占较大的比例，例如雌性动物的乏情、屡配不妊娠等，因此改善管理措施是有效防治不育的一个重要方面。在这方面兽医技术人员必须发挥主动作用，建立良好规范，认真负责，恪尽职守。

1. 发情鉴定制度　在观察发情时必须仔细认真，每次观察时间不应短于 30 min，每天进行 3 次以上。同时做好详细记录和准确输精。

2. 配种及人工授精操作规范　自然交配前，首先要检查雄性动物的健康状况、外生殖器的卫生状况，观察交配过程中动物的行为是否正常，并记录交配时间、确定两次交配的间隔时间等。

采用人工授精技术首先要检查精液是否符合配种要求，授精前做好授精器械的无菌准备和雌性动物外阴的清洁卫生工作，规范授精操作技术。

3. 产后护理制度　制订并认真执行相关的制度，如产房的消毒，药械储备管理，幼龄动物母乳喂养，幼仔保健，雌性动物产后子宫复旧、卵巢功能恢复的康复计划等，争取雌性动物产后早日发情配种。

四、加强青年后备雌性动物的管理

在确保后备雌性动物品种选育的基础上，对备选的青年雌性动物必须提供足够的营养物质和平衡饲料，及时进行疫病预防和驱虫，保证健康成长，以便按时出现有规律的发情周期，发挥繁殖效益。

五、严格执行卫生措施

在进行雌性动物的生殖道检查、输精以及雌性动物分娩时，一定要尽量防止发生生殖道感染，杜绝雌性动物感染严重影响生育力的传染性或寄生虫性病原。新购入的雌性动物应隔离观察 30～150 d，并进行检疫和预防接种。

思考题

1. 简述不育的概念。
2. 简述不育的原因和种类。
3. 简述不育的诊断内容。
4. 简述饲养性不育的发病特点。
5. 简述泌乳性乏情的原因。
6. 简述抗精子抗体的作用。
7. 简述卵巢机能减退、不全及萎缩的临床症状。
8. 简述持久黄体的病因、发病机制及治疗措施。
9. 简述卵泡囊肿和黄体囊肿的区别。
10. 简述慢性子宫内膜炎的种类、临床症状和治疗措施。

执业兽医资格考试试题列举

1. 多发子宫蓄脓的动物是（　　）。

A. 猪　B. 马　C. 犬　D. 兔　E. 绵羊

2. 乳牛，6 岁，生产第 3 胎时曾发生胎衣不下，产后发情周期正常，但屡配不妊娠。自阴门经常排出一些混浊的黏液，卧地时排出量较多。最可能发生的疾病是（　　）。

A. 子宫积液　B. 子宫积脓　C. 隐性子宫内膜炎　D. 慢性脓性子宫内膜炎　E. 慢性卡他性子宫内膜炎

3. 慕雄狂动物患的是（　　）。

A. 卵泡囊肿　B. 黄体囊肿　C. 子宫肿瘤　D. 子宫积液　E. 输卵管伞囊肿

4. 雌性动物泌乳过多或断乳过迟时，引起的不育属于是（　　）。

A. 营养性不育　B. 管理利用性不育　C. 繁殖技术性不育　D. 环境气候性不育　E. 衰老性不育

5. 治疗雌性动物阴道炎时，使用高锰酸钾的浓度为（　　）。

A. 0.05%～0.1%　B. 0.1%～0.5%　C. 0.5%～1%　D. 1%～2%　E. 2%～5%

6. 母牛，直肠检查时，子宫颈增大并变厚实，一般可诊断为（　　）。

A. 子宫颈炎　B. 子宫积液及积脓　C. 卵巢囊肿　D. 慢性子宫内膜炎　E. 卵巢功能不全

7. 母犬发情后屡配不妊娠，临床检查发现患犬腹围略增大，阴门红肿，阴道黏膜潮红，从阴门不时流出脓性分泌物，呈乳酪样，恶臭难闻。该病的原发病变部位最有可能的是在（　　）。

A. 卵巢　B. 输卵管　C. 子宫　D. 阴道　E. 阴门

8. 牛，5 岁，产后 2 个月发情漏配，此后一直未见发情，阴道检查无异常。要进一步诊断应采用的检查方法是（　　）。

A. 直肠检查　B. 孕酮测定　C. 全身检查　D. 血液生化检查　E. 血常规检查

9. 犬闭锁型子宫蓄脓的最适治疗方案是（　　）。

A. 手术疗法　B. 抗菌疗法　C. 激素疗法　D. 输液疗法　E. 营养（维持）疗法

10. 促进犬开放型子宫蓄脓脓液排出的最适治疗方案是（　　）。

A. 手术疗法　B. 抗菌疗法　C. 激素疗法　D. 输液疗法　E. 营养（维持）疗法

11. 小型杂种犬，6 岁，一直未妊娠，左下腹股沟部突发一局限性肿胀，经 B 超检查可见单个泳动可变的囊状低回声暗区，该肿胀物的内容物可能是（　　）。

A. 卵巢　B. 子宫　C. 结肠　D. 网膜　E. 脾

12. 乳牛 4 岁，配种后 35 d 确诊已妊娠，临床未见明显异常，配种后 65 d 时，该牛再次发情，直肠检查发现原先的妊娠特征消失，再次配种前，对该牛常用的处理措施是（　　）。

A. 生理盐水冲洗子宫　B. 注射催产素　C. 注射孕酮　D. 注射氯前列烯醇　E. 注射人绒毛膜促性腺激素

13. 经产乳牛，6 岁，产后 6 个月未出现发情，直肠检查发现两侧卵巢大小、形态、质地未见明显变化，该牛可能发生的疾病是（　　）。

A. 卵泡囊肿　B. 黄体囊肿　C. 排卵延迟　D. 持久黄体　E. 卵巢机能减退

14. 经产乳牛，4 岁，产后 2 个月未出现发情，直肠检查发现，一侧卵巢比对侧正常卵巢约大 1 倍，其表面有一直径约 3 cm 的突起，触摸该突起壁厚，子宫未触及妊娠变化。该牛可能发生的疾病是（　　）。

A. 卵泡囊肿　B. 黄体囊肿　C. 排卵延迟　D. 持久黄体　E. 卵巢机能减退

15. 母犬，妊娠期间为了保胎，误用了较大剂量的雄激素，分娩后产下畸形胎儿。剖检胎儿见其卵巢正常，但又发现小阴茎和前列腺。该胎儿最可能的诊断是（　　）。

A. X0 综合征　B. XX 真两性畸形　C. XX 雄性综合征

D. 雌性假两性畸形　E. 雄性假两性畸形

16. 乳牛，表现出无规律的频繁发情，直肠检查见双侧卵巢体积增大，卵巢上有一个泡壁紧绷、内有波动感且直径超过 2 cm 的非正常卵泡，治疗的首选药物是（　　）。

A. FSH　B. LH　C. 雌激素　D. 孕酮　E. PG

17. 犬，雌性，8 岁，体温 39.2 ℃，精神、食欲稍差，近 1 个月腹围逐步增大，逐步消瘦，近日，从阴门流出红色难闻的黏稠样液体，根据临诊表现所患疾病是（　　）。

A. 肾结石　B. 输尿管结石　C. 膀胱结石　D. 尿道结石　E. 子宫积脓

18. 乳牛体况中等，3 个月未发情，产乳量下降，阴道内经常排出黄白色混浊黏液并在尾根处结痂，直肠检查发现子宫增大、壁变厚、温度偏高，触之有波动、疼痛感，未触及子叶和妊娠脉搏，间隔一段时间检查变化不明显。诊断最大可能是（　　）。

A. 死胎　B. 早期妊娠　C. 子宫积脓　D. 子宫积液　E. 子宫复旧不全

19. 乳牛，10 岁，饲养管理如常，一年前产犊，产后两个月发情、配种，但未妊娠，后来一直未见发情。直肠检查发现卵巢小而硬，无卵泡和黄体，子宫角细小。该牛最可能发生的是(　　)。

A. 卵巢先天性发育不全　B. 缪勒管发育不全　C. 衰老性不育

D. 管理性不育　E. 营养不育

20. 闭锁型犬子宫蓄脓的关键指征不包括（　　）。

A. 腹泻　B. 呕吐　C. 腹围增大　D. 血液白细胞数升高

E. B 超检查子宫影像有暗区

21. 乳牛，5.5 岁，持续发情，外阴水肿，时有透明黏液流出，频频爬跨其他乳牛。直肠检查发现右侧卵巢上有数个较大的卵泡，波动明显。治疗该病的首选药物是（　　）。

A. 雌二醇　B. 促卵泡素　C. 促黄体素　D. 孕酮　E. 人绒毛膜促性腺激素

22. 经产母牛，表现持续而强烈的发情行为，体重减轻。直肠检查发现卵巢为圆形，有突出于表面的直径约 2.5 cm 的结构，触诊该突起感觉壁薄。2 周后复查，症状同前。该牛可能发生的疾病是（　　）。

A. 卵泡囊肿　B. 黄体囊肿　C. 卵巢萎缩　D. 卵泡交替发育　E. 卵巢机能不全

23. 母牛，4 岁，产后 2 个多月未见发情。直肠检查发现，一侧卵巢比对侧正常卵巢约大一倍，其表面有一 3.0 cm 高的突起，触摸该突起感觉壁厚，子宫未触及妊娠变化。该牛可能发生的疾病是（　　）。

A. 卵泡囊肿　B. 黄体囊肿　C. 卵巢萎缩　D. 卵泡交替发育　E. 卵巢机能不全

24. 一头成年乳牛，乏情，直肠检查子宫大小与妊娠 2 个月相似，子宫壁薄，波动极其明显，两侧子宫角容积大小可变动。

(1) 本病初步诊断为（　　）。

A. 子宫积脓　　B. 子宫积液　　C. 卵巢机能不全

D. 隐性子宫内膜炎　　E. 慢性子宫内膜炎

(2) 与本病无关的是（　　）。

A. 卵巢囊肿　　B. 卵巢静止　　C. 继发于子宫内膜炎

D. 子宫内膜囊肿性增生　　E. 子宫受雌激素长期刺激

25. 乳牛产后 65 d 内未见明显的发情表现，直肠检查卵巢上有一小的黄体遗迹，但无卵泡发育，卵巢的质地和形状无明显变化。

(1) 该牛可能患有的疾病是（　　）。

A. 卵泡萎缩　B. 卵巢萎缩　C. 持久黄体　D. 卵巢机能减退　E. 卵巢发育不良

(2) 治疗该病最适宜药物是（　　）。

A. 黄体酮　B. 丙酸睾酮　C. 地塞米松　D. 前列腺素　E. 促卵泡素

(3) 与该病无关的病因是（　　）。

A. 子宫疾病　　B. 急性乳腺炎　　C. 气候不适应

D. 饲养管理不当　　E. 维生素 A 缺乏

26. 雌性腊肠犬，6 岁，1 个月来精神沉郁，时有发热，抗生素治疗后，病情好转，停药后复发。现病情加重，阴部流红褐色分泌物，B 超探查见双侧子宫角增粗，内有液性暗区。

(1) 该病例错误的治疗方法是（　　）。

A. 孕酮治疗　　B. 氧氟沙星治疗　　C. 氯前列烯醇治疗

D. 阿莫西林治疗　　E. 卵巢子宫切除术

(2) 该病例手术时，如牵引卵巢困难，应先撕断卵巢系膜上的（　　）。

A. 阔韧带　B. 圆韧带　C. 悬韧带　D. 固有韧带　E. 悬韧带和固有韧带

(3) 该病例手术时，必须要结扎（　　）。

A. 卵巢　B. 输卵管　C. 子宫角　D. 子宫体　E. 阴道基部

27. 母犬，6 岁，未绝育，近 1 个月来腹部逐渐变大，常有尿意，食欲不振，饮水增加。体温 39.1 ℃。腹部 B 超检查，发现膀胱不膨隆，腹腔内有多个大的液性暗区，有些暗区间以管腔壁样结构分隔。

(1) 该病最可能的诊断是（　　）。

A. 妊娠　B. 肠套叠　C. 子宫蓄脓　D. 卵巢肿瘤　E. 前列腺肥大

(2) 该犬的尿液可能呈（　　）。

A. 粉红色　B. 淡黄色　C. 黑红色　D. 淡红色　E. 鲜红色

(3) 血常规检查时，最可能出现的变化是（　　）。

A. 白细胞增多，核左移　　B. 白细胞增多，核右移　　C. 白细胞减少，核左移

D. 白细胞减少，核右移　　E. 中性粒细胞增多，核右移

28. 金毛犬，雌性，3 岁。1 岁时开始发情，每半年 1 次。但每次发情时出血时间可长达 20 多天，外阴潮红，肿胀明显，阴户外翻。自出血 1 周后见公犬激动，愿接受公犬爬跨，

直至 15 d 后阴户肿胀逐渐消退，出血量减少。B 超检查，两侧卵巢上有多个直径 1 cm 以上的液性暗区。

（1）该病最可能的诊断是（　　）。

A. 卵泡囊肿　B. 卵巢机能减退　C. 持久黄体

D. 排卵迟缓　E. 黄体囊肿

（2）治疗该病最常用的药物是（　　）。

A. 前列腺素　B. 马绒毛膜促性腺激素　C. 促黄体素

D. 促卵泡素　E. 雌二醇

（3）【假设信息】如在发情出血的第 9 天进行 B 超检查。两侧卵巢上出现多个黄豆大小的液性暗区时，为提高受胎率，防治该病的发生，可在配种时配合应用（　　）。

A. 促黄体激素释放激素　B. 前列腺素　C. 雌二醇

D. 马绒毛膜促性腺激素　E. 丙酸睾酮

29. 犬，6 岁，发情后 7 周，未配种，近期喝水增多，体温升高，腹围大，血液白细胞升高。

（1）该病最可能的诊断是（　　）。

A. 子宫积液　B. 子宫蓄脓　C. 子宫颈炎　D. 假妊娠　E. 胃肠臌气

（2）该病最可能的发病诱因是（　　）。

A. 使用类固醇药物不当　B. 长期补充钙制剂　C. 维生素 D 缺乏

D. 缺乏运动　E. 维生素 E 缺乏

（3）根治该病的最佳方案是（　　）。

A. 注射雌激素、催产素　B. 注射前列腺素　C. 注射孕酮

D. 实施卵巢、子宫切除术　E. 静脉补液、注射抗生素

30. 乳牛，产后 5 个月，发情正常。最近发现常从阴道中流出黏液样、混浊的液体，发情时更多，但无全身症状；冲洗子宫的回流液略混浊、似淘米水样。该牛最有可能发生的子宫疾病是（　　）。

A. 隐性子宫内膜炎　B. 慢性卡他性子宫内膜炎　C. 慢性脓性子宫内膜炎

D. 子宫积脓　E. 子宫积液

31. 乳牛，产后 4 个月，一直未见发情，从阴道中排出少量异常分泌物，但无全身症状。直肠检查感觉子宫体积明显增大、呈袋状，子宫壁增厚、有柔软的波动感；阴道检查见有大量灰黄色脓液。该牛最有可能发生的子宫疾病是（　　）。

A. 隐性子宫内膜炎　B. 慢性卡他性子宫内膜炎　C. 慢性脓性子宫内膜炎

D. 子宫积脓　E. 子宫积液

32. 乳牛，5 岁，发情表现正常。近 3 个月来，食欲、体温正常，但常从阴道排出一些混浊黏液，发情时排出量较多，屡配不妊娠，冲洗子宫的回流液像淘米水。

（1）该牛最可能发生的疾病是（　　）。

A. 子宫积脓　B. 子宫积液　C. 隐性子宫内膜炎

D. 慢性脓性子宫内膜炎　E. 慢性卡他性子宫内膜炎

（2）对该牛冲洗子宫时，首选的冲洗液是（　　）。

A. 5%氯化钠溶液　B. 10%葡萄糖溶液　C. 0.9%生理盐水

D. 0.01%苯扎溴铵溶液　　E. 0.01%高锰酸钾溶液

（3）促进子宫收缩及子宫内炎性物排出，可注射（　　）。

A. 雌激素和催产素　　B. 黄体酮和雌激素　　C. 人绒毛膜促性腺激素

D. 马绒毛膜促性腺激素　　E. 促黄体素和促卵泡素

33. 牛持久黄体，直肠检查是一侧或两侧卵巢增大，卵巢上有（　　）。

A. 直径在 3～7.5 cm 的囊肿　　B. 半圆形突出　　C. 直径在 3～7.5 cm 的凹陷

D. 圆锥状或蘑菇状突出　　E. 不规则的突起

【参考答案】

1. C　2. E　3. A　4. B　5. B　6. A　7. C　8. A　9. A　10. C
11. B　12. D　13. E　14. B　15. D　16. B　17. E　18. C　19. C　20. A
21. E　22. B　23. A　24. （1）B（2）B　25. （1）D（2）E（3）B
26. （1）E（2）A（3）D　27. （1）C（2）B（3）A　28. （1）A（2）C
（3）D　29. （1）B（2）A（3）D　30. B　31. D　32. （1）E（2）E
（3）A　33. D

第十章　雄性动物的不育

导学

掌握雄性动物不育的原因及分类；掌握雄性动物的先天性不育如睾丸发育不全、两性畸形和隐睾的病因、症状、诊断及治疗；掌握雄性动物疾病性不育如睾丸炎、附睾炎、精囊腺炎综合征、阴茎和包皮损伤以及前列腺炎的病因、症状、诊断及治疗。

雄性动物生育力的评价是由精子生成、精子受精能力、性欲和交配能力组成的。雄性动物是畜群遗传进展和遗传品质的保证，对雌性动物的分娩和窝产仔数有着重要的影响。一个畜群繁殖力与精液品质、雌性动物的繁殖性能以及员工的技术和能力密切相关。

第一节　雄性动物不育的原因及分类

雄性动物不育在临床上包含两个概念：一是指雄性动物完全不育，即雄性动物达到配种年龄后缺乏性交能力、无精或精液品质不良，其精子不能使正常卵细胞受精；二是指雄性动物生育力低下，即由于各种疾病或缺陷使雄性动物生育力低于正常水平（表10-1）。

表 10-1　雄性动物不育的病因和临床表现

病因		临床表现
先天性	染色体异常	染色体异位、两性畸形、无精或精子形态异常、性机能紊乱
获得性	发育不全	睾丸发育不良、伍尔夫管道系统分节不全、隐睾
	营养性	营养不良、维生素和微量元素不足或缺乏、饲料中含有害物质
	饲养管理及繁殖技术不当	饥饿、过肥、拥挤；使役过度；交配过度、采精频率过高、采精操作粗暴等
	神经内分泌失衡	生殖器官、细胞和内分泌腺肿瘤，精子生成障碍，激素分泌失调
	疾病性因素	普通病、传染病（特别是布氏杆菌病、传染性化脓性阴茎头包皮炎、马媾疫、胎儿毛滴虫病等）、全身性疾病、性器官疾病
	免疫学因素	精子凝集、精子肉芽肿
	性功能障碍	勃起及射精障碍、阳痿

造成雄性动物不育的原因很多，而且一种疾病往往可能是多种因素共同作用的结果。因此在临床上表现出错综复杂的症状。按疾病的主要发生部位，现将常见的雄性动物不育的疾病列出（表 10-2）。

表 10-2 常见雄性动物生殖疾病

疾病名称	主要发生动物	疾病名称	主要发生动物
睾丸		阴茎和包皮	
睾丸炎	各种家畜	阴茎和包皮损伤	各种家畜
睾丸变性	各种家畜	阴茎偏斜	牛
睾丸发育不全	牛、羊、猪	阴茎麻痹	马、猪、牛
隐睾	猪、马、山羊	包茎和嵌顿包茎	马、牛
睾丸肿瘤	犬、马、牛	阴茎畸形	各种家畜
睾丸扭转	马	阴茎肿瘤	马、牛
附睾		血精	马、牛、猪
附睾炎	绵羊、山羊	包皮脱垂	牛、猪
精液滞留和精子肉芽肿	牛、猪、羊	憩室溃疡	猪
副性腺		阴茎头包皮炎	羊、牛
精囊腺炎综合征	牛	尿石病	牛、羊
前列腺疾病	犬	马交媾疹	马
精索和输精管		马媾疫	马
精索静脉曲张	羊	胎儿毛滴虫病	牛
伍尔夫管节段性形成不全	牛、猪、山羊	功能性疾病	
		精子异常	各种家畜
		阳痿	马
		不能射精	马
		性欲缺乏	各种家畜

生产实际中，防治雄性动物不育的措施有：①严格选种，特别注意睾丸发育和对称性、阴囊壁的收缩能力等；②加强饲养管理，供给全价的日粮；③加强运动；④建立合理的采精制度，保护阴囊不受损伤；⑤高温季节做好防暑降温。

可以采用检查精液品质的方法来衡量雄性动物的生育力。精液品质检测的项目包括颜色、气味、pH、采精量、精子活率、精子密度、精子畸形率、畸形精子百分率等。

第二节 先天性不育

雄性动物的先天性不育是由于染色体异常或基因表达调控出现异常，导致雄性动物不育或生育力低下。此类疾病包括睾丸发育不全、无精或精子形态异常、性机能紊乱、伍尔夫管道系统分节不全、两性畸形和隐睾等。

一、睾丸发育不全

睾丸发育不全是指雄性动物一侧或双侧睾丸的全部或部分曲细精管生精上皮不完全发育或缺乏生精上皮，间质组织可能基本维持正常。本病多见于公牛和公猪。

1. 病因 一般是多了一条或多条 X 染色体，或是基因表达调控过程出现障碍，双侧睾丸发育和精子生成受到抑制。此外，初情期前营养不良、阴囊脂肪过多和阴囊系带过短也可引起睾丸发育不全。

2. 症状 雄性动物第二性征、性欲和交配能力基本正常，但睾丸较小、质地软、缺乏弹性，精液呈水样，无精或少精，精子活力差，畸形精子百分率高。

3. 诊断 根据睾丸大小、质地，间隔多次精液品质检查结果和参考雄性动物配种记录（一开始使用即表现生育力低下和不育），即可做出初步诊断。睾丸活检可见整个性腺或性腺的一部分曲细精管完全缺乏生殖细胞。染色体检查有助于本病的确诊。

4. 处理 即使动物的精液有一定的受胎率，但发生流产和死胎的比例很高，且本病具有很强的遗传性，患病动物可考虑去势后用作肥育或使役。

二、两性畸形

两性畸形是动物在性分化过程中某一环节发生紊乱而造成的个体兼具雌雄两性性别特征的一种疾病。根据两性畸形不同的表现形式，分为性染色体两性畸形、性腺两性畸形和表型两性畸形三类。

（一）性染色体两性畸形

本病是由性染色体的组型发生变异而致。

1. XXY 综合征 动物较正常雄性多一条 X 染色体，各种动物都有发生，相当于人的克莱因费尔特综合征。患病动物外观呈雄性，具有基本正常的雄性生殖器官和性行为，但睾丸发育不全，组织学检查见不到精子生成过程，性腺内分泌功能减弱。

2. XXX 综合征 动物较正常雌性多一条 X 染色体，表型为雌性，一般表现为卵巢发育不全。

3. X0 综合征 动物较正常雌性缺失一条 X 染色体，表型为雌性，通常为卵巢发育不全，相当于人的特纳综合征（Turner syndrome）。

4. 嵌合体 包括 XX/XY 嵌合体。嵌合体不同的染色体组型和这些细胞在原始性腺的分布状态决定动物的表型和性腺、性器官的发育。也就是说，动物既可能表现为真两性畸形（卵巢和睾丸都有可能发育），也可能表现为性腺发育不全。

真两性畸形的动物可能同时具有 1 个卵巢、1 个睾丸或 1 个或 2 个性腺均为卵睾体。出生时一般为雌性表型，至初情期逐渐出现雄性化表征，比如阴蒂增大，甚至表现为短阴茎状；性成熟后多表现出雄性性行为，但一般无生育力。

（二）性腺两性畸形

性腺两性畸形（性逆转动物）个体染色体性别与性腺性别不完全一致，性腺同时具有睾丸和卵巢组织。

1. XX 真两性畸形 XX 核型，具有大致相当的雌性生殖器官，但阴蒂大，腹腔内具有卵睾体或独立存在的卵巢和睾丸。

2. XX 雄性综合征 XX 核型，雄性表型，HY 抗原为阳性，性腺常为隐睾，阴茎小，畸形，存在由缪勒管发育不完全的器官。

（三）表型两性畸形

患病动物染色体性别与性腺性别相符，但与外生殖器官表型相左。

1. 雄性假两性畸形 具有 XY 染色体及睾丸，但外生殖器官界于雌雄两性之间。有 3

种形式。

（1）动物具有 XY 核型。性腺为睾丸，但多为隐睾。外生殖器官倾向于雌性，具有一定的雌性行为。

（2）动物为 XY 核型。可能具有基本正常的睾丸，但其他外生殖器官往往异常，尿道开口于阴茎下部，称为尿道下裂。

（3）动物为 XY 核型。睾丸为单侧或双侧隐睾，表型倾向于雄性。

2. 雌性假两性畸形 动物具有 XX 核型，有基本正常的卵巢，但外生殖器官雄性化，可能出现阴茎、前列腺，但同时有阴道前部及发育不全的子宫。

三、隐睾

隐睾是指睾丸下降受阻，单侧或两侧睾丸不能降入阴囊而滞留在腹腔或腹股沟的一种疾病。双侧隐睾者不育，单侧隐睾者不同程度影响生育。正常情况下，牛、羊、猪、犬在出生前，马在出生后 2 周睾丸进入阴囊，但个别犬可推迟至出生后 6～8 个月。睾丸在降入阴囊之前具有游走性，可在阴囊前方、阴茎外侧皮下或会阴部海绵体后侧，这种现象称为异位睾丸。隐睾多发生在猪、羊、马和犬。

临床可见患病动物阴囊小或缺失，触诊阴囊和腹股沟外环检查或有或无，结合直肠检查触摸腹股沟内环和直接探查腹腔内睾丸即可确诊。

第三节　疾病性不育

主要包括：①非传染性不育性疾病，如睾丸炎、附睾炎、精索静脉曲张、精囊腺炎综合征、阴茎和包皮损伤、前列腺炎等；②传染性不育性疾病，包括动物性病如马交媾疹、马媾疫、胎儿毛滴虫病和主要影响生育力的传染病如布鲁菌病、蓝耳病、传染性化脓性阴茎头包皮炎等。

一、睾丸炎

睾丸炎是由损伤和感染引起的睾丸的急性和慢性炎症，多见于牛、猪、羊、马和驴。由于睾丸和附睾相连，易引发附睾炎，两者常同时或互相继发。

损伤如打击、蹴踢、挤压、刺伤、咬伤等或泌尿生殖道感染蔓延均可引起睾丸炎，多见一侧发生；某些全身性感染如布鲁菌病、结核病、乙型脑炎、衣原体病、支原体病可引起睾丸炎；也可由睾丸附件组织、鞘膜炎症或副性腺感染沿输精管蔓延引起。

控制感染和预防并发症，防止转化为慢性，导致睾丸萎缩。若无种用价值可去势。

二、附睾炎

附睾炎是公羊常见的一种生殖疾病，以附睾出现炎症并可能导致精液变性和精子肉芽肿为主要特征。

主要是流产布鲁菌、马耳他布鲁菌等细菌感染。附睾感染一般都伴有不同程度的睾丸炎，呈现特殊的化脓性附睾及睾丸炎症状。临床检查结合精液细菌培养检查、补体结合测定和对死亡公羊剖检，以及病理组织学检查等几种方法进行确诊。用抗生素治疗。

预防的根本措施是及时鉴定出所有感染公羊，严格隔离或淘汰。

三、精囊腺炎综合征

精囊腺炎综合征是指精囊腺炎及其并发症。精囊腺炎的病理变化往往波及壶腹、附睾、前列腺、尿道球腺、尿道、膀胱、输尿管和肾，这些器官炎症也可波及精囊腺。精囊腺炎常见于18月龄以下公牛，从良好饲养条件转移到较差环境时易发。

病原包括细菌、病毒、衣原体和支原体。主要经泌尿生殖道上行引起感染。

可通过直肠检查（精囊腺肿大，分叶不明显，触摸有痛感）、精液检查（精液中带血并可见其他炎性分泌物，呈灰白-黄色、桃红-红色或绿色；精子活力低、精子畸形率高，特别是尾部畸形的精子数量增加）和精液细菌培养等进行诊断。

患病动物立即隔离，停止交配和采精。用抗生素治疗，单侧可考虑手术摘除。

四、阴茎和包皮损伤

阴茎和包皮损伤也包括尿道损伤及其并发症。交配时雌性动物骚动或雄性动物自淫时阴茎冲击异物，使勃起的阴茎突然弯折；阴茎受各种外伤，常见的有撕裂伤、挫伤、尿道破裂和阴茎血肿。

一般有外部可见的创口和肿胀，或从包皮外口流出血液或炎性分泌物。

检查创口，调查损伤的原因，注意与原发性包皮脱垂、嵌顿包茎、传染性阴茎头包皮炎等区别；在公猪还应与包皮憩室溃疡区别。

治疗以预防感染、防止粘连和避免各种继发性损伤为原则。

五、前列腺炎

前列腺炎是前列腺的急性和慢性炎症，以犬多发。

急性前列腺炎除了高热、尿频、尿痛、血尿以外，腹部和直肠触诊前列腺时可感增温、对称性或不对称性肿大、疼痛和波动。血液检查白细胞增多。直肠按摩前列腺能收集到渗出物，有助于判断炎症的性质。X线检查可见前列腺增大和前列腺密度增加。膀胱造影可见膀胱壁增厚，体积增大，有肿大前列腺压迫的凹陷。

慢性前列腺炎常呈化脓性炎症，形成前列腺脓肿。

可根据前列腺液微生物培养及药敏试验采用相应抗生素治疗。慢性前列腺炎可对其按摩配合抗生素治疗。

思考题

1. 简述雄性动物不育的概念。

2. 简述雄性动物不育的病因和临床表现。

3. 简述雄性动物不育的检查内容。

4. 雄性动物先天性不育包括哪几种？简述每种疾病的病因、发病机理、临床症状和防治措施。

5. 雄性动物疾病性不育包括哪几种？简述每种疾病的病因、发病机理、临床症状和防治措施。

执业兽医资格考试试题列举

1. 公牛精囊腺炎综合征的常用诊断方法是（　　）。

A. 激素分析　B. 直肠检查　C. 血常规检查　D. 尿常规检查　E. 腹壁B超检查

2. 临床确诊牛、马隐睾的方法是（　　）。

A. 叩诊　B. 听诊　C. 直肠造影　D. 直肠检查　E. 局部穿刺

3. 猪有隐睾时除触诊检查外，还可以通过下列哪些特点判断（　　）。

A. 性欲弱，生长快，肉质好　B. 性欲弱，生长慢，肉质好

C. 性欲弱，生长快，肉质差　D. 性欲强，生长慢，肉质好

E. 性欲强，生长慢，肉质差

4. 公羊精子数少、活力差，可选用的治疗药物是（　　）。

A. 前列腺素　B. 睾酮　C. 人绒毛膜促性腺激素

D. 生长激素　E. 黄体酮

5. 副性腺只有前列腺的动物是（　　）。

A. 马　B. 牛　C. 羊　D. 猪　E. 犬

6. 某动物个体的性腺同时具有睾丸和卵巢组织，这种情况属于（　　）。

A. XXX 综合征　B. XXY 综合征　C. XX 真两性畸形

D. 雄性假两性畸形　E. 雌性假两性畸形

7. 某种公猪，体重 80 kg，不宜留做种用，欲对其行去势术，打开总鞘膜后暴露精索，摘除睾丸的最佳方法是（　　）。

A. 用手捋断　B. 捻转后切除　C. 结扎后切除

D. 不结扎，捋断　E. 不结扎直接切除

8. 北京犬，发病1周，包皮肿胀，包皮腔污秽不洁，流出脓样腥臭液体；翻开包皮囊，见红肿、溃疡病变。该病为（　　）。

A. 包皮囊炎　B. 前列腺炎　C. 阴茎肿瘤　D. 前列腺囊肿　E. 前列腺增生

【参考答案】

1. B　2. D　3. A　4. B　5. E　6. C　7. B　8. A

第十一章　新生幼龄动物疾病

导 学

掌握窒息、胎粪停滞、新生幼龄动物溶血症、脐尿瘘和新生幼龄动物（猪、犬）低血糖症的病因、症状、诊断和治疗。

新生幼龄动物是指出生后脐带断端脱落（猪、羊产后2～4 d，马、牛产后3～6 d）以前的幼小动物。脐带断端脱落以后的幼小动物称为哺乳幼龄动物。脐带断端脱落的早晚与断脐方法（“一勒二断三消毒”的断脐法）、气温、通风有关。

第一节　概述

一、新生幼龄动物的护理

新生幼龄动物出生后，由在母体安逸的环境进入外界环境，其生活条件骤然发生改变。如由通过胎盘进行气体交换变为自行呼吸；由通过胎盘获得营养物质和排出废物转化为自行摄食、消化、排泄；由在母体子宫内、环境温度相当稳定、不受外界有害作用影响转化为直接与外界环境接触。更重要的是，新生幼龄动物的各部分生理机能还很不健全。正是这些变化和特点，使得新生幼龄动物比较娇嫩，抗病能力差，所以在护理上须特别小心，这是防病的基础。在护理时应特别注意以下几点（以新生仔猪为例）。

1. 防止窒息　动物出生后接产人员应立即掏出动物口腔的黏液，然后用毛巾将鼻和全身黏液仔细擦干净。

2. 保温　新生仔猪由于皮下脂肪层薄，被毛稀疏，保温能力差，体温较成年猪高 1 ℃以上，因此需要热量多；仔猪出生 24 h 内基本不能利用乳脂肪和乳蛋白氧化供热，主要热源是靠分解体内储备的糖原和母乳的乳糖。气温较高条件下，仔猪出生 24 h 后氧化脂肪供热的能力才加强；而在寒冷环境（5 ℃）下，仔猪须在出生 60 h 后才能有效地利用乳脂肪氧化供热。寒冷是仔猪的大敌，尤其是在出生的最初几天。仔猪的体温调节功能从出生的第9 天起才开始完善，20 日龄时才接近完善。所以做好仔猪的保温防寒工作，是提高仔猪成活率的保证。

仔猪最适宜温度可见表 11-1。相对湿度以 70％～80％为好。保温的措施是单独为仔猪创造温暖的小气候环境。因为“小猪怕冷”而“大猪怕热”，母猪在 15 ℃气温下表现舒适；如果把整个产房升温，一则母猪不适宜，二则多耗能源不经济。

仔猪保温防寒的办法很多，各场可根据条件加以选择。

表 11-1 不同日龄仔猪的环境最适宜温度（℃）

日龄	1～3 d	4～7 d	8～15 d	16～27 d	28～35 d	36～60 d
适宜环境温度	30～32	28～30	25～27	22～24	20～22	18～20

环境温度会影响免疫球蛋白的吸收效果，其原因如下：寒冷使仔猪变得不活跃，食欲减退，不愿吃初乳而减弱获得被动免疫的能力；寒冷使肠道上皮的通透性改变，不能接受或仅少量接受母乳中的抗体，而使仔猪免疫能力下降导致疾病发生。因此，加强保温、使其尽早吃上充足的初乳，是提高仔猪免疫能力、减少发病的有效措施。

3. 保证每头新生幼龄动物尽快吃上初乳 仔猪生后1个月内，主要从母乳中获得各种营养物质和抗体。母猪产后3～5 d分泌的乳汁称为初乳，产后1周后的乳汁称为常乳，二者在化学成分有很大区别。

初乳的特点是蛋白质含量特别高，并含有大量的白蛋白和球蛋白，而脂肪含量却很低。这是符合仔猪生长对蛋白质的需要和初生仔猪消化能力差、不易消化大量脂肪的特点的。由于初乳对初生仔猪有特殊的生理作用，仔猪出生后应立即擦干黏液，断脐并消毒，帮其吃上初乳。

初乳的作用：①初乳中含有磷脂质、酶和激素，特别是免疫球蛋白，是哺乳仔猪不可缺的营养物质，它可增强仔猪的体质和抗病能力，从而提高对环境的适应能力；②初乳中含有较多镁盐，能促进胎粪排出；③初乳的酸度高，可促进消化道活动；④初乳中还含有加快肠道发育所必需的未知的肠生长因子（常乳则无），使仔猪在出生后24 h内提高肠生长速度30%左右。吃初乳越多的仔猪生长越快，以出生后1 h内每头仔猪平均吮乳100 mL为例，最初出生的在10 min内已吃到90 mL的初乳。而最末产出的仔猪，由于初乳中免疫球蛋白迅速下降，初乳吮吸量少，生长会受到影响。

新生仔猪的肠道有胞饮功能，肠道上皮可原封不动地将初乳蛋白吸收到细胞内部，再运送到淋巴和血液中去，供仔猪吸收。随着仔猪肠道的发育，上皮的渗透性发生改变，对蛋白的吸收也随着改变。在生后0～3 h，肠道上皮对抗体（γ-球蛋白）吸收能力为100%，3～9 h则为50%，9～12 h后下降为5%～10%，36 h即停止作用。这正是要仔猪尽早（出生0.5～1 h，最迟不超过2 h）吃上初乳、吃足初乳的原因。

4. 仔猪固定乳头

5. 注意观察脐带断端的干燥状况

二、治疗原则

（1）由于新生幼龄动物抗病力弱，对疾病的耐受性差，所以新生幼龄动物患病后，病情发展快为其特点。所以治疗措施必须及时得力，以控制和扭转病情的发展。

（2）新生幼龄动物吸收药物较快，排泄快。这是因为新生幼龄动物心率快，血液循环迅速，所以药物在体内代谢快。因此，治疗新生幼龄动物用药剂量要足，一般为同种成年动物的1/12～1/8，但必须考虑品种及个体对各种药物的敏感性和耐受性。

第二节 窒息

幼龄动物产出后不呼吸而心脏仍然在跳动的现象称为窒息，也称假死。

1. 病因　①母猪年老体弱、分娩无力；②母猪长期不运动、腹肌无力；③胎儿过大或产道狭窄等原因造成幼龄动物在产道内停留时间过长，吸进产道内的羊水或黏液，造成窒息；④胎盘水肿、脐带被挤压等。

2. 急救方法　①迅速将口、鼻内的黏液或羊水排出并擦干后，再进行急救；②提起幼龄动物的后腿，头向下，用手拍胸拍背，促其呼吸；③将幼龄动物四肢朝上，一手托肩部，另一手托臀部，然后一屈一伸，进行人工呼吸；④向假死幼龄动物鼻内或口内用力吹气，促其呼吸；⑤用药棉蘸上乙醇或氨水放在口鼻部，刺激幼龄动物呼吸；⑥注射尼可刹米、安钠咖等药物兴奋呼吸中枢；⑦在寒冷冬季可将假死幼龄动物放入温水（40 ℃）中，同时进行人工呼吸，救活后迅速擦干，注意幼龄动物的头和脐带断端不能浸入水中。

第三节　胎粪停滞

新生幼龄动物吃上初乳 1 d 后不排粪且出现腹痛症状即为胎粪停滞。手指直肠检查，触到硬固的粪块，即可确诊。治疗原则是润滑肠道和促进肠蠕动。方法有灌肠排结、润肠排结、疏通肠道、刺激肠蠕动和掏结。

第四节　新生幼龄动物溶血症

新生幼龄动物红细胞抗原与母体血清抗体不相合而引起的同种免疫溶血反应称新生幼龄动物溶血症，主要发生在马驹和仔猪。

1. 症状　吃初乳前正常，吃初乳后 1～2 d 发病，表现贫血、溶血、黄疸和血红蛋白尿。血液检查可见血液稀薄、不易凝固；红细胞数减少，血红蛋白减少。

2. 治疗　停喂母乳，改为人工哺乳或代养。

第五节　脐尿瘘

特征：从脐带断端或脐孔经常流尿或滴尿，主要发生在马驹、犊牛。

1. 病因　脐尿管封闭不全，脐带断端感染。

2. 治疗　手术封闭。

第六节　仔猪低血糖症

仔猪低血糖症是仔猪出生后，因饥饿致使体内糖原耗竭而引起血糖急剧下降的一种营养代谢病。其特征是步态不稳、平衡失调等神经症状及颤抖。主要发生于 1～4 日龄的新生仔猪。

1. 病因　饥饿是发病的根本原因，寒冷是重要诱因。

（1）本病的发生主要是由于母猪妊娠后期饲养管理不当、母猪产后感染等引起缺乳或无乳。

（2）仔猪吮乳不足，如先天性弱胎、产仔数过多等造成仔猪吃不饱或饥饿时间过长，造成糖的供应不足，导致低血糖症的发生。

（3）此外，低温、寒冷或空气湿度过高均可促使本病的发生。

2. 临床症状 突然发生四肢绵软无力或卧地不起，大多数卧地后呈阵发性神经症状，头向后仰，四肢做游泳状划动或四肢伸直，出现微弱的怪声，瞳孔扩大，口腔轻微张开，口角流出少量泡沫。有的病猪四肢叉开，鼻端顶住地面前后摇晃；有的病猪俯卧不起、呈痉挛性收缩，体表感觉迟钝或消失。畏寒、被毛粗乱，大多数病猪体温在 37 ℃以下。大部分病猪在 2 h 以内死亡，也有拖延到 24 h 后死的，发病仔猪几乎 100％死亡。

3. 预防和治疗 在预防上应加强妊娠母猪的饲养管理，保证仔猪出生后母猪能分泌大量高品质的初乳；注意防寒保暖；防止仔猪饥饿，尽早地让仔猪吃上初乳并定时哺乳。治疗上尽早尽快补糖。

思考题

1. 简述新生幼龄动物的定义。
2. 简述新生幼龄动物的护理要点。
3. 简述新生幼龄动物疾病的治疗原则。
4. 如何处理窒息？
5. 简述仔猪低血糖症的原因。

执业兽医资格考试试题列举

1. 治疗新生幼龄动物低血糖症时，补充糖类药物的给药途径不选择（　　）。

A. 静脉注射　　B. 腹腔注射　　C. 皮内注射　　D. 口服　　E. 灌肠

2. 新生仔猪低血糖症的典型症状不包括（　　）。

A. 衰弱无力　　B. 运动障碍　　C. 痉挛　　D. 衰竭　　E. 畏寒、震颤

3. 以下幼龄动物中，新生幼龄动物溶血症多发生于（　　）。

A. 犊牛　　B. 羔羊　　C. 仔兔　　D. 仔猪　　E. 仔犬

4. 新生仔猪低血糖症不会出现的临床症状是（　　）。

A. 体温升高　B. 体温下降　C. 口流白沫　D. 头颈后仰　E. 四肢无力

5. 哈士奇犬，5周龄，雄性，购回 4 d，食欲一直不好，嗜睡，四肢无力，体温 36.2 ℃，排粪未见异常。最有可能的病因是（　　）。

A. 低血脂　　B. 低血钠　　C. 低血镁　　D. 低血钙　　E. 低血糖

6. 刚生产的一窝仔猪，其中一头全身松软，卧地不动，反射消失，黏膜苍白；呼吸不明显，仅有微弱心跳，呈假死状态。最可能发生的疾病是（　　）。

A. 脐尿瘘　　B. 孱弱　　C. 窒息

D. 新生幼龄动物溶血症　　E. 新生幼龄动物低血糖症

7. 新生仔猪溶血症的典型症状是（　　）。

A. 腹泻　　B. 排尿困难　　C. 神经症状　　D. 血红蛋白尿　　E. 畏寒、震颤

8. 某猪场，1～4 日龄仔猪，整窝大部分发病。仔猪叫声低弱，共济失调，用鼻部抵地

帮助四肢站立，或呈现犬坐姿势。部分小猪出现阵发性痉挛，头向后仰，四肢做游泳状划动，瞳孔扩大，口角流出少量泡沫。病猪体温下降，畏寒，体表感觉迟钝，被毛凌乱。病死猪颈下、颚凹和胸膜下有不同程度的水肿，多呈半透明无色。肾呈淡黄色，表面有针尖大小红色小点。

（1）该病最可能是（　　）。

A. 新生仔猪溶血症　　B. 新生幼龄动物伪狂犬病　　C. 仔猪低血糖症

D. 仔猪缺铁性贫血　　E. 新生仔猪毒血症

（2）本病确诊还可做的检查是（　　）。

A. 心电图检查　　B. 血象检查　　C. 血糖检测

D. 电解质检查　　E. X线检查

（3）治疗时可用（　　）。

A. 腹腔注射5%氯化钠　　B. 腹腔注射20%葡萄糖　　C. 静脉注射10%氯化钙

D. 肌内注射铁制剂　　E. 腹腔注射复方生理盐水

9. 对新生幼龄动物处理描述不正确的（　　）。

A. 擦净胎儿鼻腔的黏液并观察呼吸是否正常

B. 自行脱落的脐带不要处理

C. 擦干身体，注意防冻；牛羊可让雌性动物舔吸羊水

D. 扶助幼龄动物站立，并尽快给初乳

E. 检查胎衣是否完整

10. 新生幼龄动物溶血症是由于（　　）。

A. 雌性动物营养不良引起的　　B. 新生幼龄动物采食有毒食品引起的

C. 新生幼龄动物红细胞抗原与母体血清抗体不相合而引起的

D. 雌性动物采食有毒食品引起的　　E. 雌性动物的代谢紊乱引起的

11. 仔猪低血糖症最合适的治疗措施是（　　）。

A. 10%葡萄糖腹腔注射　　B. 口服白糖水　　C. 肌内注射抗生素

D. 肌内注射糖皮质激素　　E. 以上都不是

【参考答案】

1. C　2. C　3. D　4. A　5. E　6. E　7. D　8.（1）C（2）C（3）B

9. B　10. C　11. A

第十二章　乳房疾病

导　学

掌握乳牛乳腺炎的病因、症状、诊断、治疗和预防。掌握其他乳房疾病，如乳房水肿、乳房创伤、乳池和乳头管狭窄及闭锁、漏乳、血乳和乳房坏疽等的病因、分类及症状、诊断、治疗和预防。掌握乙醇阳性乳的病因、症状和防治。

第一节　乳牛乳腺炎

乳房疾病是乳牛最常见、危害最大的一类临床疾病。乳腺炎可使乳的品质和产量下降，增加治疗和管理成本的同时，还可造成乳牛延迟发情、淘汰率升高，且还会造成乳中兽药和抗生素残留，危及人类健康和环境安全。

乳牛乳腺炎是指微生物感染或理化刺激引起乳牛乳腺的炎症，其特点是乳汁发生理化性质和细菌学改变、乳腺组织发生病理学改变。

1. 病因　病因复杂，是单一或多种因素所致。

(1) 病原微生物感染。这是主因，有球菌、杆菌、衣原体、真菌和病毒，可达 130 多种，较常见的有 20 多种，分为传染性微生物和环境性微生物。各地感染情况不尽相同，因环境、卫生条件、饲养方式不同而异。

(2) 遗传因素。与乳房的结构和形态有关，乳房下垂、漏斗形的乳头最易感染。

(3) 饲养管理不规范。牛舍、挤乳场所、挤乳用具消毒不严格；违规挤乳；继发感染疾病未治疗；干乳方法不科学；久治不愈的慢性乳腺炎不及时淘汰；饲喂高能量、高蛋白日粮等为感染发生创造机会。

(4) 环境因素。高温、高湿环境；牛舍通风不良、不整洁；运动场低洼不平，粪尿蓄积；牛体不洁等。

(5) 其他因素。年龄，胎次，其他疾病如结核病、布氏杆菌病、胎衣不下、子宫炎等，激素失衡等是本病诱因。

2. 发病机理　乳腺组织是十分敏感的，当乳管的管壁细胞受到损伤，或受到在其乳管壁上生长的细菌释放的物质刺激时，便迅速引起乳腺对它们的防御性反应，使乳腺炎的发展进入炎症阶段。感染轻微时，当感染消退后，受感染区乳汁的分泌将增加，几天内恢复到接近正常。如果感染后损害很严重，乳管被堵塞的时间超过 3 d，乳腺分泌细胞消失，乳汁的分泌停止，要到下次产犊时才能恢复。如果损害特别严重，很多分泌细胞被破坏，该部分就会形成瘢痕组织（图 12-1）。

隐性（非临床型）乳腺炎和临床型乳腺炎，在乳腺病理组织学上仅是程度上的差异，而无特殊的本质区别。隐性乳腺炎恶化，即可导致临床型乳腺炎（图 12-2）。感染型隐性乳腺炎主要以轻度的渗出性炎症为特征，腺上皮变性脱落，在组织和细胞中可检出细菌；而非感染型（非特异性）隐性乳腺炎则以结缔组织和肌上皮增生为特点，腺体萎缩，腺上皮由分泌期的梨形变为柱状或立方形。

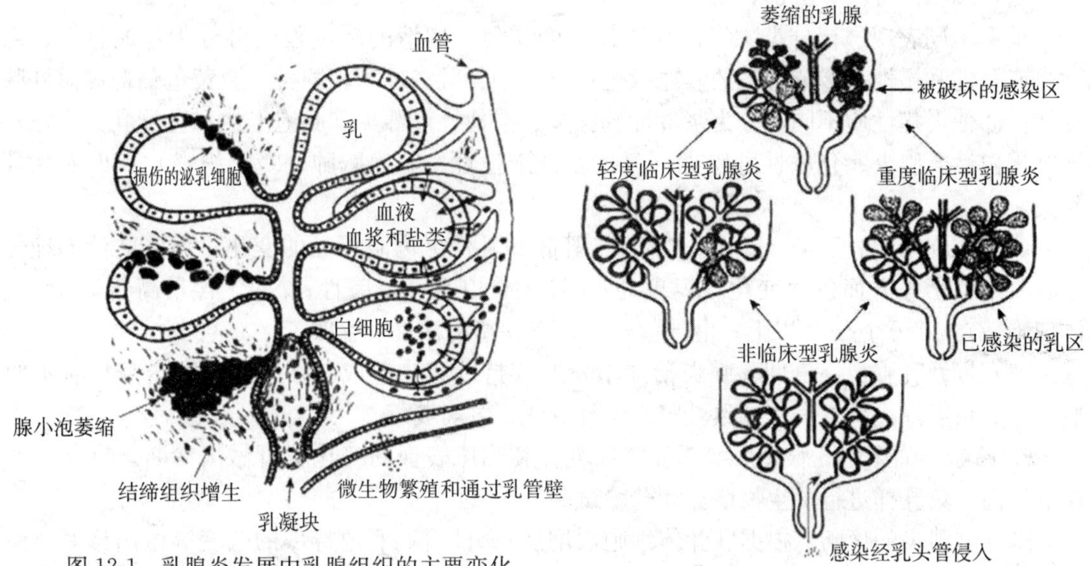

图 12-1　乳腺炎发展中乳腺组织的主要变化
（引自 Schultz L H，1978）

图 12-2　乳腺组织感染结果与乳腺炎类型的关系

3. 免疫机制

（1）宿主防御系统的作用。乳腺非特异性免疫因素包括乳头和乳头管的形状和结构、乳头管的开放性、挤乳对乳头管的机械性冲击作用等。乳头在乳腺抗感染中行使着第一道防线的作用，包括乳头开口的结构以及乳头管的封闭机制，位于乳头管上方的环形括约肌可以降低乳腺导管被感染的风险，完好的乳头管上皮细胞以及干乳期乳头末端形成的角质栓均起到保护作用。由乳头管顶端复层鳞状上皮细胞分泌的角蛋白，具有捕获入侵的细菌以及抑制细菌活性等作用，导致入侵的细菌裂解和死亡。

乳腺分泌的乳汁中含有多种抑菌及杀菌物质，如乳铁蛋白、溶菌酶、乳过氧化氢酶系统、β-防御素、TLR4、IL-8R、乳素等天然免疫效应因子，在维护乳房健康中发挥作用。

（2）乳腺炎的细胞免疫。体细胞数（somatic cell count，SCC）随个体、泌乳阶段和乳腺健康状况不同而不同，健康乳牛乳汁 SCC 低于 5×10^5 个/mL。其中的多形核中性粒细胞、巨噬细胞、NK 细胞等在吞噬和杀灭入侵的细菌中各自发挥不同作用，确保乳房健康，故构成第二道防线。

当乳腺免疫机能低下时，如分娩前后和干乳期早期，病原微生物通过多种策略逃避防御体系，如病原微生物采取黏附和进入宿主细胞的策略入侵宿主的防御体系，并内化到宿主细胞质，为病原微生物提供安全的环境。同时多形核中性粒细胞迁移、监视及杀灭微生物的能力下降，成为诱发乳腺炎的重要因素。

（3）乳腺炎的体液免疫。乳腺内体液免疫由 4 种免疫球蛋白（IgG_1、IgG_2、IgA 和 IgM）来完成，是构成乳房防御的第三道防线。

4. 临床症状

（1）临床型乳腺炎。共同症状：①乳区出现红、肿、热、痛和机能障碍；②产乳量减少，乳汁稀薄，含有絮状物、凝乳块、脓液或血液；③乳房上淋巴结肿大；④不同程度的全身症状，如体温升高、沉郁、食欲减退等。

根据不同表现进行分类：①依临床症状的缓急、病情的严重程度可分为：最急性、急性、亚急性和慢性；②依感染的病原微生物分，如无乳链球菌乳腺炎、金黄色葡萄球菌乳腺炎等；③依炎症性质不同可分为浆液性乳腺炎、卡他性乳腺炎（腺泡卡他和乳管乳头卡他）、纤维蛋白性乳腺炎、化脓性乳腺炎（急性脓性卡他性、乳房脓肿、蜂窝织炎）和出血性乳腺炎。

（2）非临床型乳腺炎（隐性乳腺炎）。乳腺和乳汁无肉眼可见的变化，而在乳汁的理化性质、细菌学等方面发生变化。表现为：pH 7.0 以上，呈碱性；NaCl 含量高于 0.14%；体细胞数在 50 万个/mL 以上；电导值较高；有关酶的活性发生改变。

（3）慢性乳腺炎。急性乳腺炎治疗不及时或持续感染造成。临床症状和全身症状不明显，产乳量下降。反复发作导致乳腺组织纤维化、乳房萎缩。

5. 诊断 临床型乳腺炎症状明显，依乳汁和临床表现的变化就可做出诊断。有条件的在治疗前采集乳样进行微生物培养和药敏试验。

隐性乳腺炎的诊断：根据乳汁体细胞数增加、pH 升高和电导率的改变等做出诊断。检测方法包括以下几种。

（1）乳汁体细胞计数。乳中体细胞是由巨噬细胞、淋巴细胞、多形核中性粒细胞和少量乳腺上皮细胞组成。正常生理状况下，每毫升乳汁有 2 万～20 万个体细胞，其数量受到年龄、胎次、机体应激、个体特征以及挤乳操作等因素的影响。理想的体细胞应控制在每毫升 40 万个以内。每毫升超过 50 万个为阳性结果。

体细胞计数方法有体细胞显微镜计数法、体细胞电子计数法、乳桶体细胞计数法和牛只体细胞计数法。

（2）加利福尼亚州乳腺炎检测法（CMT 法）是一种间接测定乳汁中体细胞的方法。该法简易快速、检出率高，可在牛场现场使用，但不适于初乳期和泌乳末期。

目前，国内不少单位研制出相类似的试剂如 LMT、BMT、HMT、SMT 以及日本乳腺炎简易检验法（PL 试验），这都是 CMT 的衍生方法。

（3）溴麝香草酚蓝检测法（BTB 法）。是检测乳汁 pH 的一种方法。牛乳正常 pH 6.4～6.5，可疑（±）6.6～6.8，感染（+）6.82～7.0，较重感染（++）7.1～7.3，严重感染（+++）7.4 以上。

（4）酶学检测。如 H_2O_2 玻片法、NAGase 试验、乳汁抗胰蛋白酶活性测定等。

（5）电导率的测定。乳腺感染后，血乳屏障的渗透性改变，Na^+、Cl^- 进入乳汁，使乳汁的电导率升高，因此应用物理学方法检测乳汁电导率即可诊断。

（6）其他方法。如苛性钠凝乳试验法，乳清总蛋白、血清白蛋白检测等。

6. 治疗 临床型乳腺炎以治疗为主；隐性乳腺炎主要是控制和预防，提高机体防御能力，控制阳性率的增加。治疗原则是消灭已侵入的病原微生物，抑制和控制炎症过程，改善全身状况，防止败血症发生。

乳腺炎的治疗越早效果越好，治疗过晚则乳腺组织内通常发生不可恢复的病理变化，治疗效果明显下降，影响泌乳机能的恢复。因此治疗必须遵循要求：①急性炎症发展迅速，治疗应及时得当，以免转型；②治疗过程中必须查清和消除病因和诱因；③隔离患牛，做好牛床、周边环境的消毒；④调整挤乳方式；⑤创造提高疗效和促进健康恢复的环境、饲养条件，如保持牛舍安静、清洁、通风良好，限制饮水，去掉多汁饲料等；⑥应用治疗措施要灵活，根据病因和组织变化而不同。

治疗的方法：①乳房内注射或肌内注射药物；②乳房神经封闭法；③乳房按摩；④抗生素治疗；⑤中药疗法；⑥敷法；⑦激光疗法；⑧穴位注射；⑨外科疗法等。

乳房内注射时必须注意：①事先将病乳区的异常乳挤净；②做好乳头和乳头管的消毒；③注意剂量和药液量（每个乳区 30～50 mL）；④尽量减少乳导管、通乳针等进出乳房的次数，避免损伤乳头管黏膜；⑤注入药物后按摩抖动乳房，使药物在乳房内充分扩散（由下向上按摩乳房）。

药物选择标准：①较低最小抑菌浓度；②肌内注射有高的生物利用度；③必须是弱碱性或在血液中呈非游离状态的药物；④药物的脂溶性高；⑤药物与蛋白质的结合率不能太高；⑥半衰期较长；⑦在炎性分泌物存在的状况下，药物要保持活性；⑧药物在血液和在其他器官中的清除相似，即无药物蓄积现象。

用药必须注意以下几个问题：①选用针对性、特异性强的抗生素，先考虑窄谱或非广谱的抗生素；不能选择能使机体免疫功能降低的抗生素，如四环素、庆大霉素、红霉素、环丙沙星、青霉素等，否则治疗变得越来越困难；②不能长期反复使用一种或两种抗生素；③用最小抑菌浓度低的药物；④选用对乳房不能有刺激的药物；⑤治疗期间必须遗弃乳汁；⑥药物剂型简便。

临床型乳腺炎疗效的判定标准：①临床症状消失；②泌乳量显著恢复或至正常；③乳中体细胞数基本正常（小于 50 万个/mL）；④乳中细菌学检查正常。

7. 预防　控制目标：①桶乳检验结果：体细胞数≤300 000 个/mL，菌落数≤10 000 个/mL，无抗生素残留，无无乳链球菌和金黄色葡萄球菌检出；②全年 75%以上的乳牛无临床型乳腺炎，每头牛每年临床型乳腺炎的病例数不超过 1.5 个，每月患临床型乳腺炎的乳牛不超过 3%，85%以上的牛为 CMT 阴性；③全年因乳腺炎淘汰率低于 6%，乳区感染率低于 8%；④每 3 个月检查 1 次；⑤干乳期必须对每个乳区进行有效治疗；⑥正确治疗临床型乳腺炎；⑦对治疗无效且连续发生临床乳腺炎的牛及时淘汰，避免其传播病原。

（1）加强管理措施。①实行规范化饲养、科学管理、健全合理的饲养管理制度；②规范挤乳操作；③加强环境和牛体卫生；④正确使用功能完善的挤乳系统。

（2）坚持挤乳前后乳头药浴。常用药浴液体有：0.1%～1%碘消灵、4%次氯酸钠、0.2%～0.55%氯己定、2.0%十二烷基苯磺酸、0.5%季铵及 0.2%溴溶液等。

（3）科学干乳，维护乳房良好状态，并做好干乳期的乳房保健，防治干乳期乳腺炎。

（4）定期进行隐性乳腺炎检测，这是控制乳腺炎蔓延的有力措施。可根据检测结果及时采取相应措施，供牛群调整时参考。

（5）及时诊断和治疗临床型乳腺炎，必要时可将患牛隔离，对患牛乳汁妥善处理，防止疾病传播。

（6）疫苗预防和抗病育种。

第二节　其他乳房疾病

一、乳房水肿

乳房水肿是乳房的浆液性水肿，特征是乳腺间质组织液体大量蓄积。以第一胎及高产乳牛多见，以引起产乳量降低、乳房下垂、诱发皮肤病和乳腺炎为特征。分为急性-生理性（多发生于临产前，一般产后 10 d 左右自行消散）和慢性-病理性（发生于泌乳期）。

二、乳房创伤

乳房创伤是指各种外力因素作用于乳房而引起的组织机械性开放性损伤。主要发生在前乳区，包括轻度外伤、深部创伤、乳房血肿和乳头外伤。

三、乳池和乳头管狭窄及闭锁

乳池和乳头管狭窄及闭锁是指乳头和乳池黏膜下结缔组织增生或纤维化，形成肉芽肿和瘢痕，导致乳池和乳头管狭窄及闭锁。特征是乳汁流出不畅，甚至挤不出乳汁。乳牛多发，多出现在一个乳头或乳池。

1. 肉芽肿　发生在乳池及其附近，在乳头基底部可触摸到缺乏游动性的结节。

2. 乳池闭锁　乳汁进不到乳池，乳头干瘪。

3. 乳头乳池黏膜广泛性增厚　乳池壁变厚，池腔狭窄，乳头缩小，储乳减少，挤乳时出乳量不多。

可通过探针或乳导管协助诊断。本病无有效疗法或难于根治，主要是通过手术方法扩张狭窄部或去除增生物。

四、漏乳

漏乳是指乳房充盈，乳汁自行滴下或射出。临分娩和挤乳时发生一般为正常生理现象，非挤乳时发生为病态。多发生于乳牛和马。

尚无特效疗法。

五、血乳

血乳是指乳中混血，挤出的乳汁呈深浅不等的血红色。主要发生在产后，在乳牛和乳山羊多见。一般乳中无凝血块，乳房皮肤充血，无炎症症状。注意与出血性乳腺炎、外伤出血的鉴别。

六、乳房坏疽

乳房坏疽是指由腐败、坏死性微生物引起的乳腺炎或乳腺炎并发症，导致一个或一个以上乳区组织感染，发生坏死、腐败的病理过程。乳房临床症状剧烈，全身症状明显，呈稽留热。若治疗及时，病变局限在患区，但泌乳功能丧失。多数病例在病后数日因败血症死亡。对临床发生的病例建议尽早淘汰。

第三节　乙醇阳性乳

乙醇阳性乳是指新挤出的牛乳在20 ℃下与等量的70%（67%～72%）乙醇混合，轻轻摇晃，产生细微颗粒或絮状凝块的乳的总称。

根据酸度的差异，分为高酸度乙醇阳性乳和低酸度乙醇阳性乳。前者是牛乳在挤乳、运输过程中，由于微生物污染、乳糖发酵使酸度升高，加热后凝固，为发酵变质乳。后者为酸度在11～18 °T，加热后不凝固，稳定性差，品质低于正常乳，为不合格乳。

1. 病因　与下列因素有关：①过敏和应激反应；②乳中盐类成分和氨基酸含量异常；③饲养和管理因素；④潜在性疾病和内分泌因素；⑤气候因素。

血或乳的Na^+/K^+值作为预测指标。

2. 临床症状　①突然发生，患牛精神、食欲正常，乳汁无肉眼可见变化，仅乳汁乙醇试验呈阳性；②检出时间有长有短，反复出现；③乳中Ca^{2+}、Mg^{2+}、Cl^-高于正常，酪蛋白与Ca^{2+}结合弱，胶体疏松，颗粒较大，对乙醇的稳定性差；④乳中Na^+浓度、pH比隐性乳腺炎低。

3. 预防和治疗

（1）调整饲养管理：①平衡日粮，粗精料比例合适、控制精料，饲料多样化，保证维生素、矿物质、食盐的供应；②做好保温、防暑工作。

（2）药物治疗。补充氯化钠、碳酸氢钠、葡萄糖、葡萄糖酸钙等。

思考题

1. 简述乳腺炎的危害。
2. 简述乳腺炎的类型和临床特点。
3. 简述乳腺炎的诊断方法。
4. 简述乳腺炎的防治措施。
5. 简述乳腺炎、子宫炎、无乳综合征的临床症状和治疗措施。

执业兽医资格考试试题列举

1. 某乳牛，1个月前曾发生急性乳腺炎，经治疗已无临床症状，乳汁也无肉眼可见变化，但产乳量一直未恢复，乳汁检测结果体细胞计数55万个/mL。对该牛的诊断是（　　）。

A. 已恢复正常　B. 有乳腺增生　C. 有乳腺肿瘤　D. 有慢性乳腺炎　E. 有急性乳腺炎

2. 乳牛隐性乳腺炎的特点是（　　）。

A. 乳房肿胀，乳汁稀薄　　B. 乳房有触痛，乳汁稀薄
C. 乳房无异常，乳汁含絮状物　　D. 乳房无异常，乳汁含凝乳块
E. 乳房和乳汁无肉眼可见异常

3. 母牛，最初乳房肿大、坚实，触之硬、痛。随疾病演变恶化，患部皮肤由粉红逐渐变为深红色、紫色甚至蓝色。最后全区完全失去感觉，皮肤湿冷。有时并发气肿，捏之有捻发音，叩之呈鼓音。根据症状可初步诊断为（　　）。

A. 血乳　　B. 乳房水肿　　C. 乳房创伤
D. 坏疽性乳腺炎　　E. 乳池和乳头管狭窄及闭锁

4. 乳牛乳腺炎常用的检查方法不包括（　　）。

A. 视诊　B. 触诊　C. 乳房穿刺　D. 乳汁化学分析　E. 乳汁显微镜检查

5. 乳牛，产乳量下降，但乳房和乳汁无肉眼可见的变化，乳房体细胞数为 7.5×10^5 个/mL，该牛最可能发生的疾病是（　　）。

A. 乳腺组织增生　　B. 乳腺机能减退　　C. 乳房坏疽
D. 隐性乳腺炎　　E. 临床型乳腺炎

6. 乳牛，4 个乳区乳汁均现红色，连续 2 d 不见好转；乳房无明显红肿，无全身症状。乳汁于试管静置后，红色部分下沉，上层乳汁无异常变化。

（1）该病最可能的诊断是（　　）。

A. 慢性乳腺炎　B. 血乳　C. 乳房坏疽　D. 漏乳　E. 亚临床型乳腺炎

（2）适宜的处置方法是（　　）。

A. 注射抗生素　　B. 增加挤乳次数　　C. 乳房按摩、热敷
D. 注射维生素 K　　E. 补充多汁饲料

（3）【假设信息】如红色乳汁仅见于 1 个乳区，且该乳区表面有刺伤，可见乳汁通过创口外渗。该牛可能发生的是（　　）。

A. 血乳　B. 出血性乳腺炎　C. 乳房轻度创伤　D. 乳房深部创伤　E. 漏乳

7. 隐性乳腺炎的乳体细胞总数（　　）万个/mL。

A. 0～2　B. 2～10　C. 10～20　D. >50　E. 20～30

8. 治疗乳腺炎可选用左旋咪唑药物的作用是（　　）。

A. 免疫增强剂　B. 抗菌剂　C. 驱虫剂　D. 免疫抑制剂　E. 消炎剂

9. 下列乳牛乳腺炎预防措施中有错误的是（　　）。

A. 规范挤乳操作　　B. 挤乳前、后乳头药浴
C. 干乳期控制在 1 个月之内　　D. 抗乳腺炎育种
E. 干乳期向乳房注射长效抗生素

10. 我国预防乳腺炎应该达到的目标不包括（　　）。

A. 体细胞数低于 30 万个/mL　　B. 菌落总数低于 1 万个/mL
C. 无抗生素残留　　D. 金黄色葡萄球菌不得检出
E. 无亚临床型乳腺炎

11. 用乳头灌注法治疗牛乳腺炎时必须在（　　）。

A. 挤乳前进行　　B. 挤乳时进行　　C. 挤完乳后 1 h 进行
D. 挤完乳后 3 h 进行　　E. 挤完乳后立即进行

12. 检测乙醇阳性乳使用乙醇浓度是（　　）。

A. 50%　B. 70%　C. 80%　D. 90%　E. 95%

【参考答案】

1. D　2. E　3. D　4. C　5. D　6.（1）B（2）D（3）D　7. D　8. A
9. C　10. E　11. E　12. B

参 考 文 献

陈大元，2000. 受精生物学［M］. 北京：科学出版社.
侯振中，田文儒，2011. 兽医产科学［M］. 北京：科学出版社.
罗丽兰，1998. 生殖免疫学［M］. 武汉：湖北科学技术出版社.
王峰，王元兴，2003. 牛羊繁殖学［M］. 北京：中国农业出版社.
王建辰，章孝荣，1998. 动物生殖调控［M］. 合肥：安徽科学技术出版社.
杨钢，1996. 内分泌生理与病理学［M］. 天津：天津科学技术出版社.
杨利国，2010. 动物繁殖学［M］. 2 版. 北京：中国农业出版社.
杨增明，孙青原，夏国良，2005. 生殖生物学［M］. 北京：科学出版社.
章孝荣，2011. 兽医产科学［M］. 北京：中国农业大学出版社.
赵兴绪，2016. 兽医产科学［M］. 5 版. 北京：中国农业出版社.
郑行，1994. 动物生殖生理学［M］. 北京：北京农业大学出版社.
朱士恩，2015. 家畜繁殖学［M］. 6 版. 北京：中国农业出版社.

附　　录

附录 1

全国执业兽医资格考试大纲（兽医全科类）(2020 版)

兽医产科学部分

单　　元	细　　目	要　　点
一、动物生殖激素	1. 松果体激素	褪黑激素（mLT）的临床应用
	2. 丘脑下部激素	促性腺激素释放激素（GnRH）的临床应用
	3. 垂体激素	（1）促卵泡素（FSH）的临床应用 （2）促黄体素（LH）的临床应用 （3）催乳素（LTH）的临床应用 （4）催产素（OT）的临床应用
	4. 性激素	（1）雌激素的临床应用 （2）孕酮的临床应用 （3）雄激素的临床应用
	5. 胎盘激素	（1）马绒毛膜促性腺激素（eCG）的临床应用 （2）人绒毛膜促性腺激素（hCG）的临床应用
	6. 前列腺素	前列腺素（PG）的临床应用
二、发情与配种	1. 雌性动物生殖功能的发展阶段	（1）初情期 （2）性成熟 （3）繁殖适龄期 （4）繁殖机能停止期
	2. 发情周期	（1）发情周期的分期 （2）发情周期中卵巢的变化 （3）发情周期中的其他变化 （4）动物发情周期的调节
	3. 主要动物的发情特点及发情鉴定	（1）乳牛和黄牛 （2）绵羊和山羊 （3）猪 （4）马和驴 （5）犬和猫
	4. 配种	（1）雌性动物配种时机的确定 （2）人工授精技术 （3）胚胎移植技术
三、受精	1. 配子在受精前的准备	（1）配子的运行 （2）精子在受精前的变化 （3）卵细胞在受精前的变化
	2. 受精过程	（1）精、卵的识别与结合 （2）精子与卵质膜的结合和融合

（续）

单　元	细　目	要　点
三、受精	2. 受精过程	（3）皮质反应及多精入卵的阻滞 （4）卵细胞激活 （5）原核发育与融合 （6）异常受精
四、妊娠	1. 妊娠期	常见动物的妊娠期
	2. 妊娠识别	（1）妊娠识别的含义 （2）妊娠识别的机理
	3. 妊娠期母体的变化	（1）生殖器官的变化 （2）全身的变化 （3）内分泌的变化
	4. 妊娠诊断的方法	（1）临床检查法 （2）实验室诊断法 （3）特殊诊断法
	5. 妊娠终止技术	（1）妊娠终止的时机确定 （2）妊娠终止的方法
五、分娩	1. 分娩预兆	（1）分娩前乳房的变化 （2）分娩前软产道的变化 （3）分娩前骨盆韧带的变化 （4）分娩前行为与精神状态的变化
	2. 分娩启动	（1）内分泌因素 （2）机械性因素 （3）神经性因素 （4）免疫学因素
	3. 决定分娩过程的要素	（1）产力 （2）产道 （3）胎儿与母体产道的关系
	4. 分娩的过程	（1）分娩过程的分期 （2）主要动物分娩的特点
	5. 接产	（1）接产的准备工作 （2）正常分娩的接产
	6. 产后期	（1）子宫复旧 （2）恶露
六、妊娠期疾病	1. 流产	（1）病因 （2）症状 （3）诊断 （4）治疗 （5）预防
	2. 妊娠动物水肿	（1）病因 （2）症状 （3）防治方法
	3. 阴道脱出（牛、犬）	（1）病因 （2）症状及诊断 （3）治疗

（续）

单　元	细　目	要　点
六、妊娠期疾病	4. 妊娠毒血症（马、绵羊）	（1）病因 （2）症状及诊断 （3）治疗
七、分娩期疾病	1. 难产的检查	（1）病史调查 （2）雌性动物的全身检查 （3）产道检查 （4）胎儿检查 （5）术后检查
	2. 助产手术	（1）牵引术的适应证和基本方法 （2）矫正术的适应证和基本方法 （3）截胎术的适应证和基本方法 （4）牛和犬剖宫产术的适应证和基本方法 （5）外阴切开术的适应证和基本方法
	3. 产力性难产	（1）子宫弛缓的病因、症状、诊断及处理方法 （2）子宫痉挛的病因、症状、诊断及处理方法
	4. 产道性难产	（1）子宫颈开张不全的病因、症状、诊断及处理方法 （2）阴道、阴门及前庭狭窄的病因、症状、诊断及处理方法 （3）骨盆狭窄的病因、症状、诊断及助产 （4）子宫捻转的病因、症状、诊断及处理方法
	5. 胎儿性难产	（1）胎儿过大的临床症状和处理方法 （2）双胎难产的临床症状和处理方法 （3）胎儿畸形难产的临床症状和处理方法 （4）胎势异常的临床症状和处理方法 （5）胎位异常的临床症状和处理方法 （6）胎向异常的临床症状和处理方法
	6. 难产的预防	（1）预防难产的饲养管理措施 （2）预防临产动物难产的几点注意事项 （3）手术助产后的护理
八、产后期疾病	1. 产道损伤	（1）阴道及阴门损伤的症状、诊断及治疗 （2）子宫颈损伤的症状、诊断及治疗
	2. 子宫破裂	（1）病因 （2）症状 （3）治疗
	3. 子宫脱出	（1）病因 （2）症状 （3）诊断 （4）治疗
	4. 胎衣不下	（1）病因 （2）症状 （3）治疗
	5. 乳牛生产瘫痪	（1）病因 （2）症状 （3）诊断 （4）防治

（续）

单　　元	细　　目	要　　点
八、产后期疾病	6. 犬产后低钙血症	（1）病因 （2）症状 （3）诊断 （4）防治
	7. 乳牛产后截瘫	（1）病因 （2）症状 （3）诊断 （4）防治
	8. 产后感染	（1）产后阴门炎及阴道炎的症状、诊断及治疗 （2）产后子宫内膜炎的症状、诊断及治疗 （3）产后败血症和产后脓毒败血症的症状、诊断及治疗
	9. 子宫复旧延迟	（1）病因 （2）症状 （3）治疗
九、雌性动物的不育	1. 雌性动物不育的原因及分类	雌性动物不育的原因和分类
	2. 先天性不育	（1）生殖道畸形的病因及症状 （2）两性畸形的病因及症状 （3）异性孪生母犊不育的病因及症状
	3. 饲养管理及利用性不育	（1）营养性不育 （2）管理利用性不育 （3）繁殖技术性不育 （4）衰老性不育 （5）环境气候性不育
	4. 疾病性不育	（1）卵巢功能不全的病因、症状、诊断及治疗 （2）持久黄体的病因、症状、诊断及治疗 （3）卵巢囊肿的病因、症状、诊断及治疗 （4）排卵延迟及不排卵的病因、症状、诊断及治疗 （5）慢性子宫内膜炎的病因、症状、诊断及治疗 （6）乳牛子宫积液及子宫积脓的病因、症状、诊断及治疗 （7）犬子宫蓄脓的病因、症状、诊断及治疗 （8）子宫颈炎的病因、症状、诊断及治疗 （9）阴道炎的病因、症状、诊断及治疗
	5. 免疫性不育	（1）抗精子抗体性不育 （2）抗透明带抗体性不育
	6. 防治不孕的综合措施	防治不孕的综合措施
十、雄性动物的不育	1. 雄性动物不育的原因及分类	雄性动物不育的原因及分类
	2. 先天性不育	（1）睾丸发育不全的病因、症状、诊断及处理方法 （2）隐睾的病因、症状、诊断及处理方法
	3. 疾病性不育	（1）睾丸炎的病因、症状、诊断及治疗 （2）羊附睾炎的病因、症状、诊断及治疗 （3）精囊腺炎综合征的病因、症状、诊断及治疗 （4）阴茎和包皮损伤的病因、症状、诊断及治疗 （5）前列腺炎的病因、症状、诊断及治疗

（续）

单　元	细　目	要　点
十一、新生幼龄动物疾病	1. 窒息	（1）病因 （2）症状 （3）治疗
	2. 胎粪停滞	（1）病因 （2）症状 （3）治疗
	3. 脐尿瘘	（1）病因 （2）症状 （3）治疗
	4. 新生幼龄动物溶血症	（1）病因 （2）症状及诊断 （3）治疗
	5. 新生幼龄动物（猪、犬）低血糖症	（1）病因 （2）症状 （3）治疗
十二、乳房疾病	1. 乳牛乳腺炎	（1）病因 （2）分类及症状 （3）诊断 （4）治疗 （5）预防
	2. 其他乳房疾病	（1）乳房水肿的病因、症状、诊断及治疗 （2）乳房创伤的诊断及治疗 （3）乳池和乳头管狭窄及闭锁的病因、症状、诊断及治疗 （4）漏乳的病因、症状及治疗 （5）血乳的病因、症状、诊断及治疗 （6）乳房坏疽的病因、症状、诊断及治疗
	3. 乙醇阳性乳	（1）病因 （2）症状 （3）防治

附录 2

执业兽医资格考试题型示例

全国执业兽医资格考试上午举行基础、预防两个科目考试；下午举行临床、综合应用两个科目考试，上、下午考试时间各 150 分钟，考试时间共计 5 个小时。

考试实行闭卷、计算机化考试方式。试题、答题要求和答题界面均在计算机显示屏上显示，应试人员应当使用计算机鼠标在计算机答题界面上直接作答。

全国执业兽医资格考试包括 A1、A2、A3/A4、B1 等四种题型，全部采用单项选择题形式。各类选择题均由题干和选项两部分组成。题干是试题的主体，可由短语、问句或一段不完全的陈述句组成，也可由一段病例或其他临床资料来表示；选项由可供选择的词组或短句组成，也称备选答案。兽医全科类每种题型有五个备选答案。

现将各种题型简要介绍如下：

一、A1 题型

每一道考题下面有 A、B、C、D、E 五个备选答案，请从中选择一个最佳答案。

1. 犬颈胸部骨骼，箭头指示的骨骼是（　　）。

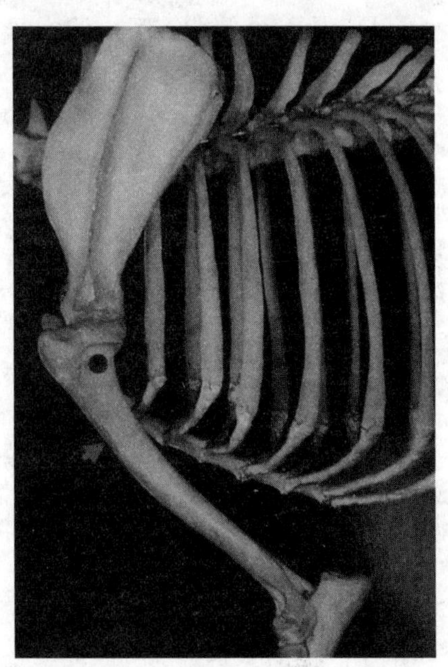

A. 左股骨　　B. 左臂骨　　C. 右臂骨　　D. 左前臂骨　　E. 右前臂骨

二、A2 题型

每一道考题是以一个小案例出现的，其下面都有 A、B、C、D、E 五个备选答案。请从中选择一个最佳答案。

1. 某乳牛场部分乳牛产犊 1 周后，只采食少量粗饲料，病初粪干，后腹泻，迅速消瘦，乳汁呈浅黄色，易起泡沫；乳汁、尿液和呼出气有烂苹果味。病牛血液生化检测可能出现（　　）。

A. 血糖含量升高　　B. 血酮含量升高　　C. 血酮含量降低
D. 血清尿酸含量升高　　E. 血清非蛋白氮含量升高

三、A3/A4 题型

以下提供若干案例，每个案例下设若干道考题。请根据案例所提供的信息在每一道考题下面的 A、B、C、D、E 五个备选答案中选择一个最佳答案。

牛食欲废绝，听诊瘤胃蠕动次数减少，蠕动音弱。触诊左侧腹壁紧张，瘤胃内容物坚实，叩诊瘤胃浊音区扩大。

1. 本病最可能的诊断是（　　）。

A. 前胃弛缓　B. 瘤胃积食　C. 瘤胃鼓气　D. 皱胃变位　E. 食管阻塞

2. 检查病牛的排粪情况，很可能（　　）。

A. 减少　B. 增加　C. 呈水样　D. 呈灰白色　E. 有烂苹果味

3. 该牛的体温表现是（　　）。

A. 稽留热　B. 弛张热　C. 间歇热　D. 回归热　E. 未见明显异常

四、B1 题型

1～3 题共用下列 A、B、C、D、E 五个备选答案。请为每一道考题从备选答案中选择一个最佳答案。

A. 炭疽　　B. 猪气喘病　　C. 流行性乙型脑炎
D. 传染性法氏囊病　　E. 鸡产蛋下降综合征

1. 可以经卵传播的传染病是（　　）。
2. 主要经虫媒传播的传染病是（　　）。
3. 可以经土壤传播的传染病是（　　）。

附录 3

全国执业兽医资格考试（兽医全科类）考试方案及内容

全国执业兽医资格考试（兽医全科类）主要考察执业兽医应该掌握的基本理论、基本技术和基本操作能力。2020 年只考察兽医综合知识。

基础科目主要考察应试者必须掌握的与临床实践相关的基本理论知识，预防科目主要考察常发和多发的动物疫病与人兽共患病的知识与技能，临床科目主要考察临床常见和多发普通病的诊断和治疗技能，综合应用科目主要考察应试者对一些常发重大疾病的处置、防控与治疗的综合能力。全国执业兽医资格考试（兽医全科类）每个科目 100 道题，每科 100 分，总分 400 分。

考试范围请参考全国执业兽医资格考试委员会审定颁布的《全国执业兽医资格考试大纲（兽医全科类）（2020 版）。

考试方案及内容

科目类别	分值	科目名称	分值比例
基础科目	100	兽医法律法规与职业道德	20%
		动物解剖学、组织学及胚胎学	20%
		动物生理学	13%
		动物生物化学	12%
		兽医病理学	20%
		兽医药理学	15%
预防科目	100	兽医微生物学与免疫学	35%
		兽医传染病学	30%
		兽医寄生虫学	25%
		兽医公共卫生学	10%
临床科目	100	兽医临床诊断学	20%
		兽医内科学	20%
		兽医外科与手术学	30%
		兽医产科学	15%
		中兽医学	15%
综合应用科目	100	猪疾病	20%
		牛羊疾病	25%
		禽类疾病	20%
		犬猫疾病	25%
		其他动物疾病	10%

附录 4

考试系统操作指南

一、系统登录

进入答题系统后，请根据提示输入准考证号和有效身份证件号，点击“登录”按钮进入系统等待界面。

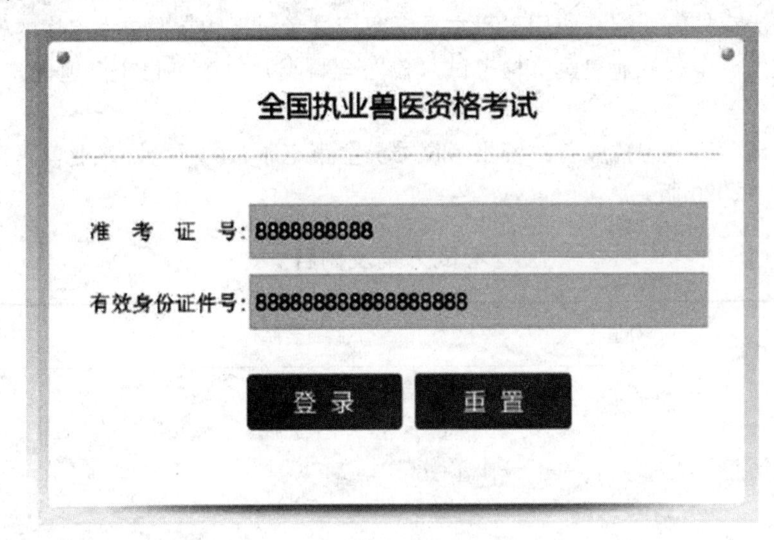

二、系统等待界面

系统等待界面是考试前的一个提示界面，登录后请认真核对屏幕左上方的基本信息。利用考前等待时间认真阅读考试重要提示（包括考生须知和操作说明）。点击“考生须知”按钮，进入考生须知具体说明；点击“操作说明”按钮，进入操作步骤具体说明。考试开始后，系统将自动进入考生答题界面。

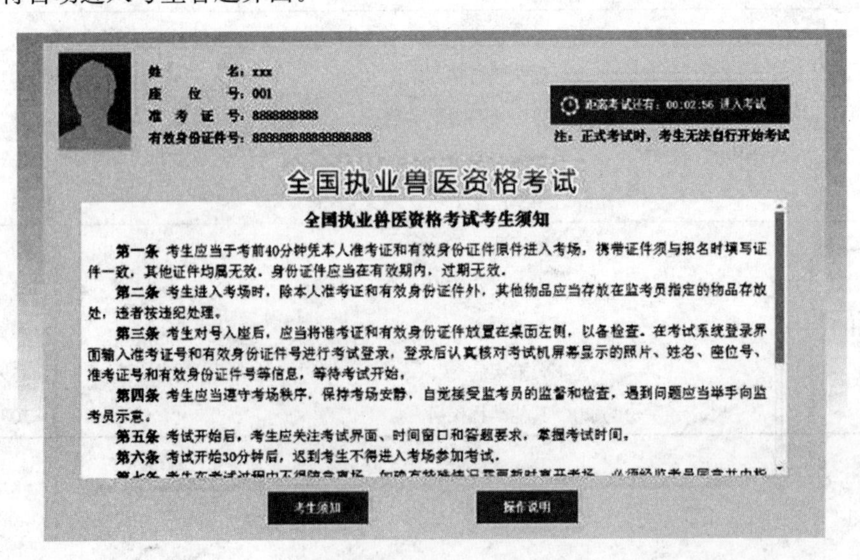

三、答题界面

答题界面上方为标题栏，左下方为题号列表区、右下方为试题区。

1. 标题栏

标题栏中间位置为本场考试科目名称，左侧为考生基本信息。右侧为本场考试剩余时间信息，并显示已答题和未答题数。

系统显示本场考试剩余时间，目的是提示考生合理控制答题进度。在考试剩余 15 分钟时，系统会弹出窗口提示考生；考生点击“返回作答”按钮，窗口会立即消失；如不点击，会在 10 秒后自动消失。

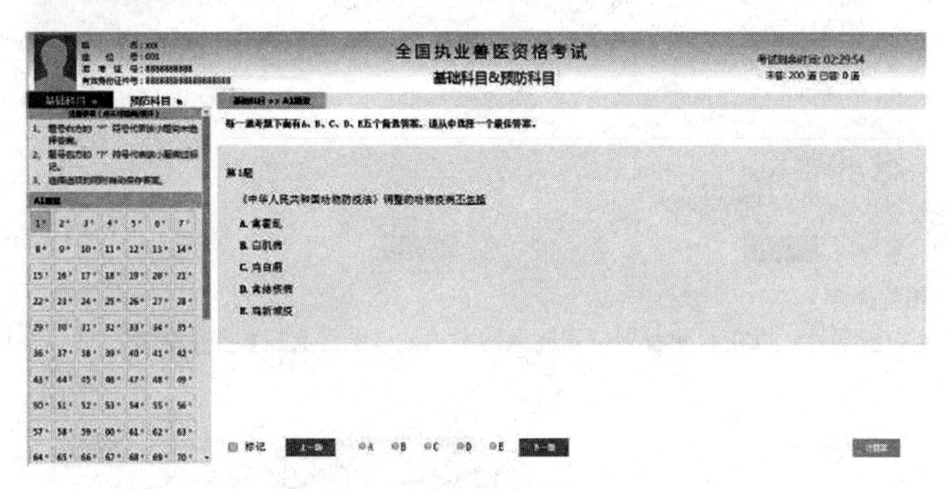

2. 题号列表区

题号列表区包括考试科目、注意事项和题号列表。考生答题时可以点击科目名称在两个科目之间相互切换。题号旁显示“＊”表示该小题未作答，无“＊”表示该小题已作答，“?”表示该小题被标记。试题是否被标记不影响考生成绩。考生可以通过题号列表查看本考试科目全部试题的作答情况（包括每道试题的已答或未答状态），还可点击各题号按钮，直接进入各试题进行答题或检查。

基础科目　预防科目
注意事项（点击可隐藏/展开）
1、题号右方的“*”符号代表该小题尚未选择答案。
2、题号右方的“?”符号代表该小题做过标记。
3、选择选项的同时自动保存答案。
A1题型

1*	2*	3*	4*	5*	6*	7*
8*	9*	10*	11*	12*	13*	14*
15*	16*	17*	18*	19*	20*	21*
22*	23*	24*	25*	26*	27*	28*
29*	30*	31*	32*	33*	34*	35*
36*	37*	38*	39*	40*	41*	42*

3. 试题区域

考生直接点击备选项中认为正确的选项前的按钮即可。如需修改答案，点击其他备选项前的按钮，原选择的选项将被自动替换。如需撤销已经选中的选项，再次点击该选项前的按钮即可。右下角设置有“计算器”按钮，点击可使用计算器。

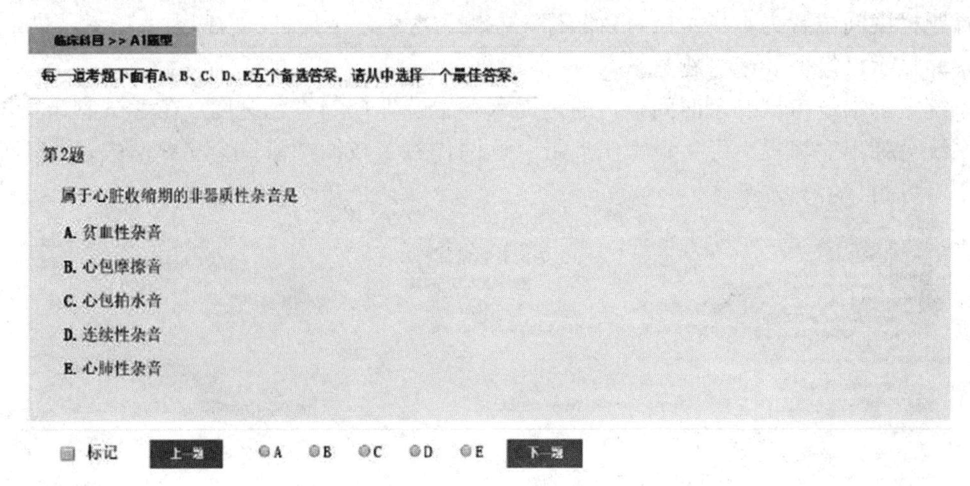

4. 图片操作

考生点击图片，可在右侧看到一张放大的图片，该图片支持放大和缩小功能，并且支持全屏。

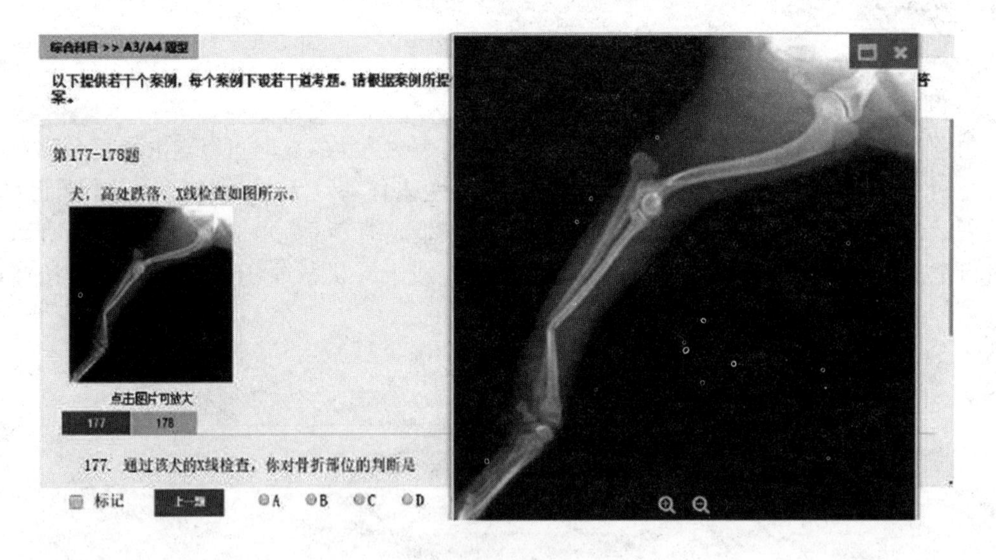

四、结束考试

全国执业兽医资格考试不允许提前交卷。考试时间结束，系统将自动提交；考试时间内因发生异常需要补时的，系统在补足考试时间后自动提交。

附录 5

兽医产科学期末模拟试卷

福建农林大学考试试卷（A）卷

______学年第二学期

课程名称：兽医产科学　　考试时间：120 min

动物医学专业__________级　　学号__________　　姓名__________

题号	一	二	三	四	总得分	
得分						
评卷人					复核人	

得分

一、单项选择题（50 分，每小题 1 分）

1. 前列腺素属于（　　）。
   A. 性腺激素　　B. 丘脑下部释放激素　　C. 垂体激素
   D. 胎盘促性腺激素　　E. 局部激素
2. 诱发排卵和超数排卵的激素是（　　）。
   A. LH　　B. GnRH　　C. 雌激素　　D. 孕酮　　E. FSH
3. 牛妊娠期卵巢的特征性变化是（　　）。
   A. 体积变小　B. 质地变硬　C. 质地变软　D. 有卵泡发育　E. 有黄体存在
4. PRL 与（　　）协同作用于腺管系统，可促进乳腺的发育。
   A. 皮质类固醇　　B. 孕酮　　C. FSH
   D. 雌激素　　E. LH
5. 下列对催产素描述不正确的是（　　）。
   A. 垂体前叶分泌　　B. 肽类　　C. 诱导同期分娩
   D. 对子宫肌有刺激作用　　E. 能引起乳腺腺泡的肌上皮细胞收缩
6. 多发子宫蓄脓的动物是（　　）。
   A. 猪　　B. 马　　C. 犬　　D. 兔　　E. 绵羊
7. 公牛精囊腺炎综合征的常用诊断方法是（　　）。
   A. 激素分析　　B. 直肠检查　　C. 血常规检查
   D. 尿常规检查　　E. 腹壁 B 超检查
8. 兔的排卵类型是（　　）。
   A. 间歇性　　B. 自发性　　C. 诱发性　　D. 连续性　　E. 间断性
9. 乳牛产后恶露排出时间异常的是（　　）。
   A. 3～5 d　　B. 6～7 d　　C. 8～9 d　　D. 10～12 d　　E. 20 d 以上

10. 雌性动物出现生殖机能的指标（　　）。

A. 出现第一次发情　　B. 排卵（50%出现）

C. 生殖道开始发育，阴道开张　　D. 出现性欲，接受爬跨

E. 以上均是

11. 乳牛剖宫产术侧卧保定合理的切口是（　　）。

A. 左肷部前切口　　B. 右肷部前切口　　C. 左肋弓下斜切口

D. 右肋弓下斜切口　　E. 平行左乳静脉白线旁切口

12. 犬阴道增生脱出多发生在（　　）。

A. 发情期　　B. 妊娠期　　C. 子宫开口期

D. 胎儿产出期　　E. 胎衣排出期

13. 母猪初情期的卵巢变化是（　　）。

A. 不排卵　　B. 有黄体　　C. 无卵泡发育

D. 有卵泡发育　　E. 卵巢质地变硬

14. 乳牛，离分娩尚有 1 月余。近日出现烦躁不安，乳房胀大，临床检查心率 90 次/min，呼吸 30 次/min，阴门内有少量清亮黏液。最适合选用的治疗药物是（　　）。

A. 雌激素　　B. 黄体酮　　C. 前列腺素

D. 垂体后叶素　　E. 马绒毛膜促性腺激素

15. 乳牛乳腺炎预防措施错误的是（　　）。

A. 规范挤乳操作　　B. 挤乳前、后乳头药浴

C. 干乳期控制在 1 个月之内　　D. 抗乳腺炎育种

E. 干乳期向乳房注射长效抗生素

16. 牛孕体最早产生的妊娠识别信号是（　　）。

A. 滋养层蛋白-1　　B. 促黄体物质　　C. 血小板激活因子

D. 雌激素　　E. hCG

17. 受精是指精子和卵细胞相融合形成受精卵的过程。受精部位在（　　）。

A. 输卵管前　　B. 输卵管后　　C. 输卵管壶腹部

D. 输卵管后 1/3　　E. 输卵管中 1/3

18. 与安静发情无关的描述是（　　）。

A. 每天挤乳 3 次的母牛出现较多　　B. 高产乳牛、哺乳仔数多的动物多发

C. 牛羊的初情期、牛产后第一次发情多发　　D. 与营养、季节无关

E. 羊的发情季节的首次发情

19. 水牛的妊娠期是（　　）。

A. 280 d　　B. 114 d　　C. 340 d　　D. 62 d　　E. 307 d

20. 关于超声波诊断妊娠描述不正确的是（　　）。

A. 简便　　B. 迅速　　C. 结果准确

D. 重复性好　　E. 安全卫生，对胎儿有不同程度的副作用

21. 不属于乳牛妊娠 2 个月时直肠检查的变化是（　　）。

A. 卵巢体积增大，黄体明显　　B. 卵巢位置前移至骨盆入口前缘处

C. 孕角是空角的两倍大　　D. 孕角出现妊娠脉搏

E. 角间沟不明显

22. 倒生是指（　　）。

A. 胎儿与母体两者纵轴相互平行、方向相反

B. 胎儿与母体两者纵轴相互平行、方向一致

C. 胎儿与母体两者纵轴呈水平垂直

D. 胎儿与母体两者纵轴呈竖向垂直

E. 胎儿头或前肢先进入骨盆腔

23. 对新生幼龄动物处理描述不正确的（　　）。

A. 擦净胎儿鼻腔的黏液并观察呼吸是否正常

B. 自行脱落的脐带不要处理

C. 擦干身体，注意防冻；牛羊可让雌性动物舔吸羊水

D. 扶助幼龄动物站立，并尽快给初乳

E. 检查胎衣是否完整

24. 乳牛，6 岁，生产第 3 胎时曾发生胎衣不下，产后发情周期正常，但屡配不妊娠。自阴门经常排出一些混浊的黏液，卧地时排出量较多。最可能发生的疾病是（　　）。

A. 子宫积液　　B. 子宫积脓　　C. 隐性子宫内膜炎

D. 慢性脓性子宫内膜炎　　E. 慢性卡他性子宫内膜炎

25. 对于不发情的雌性动物常用的刺激方法有（　　）。

A. 利用雄性动物催情　　B. 促性腺激素疗法　　C. 添加维生素 A

D. 及早隔离幼龄动物　　E. 以上都是

26. 正常分娩过程的胎位是（　　）。

A. 上胎位　　B. 下胎位　　C. 左侧位　　D. 右侧位　　E. 中胎位

27. 犬闭锁性子宫蓄脓的最佳治疗措施是（　　）。

A. 手术治疗　　B. 前列腺治疗　　C. 肌内注射抗生素

D. 以上都是　　E. 以上都不是

28. 乳房送风是治疗（　　）的有效方法之一。

A. 胎衣不下　　B. 乳腺炎　　C. 产后截瘫　　D. 生产瘫痪　　E. 子宫痉挛

29. 正常分娩过程始终保持不变的是（　　）。

A. 胎向　　B. 胎位　　C. 胎势　　D. 前置　　E. 头部

30. 催产素可治疗的动物产科疾病是（　　）。

A. 产后缺钙　　B. 胎衣不下　　C. 产后瘫痪　　D. 隐性乳腺炎　　E. 雄性动物不育

31. 矫正胎儿的器械有（　　）。

A. 产科梃　　B. 胎儿绞断器　　C. 产科线锯

D. 产科凿　　E. 产科钩

32. 犬急性产后低血钙症的临床症状，下列不正确的是（　　）。

A. 突然发病　　B. 四肢麻痹　　C. 全身肌肉痉挛

D. 体温 41.5 ℃以上，呼吸急促　　E. 口角流大量唾液

33～35 题共用以下题干：

某妊娠乳牛 4 个月时突然出现阴唇、阴门稍微肿胀，腹痛、起卧不安、呼吸和脉搏快。

33. 最可能的诊断是（　　）。

A. 流产　B. 子宫内膜炎　C. 阴道炎　D. 胚胎死亡　E. 妊娠毒血症

34. 该病牛处理的原则是（　　）。

A. 人工引产　B. 阴道检查　C. 安胎　D. 溶解黄体　E. 直肠检查

35. 如要进行治疗，最有可能首选的药物是（　　）。

A. LH　B. 雌二醇　C. 催产素　D. $PGF_{2\alpha}$　E. 孕酮

36～38 题共用以下题干：

某舍饲乳牛在分娩前 2 个月，卧下时可见前庭及阴道下壁形成拳头大的粉红色瘤状物夹在阴门中，起立时自行缩回。

36. 该病最可能是（　　）。

A. 子宫内膜炎　B. 阴道炎　C. 部分阴道脱出

D. 全部阴道脱出　E. 子宫脱出

37. 推测该病与下列因素无关的是（　　）。

A. 骨盆腔的局部解剖生理　B. 固定阴道的组织松弛

C. 老龄、经产、衰弱及运动不足　D. 腹内压增高

E. 努责过强

38. 除了（　　）措施之外均可应用。

A. 尾拴于一侧，以免刺激阴道　B. 给予易消化的饲料

C. 适当增加运动时间　D. 对便秘、腹泻、前胃疾病要及时治疗

E. 采用前高后低的牛床

39～42 题共用以下题干：

某乳牛在产后的 8 h，出现了食欲不振、反应迟钝、体温 36.3 ℃、耳发凉、瞳孔扩大、后肢僵硬、肌肉震颤、站立不稳、运步失调的现象，之后 2 h 内进一步发展为俯卧而不能站立，头颈弯向胸腹壁的一侧，强行拉直，松手后又弯向原侧，意识和知觉丧失，反射减弱或消失。

39. 最可能的诊断是（　　）。

A. 产后败血症　B. 生产瘫痪　C. 产后脓毒败血症

D. “爬卧母牛”综合征　E. 产后瘫痪

40. 如要进一步确诊，最必要的检查内容是（　　）。

A. 血象检查　B. 心电图检查　C. 血清 AST 检测

D. 电解质检查如钙、镁等　E. 血液生化检测

41. 如要进行治疗，最有可能选择的药物是（　　）。

A. 5%葡萄糖溶液　B. 生理盐水　C. 复合生理盐水

D. 葡萄糖酸钙　E. 5%碳酸氢钠

42. 选择上述药物的最佳给药的途径是（　　）。

A. 口服　B. 灌肠　C. 静脉注射　D. 肌内注射　E. 皮下注射

43～44 题共用以下题干：

乳牛，6 岁，努责时阴门流出红褐色难闻的黏稠液体，其中偶有小骨片。主诉，配种后已确诊妊娠，但已过预产期半个月。

43. 最可能的论断是（　　）。

A. 阴道脱出　B. 隐性流产　C. 胎儿浸溶　D. 胎儿干尸化　E. 排出不足月胎儿

44. 该病例最可能伴发的其他变化是（　　）。

A. 慕雄狂　B. 子宫颈关闭　C. 卵泡交替发育

D. 卵巢上有黄体存在　E. 阴道及子宫颈黏膜红肿

45～47 题共用以下题干：

乳牛在分娩前 1 个月，在躯体下部突然出现大面积水肿，皮肤紧张，食欲减退，精神差，头低耳垂的现象。

45. 该病最可能是（　　）。

A. 单纯性子宫内膜炎　B. 贫血　C. 营养不良

D. 妊娠动物水肿　E. 心脏病

46. 在改善管理方面，除了（　　）均可应用。

A. 减少多汁饲料　B. 适当限制食盐　C. 适当限制饮水

D. 适当进行运动　E. 加大饮水量

47. 该病例的发生与（　　）无关。

A. 醛固酮及雌激素含量增加　B. 血液胶体渗透压升高　C. 运动不足

D. 生理性血液稀释　E. 胎儿增大，压迫后躯静脉

48～50 题共用以下题干：

乳牛产后 65 d 内未见明显的发情表现，直肠检查卵巢上有一小的黄体遗迹，但无卵泡发育，卵巢的质地和形状无明显变化。

48. 该牛可能患有的疾病是（　　）。

A. 卵泡萎缩　B. 卵巢萎缩　C. 持久黄体

D. 卵巢机能减退　E. 卵巢发育不良

49. 治疗该病的最适宜药物是（　　）。

A. 黄体酮　B. 丙酸睾酮　C. 地塞米松　D. 前列腺素　E. 促卵泡素（FSH）

50. 与该病无关的病因是（　　）。

A. 子宫疾病　B. 急性乳腺炎　C. 气候不适应

D. 饲养管理不当　E. 维生素 A 缺乏

得分

二、名词解释（10 分，每小题 2 分）

1. 发情　2. 恶露　3. 妊娠　4. 不孕　5. 侧胎位

得分

三、简答题（30 分，每小题 5 分）

注意：可以任选择 6 题作答。

1. 简述动物发情的鉴定方法。
2. 简述卵泡囊肿的定义与临床特征。
3. 简述诊断乳牛生产瘫痪的主要依据。

4. 正生时，如何判断胎儿的死活？
5. 怀疑动物不妊娠时，临床检查的重点对象有哪些？
6. 简述 GnRH 的应用。
7. 请写出下图的胎位、胎向和胎势。

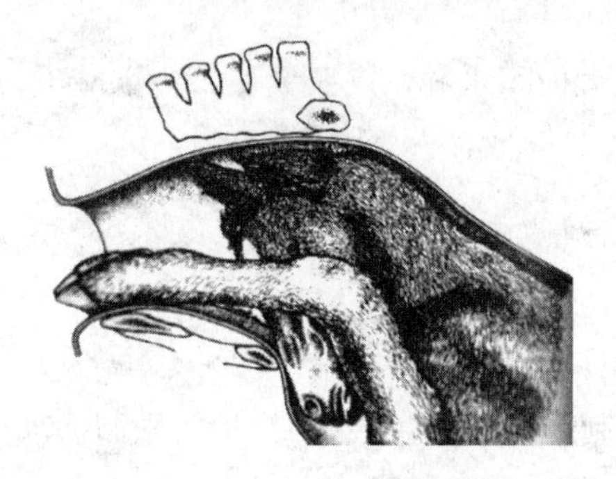

得分

四、问答题（10 分）

根据炎症性质的不同，乳牛乳腺炎可分为哪几个类型？并阐明每个类型的临床特征。

图书在版编目（CIP）数据

兽医产科学学习精要/黄志坚主编．—北京：中国农业出版社，2020.7

全国高等农林院校“十三五”规划教材　国家级实验教学示范中心教材　国家级卓越农林人才教育培养计划改革试点项目教材

ISBN 978-7-109-27017-6

Ⅰ．①兽…　Ⅱ．①黄…　Ⅲ．①家畜产科－高等学校－教材　Ⅳ．①S857.2

中国版本图书馆 CIP 数据核字（2020）第 114092 号

中国农业出版社出版

地址：北京市朝阳区麦子店街 18 号楼

邮编：100125

责任编辑：王晓荣　　文字编辑：王晓荣　刘飚雨

版式设计：杜　然　　责任校对：吴丽婷

印刷：中农印务有限公司

版次：2020 年 7 月第 1 版

印次：2020 年 7 月北京第 1 次印刷

发行：新华书店北京发行所

开本：787mm×1092mm　1/16

印张：12.25

字数：300 千字

定价：35.00 元
